U0010139

台灣自然圖鑑 029

ENCYCLOPEDIA

Stinkbug

林義祥（嘎嘎）
鄭勝仲（悠閒）著

椿象 圖鑑

〔增訂版〕

晨星出版

從椿象的生活史與行為中體驗自然觀察的樂趣

　　椿象是半翅目昆蟲，俗稱「臭龜仔」。多數的椿象上翅前半硬化成革片，後半部是膜片，同一翅膀有 2 種肌理，故有半翅目之名。所有椿象都以刺吸式的口器吸食，可分植食性和肉食性，一般來說捕食性椿象是益蟲，而植食性椿象會造成作物損失，對農夫來說是害蟲。大多數人對椿象的觀感並不像瓢蟲、蝴蝶那麼討人喜歡，尤其多數椿象遇到騷擾會排放腥臭味驅敵，體液雖無毒無害，但沾到後臭味要很久才會消失，所以有「臭腥龜仔」的名號。

　　臺灣已知椿象大約 720 種，從棲息環境可分陸棲、兩棲、水棲三大類，椿象除了造型、顏色多變外，椿象的生活史和行為也很豐富。黃盾背椿象雌蟲會護卵、護幼；負子蟲媽媽將卵產在爸爸的背上，養兒育女的職責就交給「男人」了；黃革荊獵椿象的若蟲吸食螞蟻後，把剩下的軀殼背在背上，幾十隻螞蟻都是牠的戰利品，這些漂亮的椿象和有趣的行為在這本圖鑑裡都看得到。

　　近年來數位攝影和網路發達，喜愛生態攝影的人越來越多，拍微小的昆蟲不一定要專業器材，一般小相機就可以拍得很清楚，人人都辦得到。這些照片在臉書、部落格及學校的網站流傳，互相交換訊息。但椿象的分類並不是那麼簡單，許多人會把盾椿象、龜椿象看成金龜子，弄不懂同椿科和椿科，紅椿科和大紅椿科，甌椿象和水椿象的不同，加上坊間的椿象圖鑑已不敷使用，舊的錯誤鑑定繼續在網路上流傳，於是我夢想有一本完整的椿象圖鑑。

　　認識對椿象頗有研究的悠閒，感動他的熱忱和努力，去年和他討論合作椿象圖鑑，由他負責鑑定和書寫物種描述，我負責照片和編輯。以嘎嘎昆蟲網記錄約 400 種椿象做基礎，悠閒同意鑑定這些照片，加上他自己所私藏的精彩照片多達 120 張，再集結網路上的同好照片，獲得謝怡萱、來自海洋、余素芳、何健鎔、程志中、大尾、李政諦、Suede Chen、竹子、廖文泉、老夫、古華光、江聰德、李素珍、李雪、沈錦豐、何季耕、徐瑞娥、楚立群、劉文俊、晴書、陳俊賢、賴惠三、蕭家亮、朱家賢、水晶、陳惠珍、邱麗卿、熊盛志、許佳玲、陳柳枝等人的贊助多達 114 張照片。感謝臺大蔡耀璿協助校對和參與這本圖鑑的朋友，還有出版社執行編輯許裕苗小姐的策劃，克服一切困難才能將 473 種椿象，1000 餘張照片都容納到這本圖鑑裡，堪稱創新，得來不易。

　　出書是種煎熬，但結果是令人開心的，期盼讀者能從圖鑑中查閱到物種，也能感受到臺灣生態的多樣性，椿象美麗和生命的價值，愛與希望，感恩！

拋磚引玉　引發更多人對椿象研究的熱愛

六年前第一次拿起相機拍照，單純只是為了記錄下旅程中的點點滴滴，那時拍攝的範圍很廣泛，只要覺得足以描繪自己足跡的，不管花草、樹木、蟲鳥、人車甚至是道路，都會變成相機裡占據記憶卡的數據。

2009 年在天望崎自然教學園區認識了嘎嘎老師，對老師致力於昆蟲微距的拍攝與臺灣生態的推廣極為佩服，也因為這個機緣，讓我有機會與老師透過網路詢問不少昆蟲的問題，並因此對昆蟲產生了濃厚的興趣，每次出遊總不忘尋覓有趣的小昆蟲，就這樣在觀察中發現了椿象這一種深深讓我著迷的生物，牠們不僅僅有著奇怪多變的外表，還具有很廣泛的棲地與多樣貌的生態習性。

每次只要拍到不知名的椿象，總是希望可以認識牠們，可惜自己並不是專門研究生物的本科生，也沒有相關的學經歷背景，而這方面的資訊還不是很充分，在這種情況下只能自行摸索試圖查找牠們的身分。還好網路極方便，讓我有機會取得一些文獻資料，開始了辨識椿象的嗜好。

2012 年嘎嘎老師提議我與他一起編寫椿象圖鑑，心裡頗感惶恐，深怕自己經驗不足反而造成更多錯誤的鑑定，但轉念一想，既然有心介紹椿象，何不就以這本書當成拋磚石，或許能因此讓更多人產生興趣，進而引出更多玉石，於是就答應下來了。

2013 年，這本圖鑑行將出版，我拍照的習慣依舊，如同六年前一樣，毫無拍照技術可言，永遠用的是相機的傻瓜設定，自動對焦然後按下快門，還好書裡收錄的不是我的蹩腳照片，而是由嘎嘎老師與多位自然觀察同好所拍攝的諸多美麗圖片，讓這本書有了更豐富的內容。本人自認才疏學淺，書中錯誤肯定難免，還請大家不吝指正，也希望這本圖鑑能提供給每一位觀察家一個入門的參考。

附記：本書一共收錄了 473 種椿象，其中有 30 種未鑑定到種名，原本不打算收錄於書中，但為了讓讀者更了解臺灣椿象種類的豐富，還是將這 30 種放進書中，並以屬名進行了中文的命名，例如渥椿屬 *Ochrophara* sp.，就以屬名稱為渥椿象，至於牠們確切的中文名稱，尚待更多先進以確定。

目次
CONTENTS

5

如何使用本書

臺灣已知椿象大約 720 種，從棲息環境可分陸棲、兩棲、水棲三大類，椿象除了造型和顏色多變外，椿象的生活史和行為也很豐富。

食性

植食性　捕食性　吸血性

棲息環境

| 樹棲 | 草叢 | 地棲 |
| 水棲 | 枯木 | 半水棲 |

主文

提供有關該物種辨識要點、作者個人觀察心得及有趣拍攝經驗等。

形態特徵

包括該種椿象的外形描述與辨識特徵。

生活習性

介紹有關該物種的棲息活動環境、攝食、生活習性及有趣生態行為等。

分布

列出該物種的分布地點以及在臺灣地區的主要出現範圍。

椿科　星椿屬　　體長 L 5-5.5mm；W 約 4.5mm

圓白星椿象
Eysarcoris guttigerus (Thunberg, 1783)

草叢

陸棲

↑小盾片上黃斑變異大，身體寬短。

圓白星椿象由於體型寬廣呈橢圓形，小盾片左右各有一枚白色的圓形星斑而得名。本屬記錄 2 種，本種數量很多，幾乎全年可見，常群聚草叢，吸食禾本科、豆科、菊科等植物的汁液，筆者在 2、6、9、12 月皆有記錄。本屬另一種為白星椿象，外觀近似簡單的辨識可從觸角來看：本種觸角皆黃褐色，白星椿象觸角前 3 節淡黃色，後 2 節顏色較深，因此拍照時要特別留意觸角的特寫，否則拍了照片也不容易區別。

形態特徵
體寬橢圓形，體淡黃褐色至黃褐色。觸角呈淡黃色。頭部黑底基部有淡色短縱紋，頭中葉長於側葉、體密布刻點。小盾片兩側黃斑有時大於複眼縱寬，有時又極小如針點狀。腹側前半近平行，後半橢圓狀束縮。

生活習性
純植食性種類，寄主植物以禾本科、豆科與菊科昭和草為主。

分布
普遍分布於臺灣中、低海拔，除本島外尚分布於日本、中國、緬甸、印度和斯里蘭卡等地。

↑白斑斜向的個體。

26

本圖鑑收錄臺灣 473 餘種椿象，有關物種形態特徵描述、生態習性、分布地等都有詳細說明，此外，每個物種皆搭配清晰生態照，是讀者最佳的椿象辨識工具書。

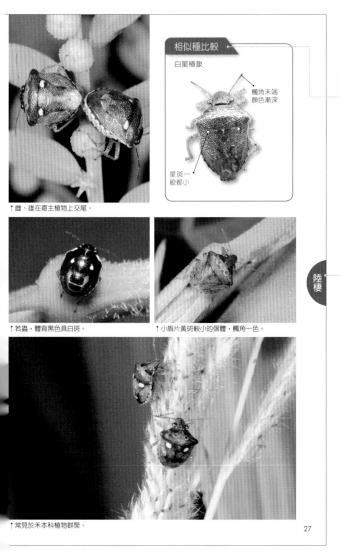

相似種比較

白星椿象

觸角末端顏色漸深

星斑一般都小

↑雌、雄在寄主植物上交尾。

↑若蟲，體背黑色具白斑。

↑小盾片黃斑較小的個體，觸角一色。

↑常見於禾本科植物群聚。

27

相似種比較

針對容易混淆的相似物種，提供形態特徵比較圖，並作出拉線標示，以便於讀者查詢。

檢索書眉

依照棲息環境分為陸棲、兩棲、水棲三大類作為簡單檢索。

陸棲

認識椿象

半翅目異翅亞目的昆蟲俗稱椿象，與蟬、蠟蟬、沫蟬、葉蟬、蚜蟲以及介殼蟲等昆蟲具有共同的祖先，是所有不完全變態昆蟲中種類最多的一群；全世界已知種類約有37,000種，涵蓋了89科，估計還有將近25,000種未被描述。除了極地以外，幾乎全世界都可以發現椿象的蹤跡，尤其在熱帶和亞熱帶地區種類更是豐富。

臺灣地處熱帶及亞熱帶地區，不僅地勢陡峭溪谷縱橫，加上海拔變化大，形成多樣的氣候風貌，造就了自然生態的高度複雜性。臺灣的椿象也因為這種環境條件而有了豐富多樣的種類，臺灣物種名錄 (TaiBNET) 所登錄的椿象種類有 393 屬 720 種，若加上許多尚未登錄與尚未被發現的種類，恐怕將超過 1500 種。

椿象的食性依種類不同而多元，有的僅攝食植物，有的專門捕食動物，有的以真菌為食，有的則葷素不忌，既捕食、植食且連腐臭的動植物汁液都喜歡，有少數種類甚至只吸食血液。在棲息環境上，也囊括了陸地與江河湖海，從池塘、沼澤、溪流灘岸到海邊潮間、花草叢林與朽木落葉中都能發現牠們的蹤跡。

↑藍益椿象捕食金花蟲。

↑淡角縊胸長椿象以細長的刺吸式口器吸食種子汁液。

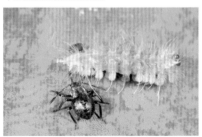

↑臺灣厲椿象若蟲捕食鱗翅目幼蟲。

↑小紅姬緣椿象取食倒地鈴。

↑橫帶椎獵椿象會吸人血。

椿象的形態特徵

椿象的形態很複雜，有些種類體型極微小，如寬肩椿科的寬肩鼈椿象只有 2mm，有的如緣椿科的拉緣椿象與黃脛巨緣椿象長度則可達到 30mm；外形上，龜椿象有瓢蟲般的橢圓外形，扁椿象身體扁薄以便於在縫隙中躲藏，巨緣椿象碩長且具膨大的後足，有些種類背部則是伸出寬大或尖長的側角，如同披盔帶甲的武士般，有些則像金龜子般光亮鮮豔，不過在這多變的外形中，仍有以下二個共同特徵：

1. 刺吸式口器：由頭部前端伸出，平時隱藏於腹部下面。
2. 不完全變態：從卵經由若蟲期

↑六刺素獵椿象的口器

↑六刺素獵椿象的口器刺吸式分節，不用時收藏在頭部下方。

↑赤星椿象的口器。

↑赤星椿象的口器不用時收到腹部下方。

到蛻變為成蟲，中間過程不經過蛹的階段。

此外，多種椿象常在被驚擾時釋放出高揮發性臭液以進行防禦，像是常見的龜椿象、褐翅椿象、南方綠椿象和黃斑椿象等就具有發達的臭腺系統，因此讓椿象博得「臭腥龜仔」的外號，然而並不是所有椿象都會發出臭味，有些種類如紅椿科的臭腺系統會在成蟲時退化甚至消失，而椎獵椿象、蚊獵椿象與盲獵椿象則沒有可發出臭味的臭腺系統。

除了奇椿象、網椿象、膜椿象和某些水鼈以外，絕大多數的椿象前翅明顯分成前翅革片與前翅膜片，這點也是與其他昆蟲區別的重要特徵。

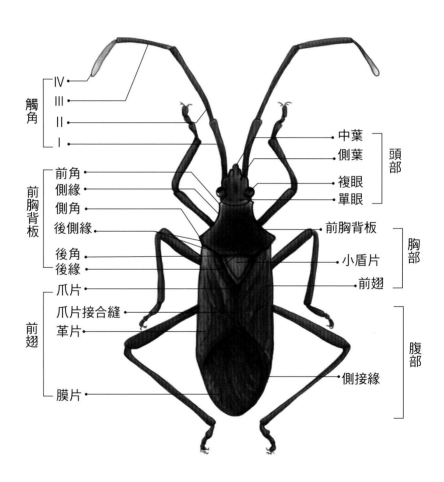

觸角
IV
III
II
I

前胸背板
前角
側緣
側角
後側緣
後角
後緣

前翅
爪片
爪片接合縫
革片
膜片

中葉
側葉
複眼
單眼
頭部

前胸背板
小盾片
前翅
胸部

側接緣
腹部

總論

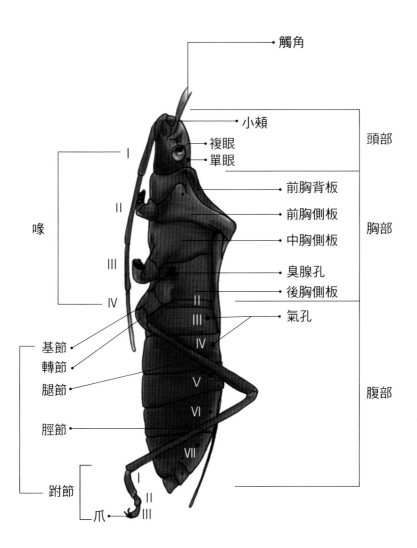

- 觸角
- 小頰
- 複眼
- 單眼
- I
- II
- III
- IV
- 喙
- 頭部
- 前胸背板
- 前胸側板
- 中胸側板
- 臭腺孔
- 後胸側板
- 胸部
- 基節
- 轉節
- 腿節
- 脛節
- 附節
- 爪
- 氣孔
- II
- III
- IV
- V
- VI
- VII
- I
- II
- III
- 腹部

總論

椿象的一生

　　椿象屬不完全變態昆蟲，成長過程中不包含蛹的階段，從卵到孵化為若蟲，再由若蟲經過各齡期（通常為五齡）後成為成蟲。

卵

初齡若蟲

二齡若蟲

三齡若蟲

四齡若蟲

終齡若蟲

成蟲

老熟

大臭椿象生活史

卵

　　椿象的卵在形態上隨著科別不同而有很大的差異，也會因棲息環境與產卵場所，在卵的構造與排列方式上各有不同，有的產在葉子背面，有的產在落葉堆、石頭縫等隱蔽處，有的產在植物的莖、葉與花等組織內，彷如鑲嵌在上面，有的產在土裡或水邊泥灘，甚至還有用卵柄將卵固定；有些卵呈圓形，有些卵圓柱狀，有些卵形如奶瓶，有些像米粒，有些則像魚肝油丸一樣；有的卵聚集成塊，有的分開散布，有的不僅成塊，還被雌蟲的分泌物包裹，就像裹上糖漿一樣，種類繁多各異其趣，但不管是哪種類型的卵，椿象的生命就是由這些卵開始，當然，有時還未開始就已經結束，例如被寄生或被捕食。

↑即將孵化的華溝盾椿象卵。

↑剛產下的黃斑椿象卵，晶瑩如珠玉。

↑黑角嗯獵椿象的卵。

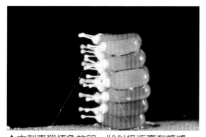
↑六刺素獵椿象的卵，狀似奶瓶裹有糖漿。

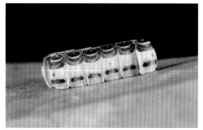
↑彩椿象的卵像瓶罐。

↑被小蜂產卵寄生的大臭椿象卵。

若蟲

椿象的若蟲一般分為五個齡期，但偶爾也有例外的狀況，例如根土椿象為六齡，微小花椿象為四齡，有時卻會出現三齡或五齡，再如黑肩綠盲椿象通常五齡，偶爾會出現四齡與六齡，如果是人為飼養的層斑紅獵椿象於冬季則會出現六齡之現象，推測可能是在以若蟲越冬的情況下，為避免過早變為成蟲而延遲發育，這現象頗值得持續觀察。

五個齡期分別為初齡、二齡、三齡、四齡與終齡，每蛻殼一次則進至下一齡，各齡期之長短因種類而有所差異，同種間的齡期也非固定。初齡若蟲常群聚，不管是捕食或植食性椿象，只以卵殼內的殘餘液體或卵殼附近的水分（雨水、露水和植物汁液）為食，要等成為二齡若蟲後才會開始依各自的天性捕食或植食。

通常二齡若蟲與初齡若蟲外形較接近，只是體型稍大而顏色會變深而已，到了三齡若蟲則開始出現翅芽，四齡若蟲翅芽約長到腹部第 1 與第 2 節間，終齡若蟲的翅芽則幾乎到達第三腹節，因此可從翅芽長度約略評估若蟲的齡期。

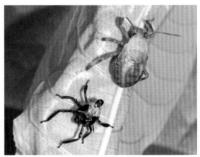

↑叉角厲椿象若蟲，蛻皮後較上一齡若蟲體型大很多。

↑人為飼養之層斑紅獵椿象於冬季出現的六齡若蟲。

↑藍益椿象，剛蛻皮的若蟲。

↑剛孵化的黃斑椿象若蟲聚集在卵殼附近。

總論

成蟲

　　最後一次蛻殼結束後，若蟲就成為成蟲，這時椿象的主要任務就是繁衍後代，這些成蟲散布各處，本書所介紹的正是這些棲習環境多樣，形貌各異，各自都獨具特色的昆蟲。

↑南方綠椿象成蟲吸食蓼科植物花序。

↑黃盾背椿象，雌蟲有護卵及護幼的習性。

↑沖繩金盾背椿象，盾背有 4 枚黑色大斑。

↑赤星椿象交尾，腹面側緣具紅、白色相間的條紋，顏色十分豔麗。

←在寄主植物上交尾的赤星椿象，左邊為雌蟲，右邊雄蟲。

點椿象
Tolumnia latipes (Dallas, 1851)

別名｜碎斑點椿象

草叢

陸棲

↑身體密布細碎淡色雲斑，小盾片末端白色。

形態特徵

　　體橢圓形，體色淡黃褐色。觸角最末節端半淡黃色。前胸背板側緣具淡黃色細邊，因密布黑褐色刻點與不規則雲斑使外觀呈黑褐至紫黑色，陽光照耀下帶有紫藍色光澤。足淡黃色密布小黑斑，後足腿節端部與脛節兩端呈黑色。身上色斑可分為典型和碎斑型兩種，第一種除了小盾片末端與前緣兩側各有一個大白斑外，無其他淡色斑點，體色呈黃褐色至紅褐色；碎斑型則除了小盾片末端有白斑外，小盾片上無白斑或者僅在前緣有 3~5 個小淡色斑，臺灣地區分布的種類幾乎為碎斑型。

生活習性

　　純植食性種類，野外寄主植物已

↑終齡若蟲取食有骨消的果子。

知有有骨消、龍葵，若蟲成蟲常群聚。

分布

　　分布於臺灣、中國、越南、馬來西亞、印尼與柬埔寨；臺灣地區普遍分布於中、低海拔山區。

相似種比較：過去被誤認為紫藍曼椿象 *Menida violaea*，學名有誤。

大斑點椿象

Tolumnia gutta (Dallas, 1851)

草叢

陸棲

↑身體有較大的黑色斑塊，小盾片末端一色，圖中雌蟲正在產卵。

形態特徵

　　體橢圓形，體色淡黃褐色，密布黑色刻點。觸角最末節端半橙黃色。前胸背板中央有一淡色縱中帶，側緣具淡黃色細邊，刻點略呈橫向排列，形成斷續狀橫斑；小盾片前半有 6 個黑色斑分列，基角處各有小彎形淡色斑一枚，末端舌狀部中央有小黑點斑一枚。側接緣黃黑相間，各側節交會處常帶黃色。足淡黃色密布小黑斑。

生活習性

　　純植食性種類，寄主植物不詳。

分布

　　分布於臺灣與中國；臺灣地區僅在花蓮天祥有過紀錄，數量稀少。

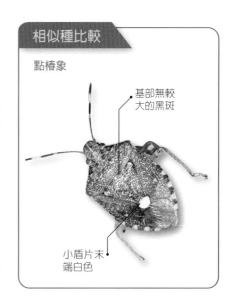

相似種比較

點椿象

基部無較大的黑斑

小盾片末端白色

21

寬曼椿象
Menida lata Yang, 1934

草叢

↑小盾片末端寬大呈舌狀，頭部下傾狀似龜椿象。

寬曼椿象體型寬廣，橢圓形，外觀近似龜椿科，本屬記錄 7 種，各種斑型近似，且個體變異多不好分辨。2006 年 4 月及 2007 年 6 月筆者在龜山島看到這種椿象，小盾片上斑為寬大的黃斑，端部呈黃色舌狀紋，乍看像一張微笑的臉。後來在其他低、中海拔山區也看到類似的斑紋，區分要點如下：稻赤曼椿象體色橙紅色；東北曼椿象小盾片中央有一枚倒「V」字形的黑斑。至於北曼椿象斑紋近似點椿象，可從小盾片端部的白斑分別，北曼椿象舌狀，點椿象為圓形。

形態特徵

　　短橢圓形，黃褐色，因密布黑刻點使外觀看似黑褐色，體背隆起，頭部強烈下傾。前胸背板胝區黑色，中央有小黃斑；小盾片中央有大黃斑橫列，此大黃斑有時分離，而呈兩側各一的一對大黃斑，端部黃白斑如彎月狀。野外觀察到少數差異個體，或小盾片整體色淡狀若黃斑消失，或體色漆黑小盾片末端黃斑消失。足黃褐色，各腿節近端部處常有黑環。

生活習性

　　純植食性種類，野外寄主植物已知有有骨消，文獻紀錄之寄主植物還有菜豆與水稻。

分布

　　分布於臺灣和中國，數量稀少；臺灣地區分布狀況不詳，目前於嘉義、新北市與龜山島有過記錄。

陸棲

↑少數變異個體，小盾片的黃斑較淡或消失。　　↑變異的黑色個體，小盾片下方的舌狀斑消失。

相似種比較

黑斑曼椿象

小盾片中央的黑斑向下延伸較窄

異曼椿象

小盾片中央的黑斑向下延伸較寬

華美曼椿象

小盾片上緣不具白斑

北曼椿象

小盾片邊緣不具白斑

端部為舌狀斑

東北曼椿象

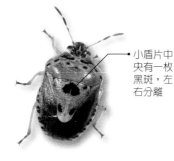

小盾片中央有一枚黑斑，左右分離

稻赤曼椿象

前胸背板至小盾片橙紅色

陸棲

23

雙斑紅顯椿象
Catacanthus punctus (Fabricius, 1787)

草叢

↑雙斑紅顯椿象，紅、黑、白三色，背上有如國劇的臉譜，李政諦攝。

形態特徵

　　橢圓形，體型大，體色橙紅色至紅色。頭、前胸背板前緣與前側緣、前胸背板後緣半圓形斑、小盾片前半、腹背板、各足與觸角皆呈藍黑色，帶強烈金屬光澤。前翅革片白色，中央有大三角形斑各一枚。前翅膜片褐色略透明。

生活習性

　　純植食性種類，寄主植物蒲桃、仙丹花。

分布

　　分布於臺灣、泰國、澳洲；臺灣只分布於蘭嶼。

↑腹面紅色，僅分布於蘭嶼，李政諦攝。

相似種比較：泰國、馬來西亞的紅顯椿象（四斑顯椿象）*Catacanthus incarnatus* Drury, 1773 以背部有佛陀臉而聞名，與本種是同屬的椿象。

陸棲

鬼面椿象

Axiagastus rosmarus Dallas, 1852

別名 | 魯牙椿象

草叢

↑背著鬼面具的神祕椿象。

陸棲

鬼面椿象的名稱源於牠的背部有醒目的鬼面圖案，牠還有一個特徵就是小頰前端呈尖角狀向下延伸，看起來彷彿頭上長了尖牙，所以牠也被稱為魯牙椿象。這種椿象的寄主植物始終不曾記錄過，國外文獻紀錄了同屬的椿象取食棕櫚科的椰子和可可，野外觀察時曾特意尋找附近的棕櫚科植物，可惜一直未發現若蟲。

形態特徵

體橢圓形，黃褐色，全身散布黑色刻點。觸角第一節橙褐色，其餘各節均黑色。頭側緣具黑狹邊。前胸背板底色橙褐色，側緣具黑色狹邊，密布黑刻點，端半較稀疏而不規則，靠近基部越密集；小盾片末端舌狀，上有 3 個大黑斑，前半兩個略近方形，後半一個呈大凹弧狀。

生活習性

純植食性種類，寄主植物不詳，多次發現於槭葉牽牛葉面，但始終未見取食，野外觀察時往往只看見單獨個體，尚不曾發現群聚之族群，連若蟲也未曾見過，其生態習性頗值得持續觀察。

分布

分布於臺灣、中國、泰國、緬甸、菲律賓、印尼與印度等地區；在臺灣各地均有發現記錄，但並不普遍。

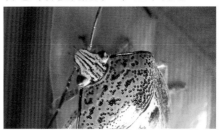

↑頭部前端尖角狀，好像長了犬牙。

25

圓白星椿象

Eysarcoris guttigerus (Thunberg, 1783)

草叢

↑小盾片上黃斑變異大，身體寬短。

圓白星椿象由於體型寬廣呈橢圓形，小盾片左右各有一枚白色的圓形星斑而得名。本屬記錄 2 種，本種數量很多，幾乎全年可見，常群聚草叢，吸食禾本科、豆科、菊科等植物的汁液，筆者在 2、6、9、12 月皆有記錄。本屬另一種為白星椿象，外觀近似，簡單的辨識可從觸角來看：本種觸角皆黃褐色，白星椿象觸角前 3 節淡黃色，後 2 節顏色較深，因此拍照時要特別留意觸角的特寫，否則拍了照片也不容易區別。

形態特徵

體寬橢圓形，體淡黃褐色至黃褐色。觸角呈淡黃色。頭部黑色基部有淡色短縱紋，頭中葉長於側葉，體密布刻點。小盾片兩側黃斑有時大於複眼縱寬，有時又極小如針點狀。腹側前半近平行，後半橢圓狀束縮。

生活習性

純植食性種類，寄主植物以禾本科、豆科與菊科昭和草為主。

分布

普遍分布於臺灣中、低海拔，除本島外尚分布於日本、中國、緬甸、印度和斯里蘭卡等地。

↑白斑斜向的個體。

陸棲

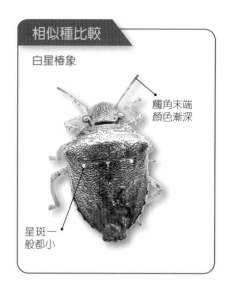

相似種比較

白星椿象

觸角末端
顏色漸深

星斑一
般都小

↑雌、雄在寄主植物上交尾。

↑若蟲，體背黑色具白斑。

↑小盾片黃斑較小的個體，觸角一色。

陸
棲

↑常見於禾本科植物群聚。

黑點青椿象

Glaucias beryllus (Fabricius, 1787)

別名 | 黑點綠豔椿象

樹棲

陸棲

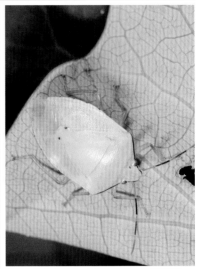

↑ 變異或近似種，蘭嶼出產，側接緣有 5 枚黑色斑點但前胸背板光滑無斑。

← 側接緣有 5 枚黑色斑點，夜晚會趨光。

形態特徵

　　橢圓形，全體青綠色帶油光。觸角青綠色，第 3~5 節端部黑色。前胸背板側緣具極細狹黑邊，黑邊內緣一淡色帶。側接緣黃綠色，端角黑色。本種與綠豔椿象極近似，但本種前胸背板側緣淡色帶較寬，背板上有明顯呈橫列之黑斑，側接緣端角黑色，可與綠豔椿象區別。

生活習性

　　純植食性種類，目前已知寄主植物為漢氏山葡萄。

分布

　　分布於臺灣、中國與印度；臺灣分布於中、低海拔，局部地區普遍。

相似種比較

綠豔椿象

前胸背板光滑不具黑色刻點

側接緣不具黑斑

黃肩青椿象
Glaucias crassus (Westwood, 1837)

別名｜黃肩綠豔椿象

樹棲

陸棲

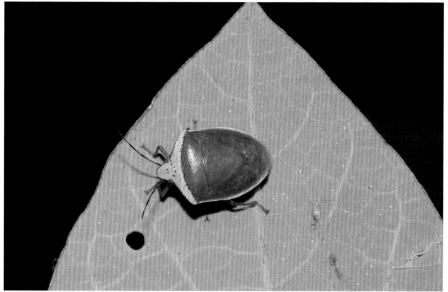

↑黃色的頭與肩，濃綠的體背，又稱為黃肩綠豔椿象，謝怡萱攝。

形態特徵

　　橢圓形，全體濃綠色帶油光。觸角綠色，第 3~5 節端部黑色。頭部黃色。前胸背板前半黃色，後半綠色，由一橫列成弧狀之黑色刻點分隔；側緣刻點黑色，沿側緣排列。側接緣黃綠色，端角黑色。本種與黃肩型南方綠椿象極近似，但黃肩型南方綠椿象前胸背板黃綠交界處無黑色刻點，體呈黃綠色，光澤弱，可與之區別。

生活習性

　　純植食性種類，目前已知寄主植物為漢氏山葡萄。

分布

　　分布於臺灣、中國、越南與印度；臺灣主要分布於南部（高雄、屏東）低海拔地區，局部地區普遍。

相似種比較

南方綠椿象（黃肩型）

前胸背板黃色後緣不呈弧狀，不具刻點

南方綠椿象

Nezara viridula (Linnaeus, 1758)

別名 │ 稻綠椿象

草叢

陸棲

↑ 有多種變異，左為點斑型，右為綠色型。

形態特徵

　　橢圓形，全體青綠色。觸角青綠色，第 3~5 節端部紅褐色。文獻紀錄有 9 種色型，臺灣地區能觀察到下列 5 種：

1. 綠色型：通體綠色，小盾片前緣有 3 個小黃斑。
2. 黃肩型：頭前端與前胸背板前緣呈黃白色，其餘綠色。
3. 點斑型：體色以黃色為主，前胸背板前緣與小盾片前緣各具有 3 個綠斑，前翅革部端部各具一個較大的綠斑。
4. 全黃型：體呈黃色、橙色或粉紅色。這一型多出現於冬季，為成蟲越冬時體色轉變。
5. 全褐型：體呈褐色，為成蟲越冬時體色轉變。

生活習性

　　純植食性種類，寄主植物廣泛，多達 30 科 140 種以上，因此成為農業上的害蟲。野外觀察常見的寄主植物有柑橘、大多數豆科與禾本科，有時在山葡萄、血桐、芝麻、龍葵、蓼科植物與山苦瓜上也會發現。

　　在臺灣，南方綠椿象的生命週期約為 40~55 天，以成蟲型態度冬，幾乎全年可見，每年三月開始產卵，一年約四代，卵由初產下到孵化約 5 天，若蟲分五齡，若蟲期約為 22 天後蛻殼為成蟲，成蟲壽命除越冬個體外平均為 20 天，最長可達 30 天。

　　本種與東方綠椿象（草綠椿象）*Nezara antennata* Scott, 1874 極近似，野外觀察至今仍未曾發現過東方綠椿

象，僅簡述其分辨方式：

1. 東方綠椿象觸角端部為黑色，有異於本種的紅褐色。
2. 東方綠椿象前胸背板側角較突出體側。
3. 東方綠椿象背上側接緣各節末端有黑斑，背面看來如有一黑色點狀線圍繞腹側。

分布

廣泛分布世界各地，日本、韓國、臺灣、中國、斯里蘭卡、泰國、緬甸、馬來西亞、菲律賓、印度、澳洲，甚至遠達美洲、非洲和歐洲都有牠的蹤跡；臺灣普遍分布於中、低海拔，從農地、公園綠地、草叢到山區都可發現。

→黃肩型，前胸背板前半黃白色。

←終齡若蟲（綠色型）。
↓三齡若蟲。

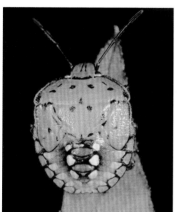

陸棲

↑終齡若蟲（綠色型）。

壁椿象

Piezodorus hybneri (Gmelin, 1790)

別名│一紋椿象

草叢

↑ 前胸背板上有明顯一字斑紋，又稱為一紋椿象。

形態特徵

　　橢圓形，體呈淡黃綠色密布綠至黑色刻點。觸角黃綠色，第 3 節端半紅色，第 4~5 節除基部黃綠色外大部分為紅色。前胸背板前半黃綠色，刻點較稀疏，兩側角間有一淡白至紅色寬橫帶。

生活習性

　　純植食性種類，寄主植物以豆科為主。

分布

　　廣泛分布世界各地，日本、臺灣、中國、緬甸、印尼、馬來西亞、菲律賓、印度、斯里蘭卡、澳洲與斐濟群島；臺灣普遍分布於低海拔休耕農地與草叢。

→ 三齡若蟲。

↓ 四齡若蟲。

→ 終齡若蟲。

陸棲

32

棘角輝椿象
Carbula scutellata Distant, 1887

樹棲　草叢

陸棲

↑ 側角端部呈黑色的棘刺。

形態特徵

　　橢圓形，頭和前胸背板前半淡黃白色帶青色光澤。前胸背板後半紫褐色，側角向兩側延伸呈黑色尖針狀，前翅革片暗紫至紅褐色，腹部淡綠色；小盾片淡黃綠色。

生活習性

　　純植食性種類，寄主植物已知有長穗木、小葉桑與印度鐵莧。

分布

　　分布於日本、臺灣、中國、緬甸、泰國、不丹與印度等地區；臺灣地區分布似有局限性，目前記錄的地點有屏東、臺東、高雄、嘉義與蘭嶼。

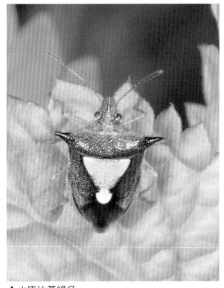

↑ 小盾片黃綠色。

33

輝椿象
Carbula crassiventris (Dallas, 1849)

別名 | 紅角輝椿象

草叢

陸棲

↑側角端圓鈍帶紅色色澤，又稱為紅角輝椿象。

輝椿象也是大花咸豐草上常見的椿象，體態樸素，前胸背板發達，側角端有著紅褐色的斑紋，容易分辨。過去筆者在野外拍照看到這種椿象總是視而不見，直到 2012 年才認真觀賞牠。2011 年 7 月筆者在思源啞口拍到斑型近似的多毛輝椿象，前胸背板側緣具乳黃色的邊線，側角圓弧不突出，側肩有一個刺突，這些都是長期野外觀察所留下來的記錄。

形態特徵

體型寬廣短胖，體色黃褐色帶銅色光澤。觸角 1~4 節黃褐色，第 5 節紅褐色。頭中葉與側葉齊平。前胸背板前側緣兩側具乳黃色分布，側角伸出體側，末端圓鈍帶紅褐色澤。

生活習性

純植食性種類，寄主植物多，已知有大花咸豐草、冇骨消、頭花香苦草、牽牛花、昭和草、泥胡菜與波葉山螞蝗。

分布

分布於日本、臺灣、中國、泰國、緬甸、不丹與印度等地區；在臺灣普遍分布中、低海拔山區。

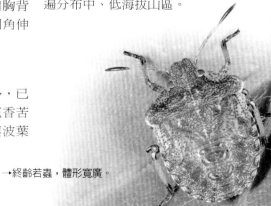

→終齡若蟲，體形寬廣。

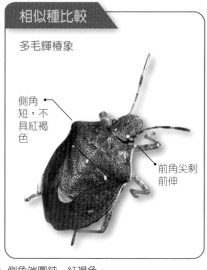

相似種比較

多毛輝椿象

側角
短，不
具紅褐
色

前角尖刺
前伸

←側角端圓鈍，紅褐色。

←以刺吸式口器吸食
　植物汁液。

陸
棲

↓常見群聚寄主於大花咸豐草。

彎刺黑椿象

Scotinophara horvathi Distant, 1883

草叢

陸棲

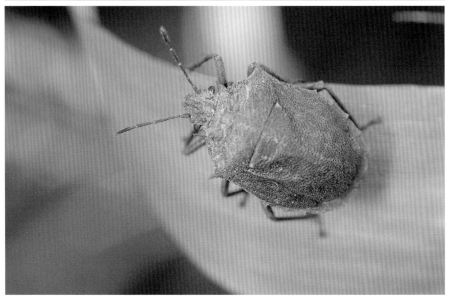

↑體型短胖，前胸背板前角長而彎曲。

本屬記錄 4 種，全身土灰色至黑褐色。3~10 月筆者在住家附近山區看到很多，卻只有這一種，可見物種與環境有某種程度的關係。

形態特徵

橢圓形，體黑褐色密被灰黃色短毛。觸角呈黑色。頭側葉長於中葉，頭、前胸背板前半部色澤較深。前胸背板前半隆凸不平，胝區黑色，有明顯圓狀瘤突，前角長而彎曲斜向上指，長度常超過眼前緣，側角平伸，中央淡色細縱線常延伸至小盾片前部，中部與小盾片基緣各有一對淡色斑，小盾片不伸達腹部末緣，腹部下方黑褐色，氣孔內側有不規則淡黃斑。足黑色，跗節中段色淡。

生活習性

純植食性種類，寄主植物以禾本科為主，喜躲藏於靠近根部處，身上常沾滿泥土。

分布

本種分布於日本、韓國、臺灣與中國；臺灣地區普遍分布於中、低海拔山區。

→腹部灰褐色。

↑ 體密被灰黃色短毛，身上常沾滿泥土，側角尖而平直。

← 終齡若蟲，觸角末節黑褐色。

相似種比較

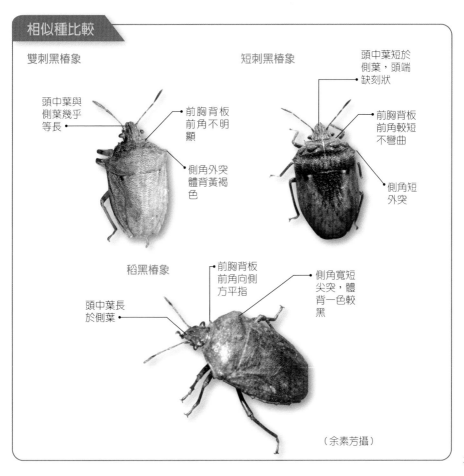

雙刺黑椿象

頭中葉與側葉幾乎等長 •

• 前胸背板前角不明顯

側角外突體背黃褐色

短刺黑椿象

頭中葉短於側葉，頭端缺刻狀

• 前胸背板前角較短不彎曲

側角短外突

稻黑椿象

頭中葉長於側葉 •

前胸背板前角向側方平指

側角寬短尖突，體背一色較黑

（余素芳攝）

棕椿象
Caystrus obscurus Distant, 1901

↑體呈黃褐色密布刻點，前胸背板側緣微微凹陷。

發現於平地甘蔗園與五節芒根部的棕椿象，幾乎一生都生活在土表，寄主於植物的根莖上，習性相當隱密。一般喜愛攝影人士容易忽略這種環境，所以牠被拍到的機會不多。近似種平背棕椿象外觀呈黑褐色，前胸背板上有兩個小斑斜列，小盾片較短，只達腹部之半；本種外觀呈淡黃褐色，小盾片較長，超過腹部之半，膜質翅脈紋發達。

形態特徵

橢圓形，體呈淡黃褐色。觸角褐色，第 5 節端半白色。前胸背板側緣直而略內凹，前胸背板至小盾片末端有一光滑淡色縱線貫穿；小盾片長超過腹部之半，端部兩側隱約有不規則小淡斑。各足呈黃褐色，密布褐色刻點。

生活習性

純植食性種類，寄主植物以大型禾本科（五節芒、象草、甘蔗等）為主，習性較為隱蔽，具趨光性，通常棲息於植株近土表莖葉內。

分布

本種分布於臺灣、中國；在臺灣主要分布於低海拔地區，惟習性隱蔽，野外觀察較難遇見。

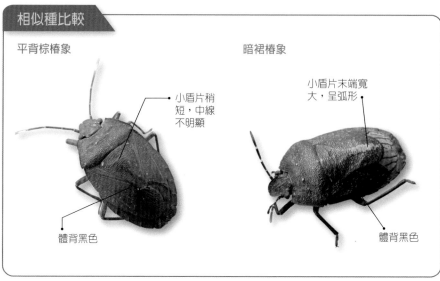

相似種比較

平背棕椿象

小盾片稍
短,中線
不明顯

體背黑色

暗裙椿象

小盾片末端寬
大,呈弧形

體背黑色

陸
棲

→初齡若蟲。
↓附著於禾本科葉上的卵。

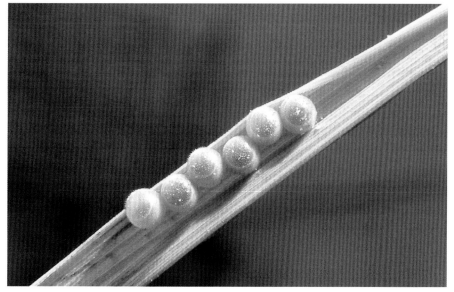

黃斑椿象

Erthesina fullo (Thunberg, 1783)

別名 | 黃斑黑椿象

陸棲

↑頭部形狀邊角分明，是臺灣最容易見到的椿象。

黃斑椿象是校園、公園、行道樹最常見的椿象，體背密布黃色的斑點，足部黑白分明，相當容易觀察。該種椿象的生活史中，最有趣的是剛孵化的若蟲會圍在卵邊，排列整齊的像是在開一場圓桌會議。早齡若蟲會群聚，可能是為了取暖，鮮豔的斑紋是警戒色，乍看像蛇紋，警告天敵不可冒犯。成蟲各自獨立，喜歡棲息樹幹，身上的碎斑和顏色很像樹皮，為極佳的保護色。

形態特徵

頭部及前胸背板黑色，從頭部至前胸背板中央有一條細小的黃色縱線，頭部背面及前胸背板外緣有黃色的細邊，體背黑褐色，布滿灰色或黃色的小斑點，腹背板外露，邊緣具黑、黃的橫斑。足黑色，脛節中央具白色斑紋。產卵數常為 12，可為野外判斷卵種之依據，但在極罕機率下亦有例外，曾記錄過產卵數為 13。

生活習性

純植食性種類，寄主植物廣泛，常見於臺灣欒樹、鳳凰木等多種行道樹幹上吸食樹液，也吸食豆科植物，甚至連鳥糞也有取食紀錄。

分布

本種分布於臺灣、中國、緬甸、斯里蘭卡與印度；臺灣地區數量極多，從低海拔到中、高海拔都可看到牠的蹤影，是最常見的椿象。

↑卵圓形，上方有一個蓋子。

↑剛孵化的若蟲圍在卵旁，像在召開一場圓桌會議。

←已孵化的卵殼，三角黑斑是一種擊破器，將孵化的若蟲靠它掀開蓋子。

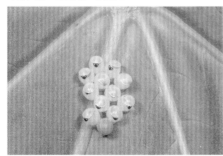

↑若蟲有群聚性，直到三齡後才會分開。

↑若蟲，腹背具橢圓形黑斑，內有 2 枚橙色斑點。

↑常見棲息於臺灣欒樹，斑紋和顏色近似樹皮。

褐翅椿象
Halyomorpha halys (Stål, 1855)

樹棲　草叢

陸棲

↑前胸背板及小盾片前緣有黃白色的斑點。

褐翅椿象也是常見種類，早齡若蟲體態像螞蟻，胸部側緣具尖細的刺突，到了終齡刺突會消失，斑紋也不一樣。成蟲體色跟若蟲一樣多變，很容易跟其他相似的椿象混淆，這是初學者較易感到困擾的，但掌握成蟲觸角末節基部與前一節前後端白色，側角不具刺突，側接緣黃、黑相間等特徵，就很容易區分。

形態特徵

體色變化多，除了常見的黃褐色外，尚有綠色、綠褐色、紅色和橙紅色的個體。觸角細長，末節基部及倒數第 2 節前後端具白色斑。頭部及前胸背板微具金屬光澤。前胸背板前緣有 3~5 枚小斑點，側緣具尖刺，背板上密生刻點，近前緣有綠色分布；小盾片前緣左右各有一枚黃斑，革質翅黃褐色或灰褐色。側接緣黃黑相間。各足呈黃褐色密布黑色點斑。若蟲各齡期體色不同，但觸角都有一處白色或黃白色斑。腹背具橫向條紋，顏色單純沒有鮮豔的斑塊。

生活習性

純植食性種類，寄主植物廣泛，成蟲及若蟲喜歡群聚，寄主植物有苦楝、柿子、柑橘、桃、李等多達 30 種以上，吸食莖枝的汁液為食，若碰觸牠們會散發出腥臭味，所以有「臭腥龜仔」的名號。產卵數恆為 28，可為野外判斷卵種之參考。

分布

本種分布於日本、臺灣、中國、越南、緬甸、印尼、斯里蘭卡與印度；臺灣地區數量多，從低海拔到中、高海拔都可看到牠的蹤影。

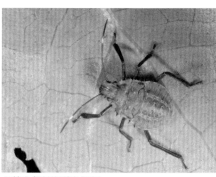

↑若蟲各齡期體色不同。

→二齡若蟲，外觀像螞蟻。

↑紅紫色個體。

↑褐綠色個體。

↑紅褐色個體。

陸棲

相似種比較

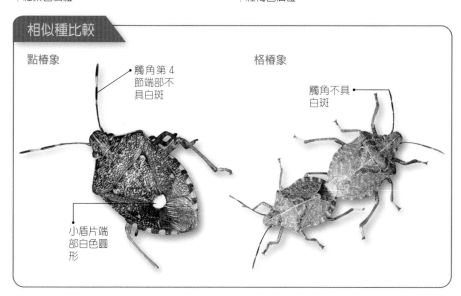

點椿象

觸角第 4 節端部不具白斑

小盾片端部白色圓形

格椿象

觸角不具白斑

格椿象
Cappaea taprobanensis (Dallas, 1851)

別名｜柑橘格椿象

樹棲

陸棲

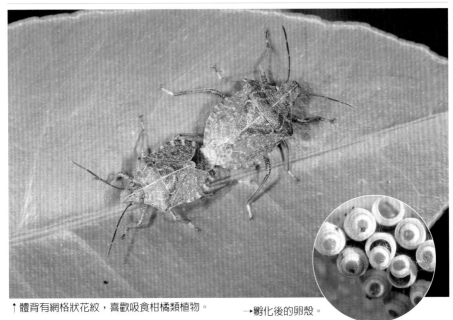

↑體背有網格狀花紋，喜歡吸食柑橘類植物。

→孵化後的卵殼。

形態特徵

　　成蟲體褐色，體形略扁，自頭端至小盾片末端有明顯淡色中線。前胸背板前緣黃褐色，中央有黃色縱向紋，類似網格狀，體背除膜質翅外，密布黃色細斑。

生活習性

　　純植食性種類，常見寄主於柑橘類植物與榆樹，群居性，若蟲初孵化會聚成一團，形態像小棉羊，十分可愛。

分布

　　本種分布於臺灣、中國、緬甸、印尼、斯里蘭卡與印度；臺灣地區廣泛分布於低海拔山區。

↑二齡若蟲聚集。

↑三齡若蟲。

金綠岱椿象
Dalpada smaragdina (Walker, 1868)

樹棲

↑體背閃耀著綠色金屬光澤，各足鮮豔不具明顯的黑斑，謝怡萱攝。

形態特徵

　　體橢圓形，呈金綠色。觸角第4~5節基半淡黃色其餘全黑。頭側葉長於中葉，前胸背板側角呈瘤節狀，黑色；小盾片兩基角各一凹彎狀小淡斑，末端淡色斑短甚至消失。足淡黃至紅色，兩端刻點較多，但有時全無刻點，前足脛節不擴展，端部黑色，中後足脛節兩端黑色，中部刻點較稀疏；跗節1~2節黃白色無刻點，第3節黑色。

生活習性

　　純植食性種類，寄主植物不詳。

分布

　　分布於臺灣、中國；臺灣地區分布於中、低海拔山區，數量不多。

相似種比較

粵岱椿象

體背綠色具金屬光澤

各足橙黃色具黑斑

陸棲

珀椿象
Plautia crossota (Dallas, 1851)

樹棲　草叢

陸棲

↑喜歡吸食三角葉西番蓮漿果，翅膀紅色較顯著。

珀椿象和小珀椿象對一般人來說一直很難分清楚，過去圖鑑以體型的大小和前胸背板刻點做依據，但照片卻不容易顯示大小及刻點狀況。2~10 月在筆者家鄉的院子裡拍了不少該種椿象，從卵到成蟲都有，若蟲斑紋變異很大，成蟲拍的較少。以下描述提供讀者參考：

成蟲，珀椿象，體型較大，前胸背板前側緣常帶紅褐色，體色較淡的個體，前翅革片紅色成分多，外域鮮綠，刻點鮮綠色；小珀椿象，體型較小，前胸背板前側緣常帶灰白，前翅革片較灰白，外域中段至末端刻點黑色，摻雜內域色澤。若蟲型態也與小珀椿象接近，初齡至二齡的體色多變化，很難從外觀區分，但體型還是以本種為大，色澤也偏淡。

形態特徵

　　橢圓形，有光澤，體有黑色細刻點。觸角第 1 節綠色，端半黑色。前胸背板鮮綠色，側角末端處常帶褐色，前翅革片內域與外域於前半段分界鮮明，外域鮮綠色，密布同色刻點，內域色澤隨季節而有變化，通常呈紅褐色，部分個體呈灰褐色，密布黑色粗大刻點，常形成不規則斑塊。各足綠色。

生活習性

　　純植食性種類，寄主植物已知有三角葉西番蓮、桑樹、南美假櫻桃、山葡萄與九芎，以吸食果實為主，會隨寄主植物的結果期更換棲息地點，產卵數常為 14 顆。

分布

分布於日本、臺灣、中國、緬甸、馬來西亞、菲律賓、印尼、印度、斯里蘭卡與非洲東、西部；臺灣主要分布於中、低海拔山區，普遍的種類。

↓珀椿象的卵遭寄生小蜂寄生，剛羽化鑽出的情形。

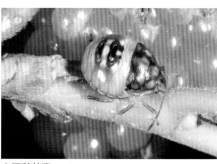

↑四齡若蟲。

←三齡若蟲。

↑終齡若蟲。

47

小珀椿象
Plautia stali Scott, 1874

樹棲　草叢

↑喜歡茄科植物漿果，翅膀偏灰白色。

形態特徵

　　橢圓形，具光澤，體有黑色細刻點。觸角第 1 節綠色，第 2~5 節橙褐色，端半黑色。前胸背板鮮綠色，側角末端處常帶灰白色；前翅革片內域與外域分界較模糊，外域前段綠色，後段灰白色，密布黑刻點，內域通常灰白色，部分個體呈灰褐色，密布黑色粗大刻點，常形成不規則斑塊。各足綠色。

生活習性

　　純植食性種類，寄主植物以茄科為主，已知有瑪瑙珠、龍葵、山煙草，主要吸食果實，產卵數常為 14 顆。

分布

　　分布於日本、韓國、臺灣、中國；臺灣普遍分布於中、低海拔山區。

↑二齡若蟲。

↑四齡若蟲。

↑終齡若蟲。

陸棲

日本羚椿象

Alcimocoris japonensis (Scott, 1880)

別名｜牛角椿象

樹棲

陸棲

↑前胸背板有牛角狀黑色的刺突。

形態特徵

　　橢圓形，黃褐色密布黑刻點。頭部黑色，上有 3 條黃色至紅褐色縱紋，複眼內側有一黃色縱紋。前胸背板前部兩側各一大長形光滑無刻點之黃斑；側角強烈伸出呈菱角狀，端角黑色略向下傾；小盾片基部光滑大斑一對，無刻點。各足腿節黃白色雜以黑色斑塊，脛節略側扁，跗節黑褐色。

↑小盾片狹長，外觀狀似貓頭鷹。

生活習性

　　純植食性種類，已知寄主植物為光蠟樹、馬醉木與白花八角。

分布

　　分布於日本、臺灣與中國；在臺灣分布於低海拔山區，局部地區普遍。

↑前胸背板前緣有一對黃斑。

49

雲椿象
Agonoscelis nubilis (Fabricius, 1775)

草叢

↑若蟲，徐瑞娥攝。
←身披虎紋，小盾片有黃色寬中線貫穿全長。

形態特徵

　　體黃白色密布黑褐色斑紋，斑紋常斜列如雲彩狀。觸角 5 節呈黑色。頭部至小盾片有一黃色寬中線貫穿，末端如箭頭狀；小盾片基部兩側淡黃色長斑光滑無刻點。各足腿節黃白色，近端部黑色，脛節黑色。腹部淡黃色，兩側有 2 列黑斑。

↑寄主植物白花益母草。

生活習性

　　寄主唇形科白花益母草與馬鞭草科巴西馬鞭草，亦有取食大花咸豐草之紀錄，局部地區出現，不普遍。

分布

　　分布於日本、臺灣、中國、緬甸、菲律賓、馬來西亞、印尼、斯里蘭卡與印度等地區；在臺灣主要分布於南部平地至低海拔山區。

↑卵，附著於花苞或葉面，徐瑞娥攝。

黑角翠椿象
Anaca florens (Walker, 1867)

↑整體深綠色，小盾片端有一枚白色圓斑。

形態特徵

　　寬橢圓形，體色深綠具光澤，體背密布刻點。觸角綠黑色至黑色。頭黃白色具兩道黑色短縱紋。前胸背板前半多呈黃白色，側角顯著向兩側延伸；小盾片末端黃白色，腹面綠色。各足綠色，跗節具黃色分布。

生活習性

　　純植食性種類，寄主植物為印度檀香。

分布

　　分布於臺灣、中國、越南、緬甸、泰國、馬來西亞與印尼等地區；在臺灣主要分布於北部（臺北、宜蘭）與南部（屏東）。

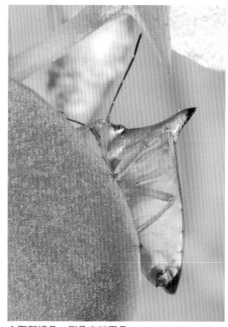

↑腹部綠色，側角末端黑色。

陸棲

51

大枝椿象
Aeschrocoris obscurus (Dallas, 1851)

草叢

↑側角分岔如樹枝，造型很奇特。

陸棲

形態特徵

　　體背密布刻點，體表粗糙。前胸背板寬大，側角分岔；小盾片近基部側緣各有一枚黑斑。各足腿節常有淡色環，各足脛節黃褐色，基部及中央有黑色斑。

生活習性

　　純植食性種類，寄主植物為鴨跖草。本種較稀少，野外觀察時不妨仔細尋找鴨跖草，運氣好時或許可發現牠們的蹤跡。

分布

　　分布於臺灣、中國、印度、緬甸與印尼等地區；臺灣地區分布於中海拔山區，數量少不普遍。

相似種比較

枝椿象

側角僅一枚刺突

薄椿象

Brachymna tenuis Stål, 1861

別名│扁體椿象

草叢

陸棲

↑ 頭部尖長身體扁薄。

形態特徵

　　長橢圓形，淡黃褐色。觸角淡黃褐色，第 4 第 5 節末端黑色。頭部尖長三角狀，中葉稍短於側葉，前端略呈缺刻狀，側葉邊緣具細黑邊。前胸背板中央有兩列隱約黑斑；前側緣略彎曲，邊緣黑色具齒狀突起；小盾片基部有 4 枚黑斑。

生活習性

　　純植食性種類，寄主植物禾本科，尤以竹類為主。習性隱蔽，多躲藏於葉鞘內，野外觀察不易發現。

分布

　　分布於臺灣、中國；臺灣分布於中、低海拔山區竹林與草叢，數量少，僅局部地區出現。

六斑菜椿象
Eurydema dominulus Scopoli, 1763
別名｜菜椿象

草叢

陸棲

↑橙紅色配上黑色，外表豔麗醒目。

形態特徵

　　橢圓形，呈黃、橙或橙紅色。觸角黑色。前胸背板有 6 塊黑斑，2 塊在胝區，後部 4 塊；小盾片基部中央大黑斑三角形，近端部兩側各一半圓形小黑斑；前翅革質區左右各有 2 枚呈 2 字形黑斑塊，端角黑色。腹面黃色，中央與兩側具黑橫斑排列。

↑腹面具黑斑。

生活習性

　　純植食性種類，寄主植物十字花科蔬菜，如高麗菜、油菜與大白菜。

分布

　　分布於臺灣、中國、俄羅斯聯邦東部、西伯利亞與歐洲；因為性喜寒冷，多分布於臺灣中、高海拔 800 公尺以上山區。

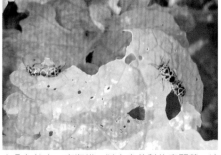

↑分布於中、高海拔，以十字花科的高麗菜、油菜花較常見。

54

格紋椿象
Antestiopsis cruciata (Fabricius, 1775)

別名｜十字麗椿象

草叢

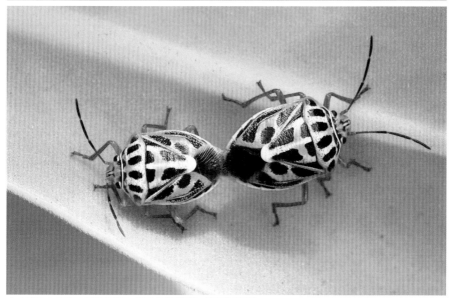

↑小盾片上有個十字軍圖案，顏色鮮豔強烈，來自海洋攝。

形態特徵

　　體呈橢圓形。觸角除第一節橙色外全黑。頭橙黃色，頭中央有 2 條黑色縱紋，複眼內側各有一個小黑斑。前胸背板白色，共有 10 個黑斑，背板前側緣、側緣與中部中央橙色；小盾片黑色，有 3 條白色寬縱線，中央一條直達末端，中部一條白中帶橙色的橫斑連結左右 2 縱斑。各足呈橙色，脛節中央與跗節色深，腹部白色，有五行黑斑縱列。

生活習性

　　純植食性種類，寄主植物為草海桐與日本前胡（防葵），由於這兩種植物主要分布於海邊，所以這種椿象的分布也以海邊為主。

↑若蟲，來自海洋攝。

分布

　　分布於臺灣、中國、緬甸、印度與斯里蘭卡；臺灣分布在屏東、臺東沿海地帶和蘭嶼。

相似種比較：本種原學名為 *Antestia cruciata*，目前的正式學名是 *Antestiopsis cruciata* (Fabricius, 1775)。文獻紀錄在國外為咖啡樹之害蟲。臺灣目前有大面積栽培咖啡，可能造成格紋椿象往平地與山區遷移

陸棲

線條紅椿象

Graphosoma lineatum (Linnaeus, 1758)

別名│條紋紅椿象

草叢

陸棲

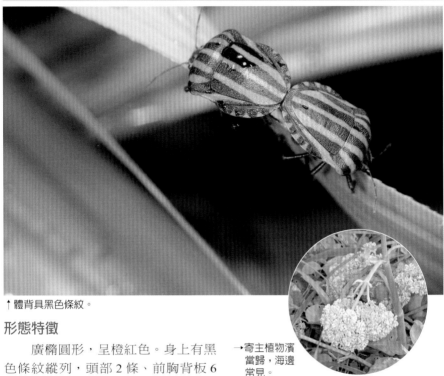

↑體背具黑色條紋。

形態特徵

　　廣橢圓形，呈橙紅色。身上有黑色條紋縱列，頭部 2 條、前胸背板 6 條、小盾片上 4 條，腹部橙紅色，散列黑色點斑。觸角與足均黑色，中央略帶橙褐色，外觀近似黑條紅椿象。

生活習性

　　純植食性種類，寄主植物為濱當歸與日本前胡（防葵），由於這兩種植物主要分布於海邊，所以本種椿象的分布也以海邊為主。

分布

　　分布於日本、韓國、臺灣、中國與西伯利亞；臺灣則分布在北部沿海地帶與彭佳嶼。

→寄主植物濱當歸，海邊常見。

相似種比較

黑條紅椿象

體背條紋紅色

小盾片側緣及腹側緣黑色發達

（程志中攝）

56

紅玉椿象
Hoplistodera pulchra Yang, 1934

草叢

↑體色宛若紅色玉石，十分漂亮。

陸棲

形態特徵

　　黃白色，具紅色花斑與深褐色刻點。觸角黃褐色，第4、5節暗紅褐色。頭中葉稍長於側葉，背面基半有2條紅色縱紋。前胸背板胝區光滑，呈淡褐色，中央有4個淡褐色小圓斑，後半有3枚大斑，中央一枚呈淡褐色半圓形；前側緣於側角基端處稍內凹，側角角狀外伸，端部刻點較密集；小盾片基角凹陷，基部有3枚大紅斑，中央一枚較大略呈三角狀，兩側各一枚較小，端部具大紅斑。前翅革片端部紅色，膜片透明略超過腹部末端。足淡黃白色，腿節中段隱約有淡褐色環，跗節褐色。

生活習性

　　純植食性種類，文獻紀載之寄主

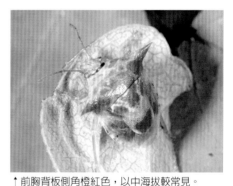

↑前胸背板側角橙紅色，以中海拔較常見。

植物有蘿蔔、玉米與柑橘等。

分布

　　分布於臺灣、中國；臺灣主要分布於新竹、南投、屏東與臺東之中、低海拔山區，不普遍。

彎角椿象

Lelia decempunctata (Motschulsky, 1859)

別名｜十點椿象

 樹棲

陸棲

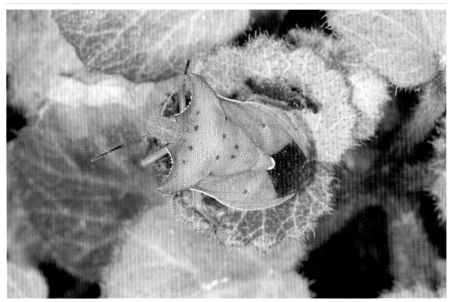

↑體型寬大，前胸背板側角向上翹突。

形態特徵

　　體黃褐色密布黑刻點。觸角除第4、5節黑色外其餘呈黃褐色。頭側葉長於中葉。前胸背板中部有4個橫列小黑斑；前側緣有白色細鋸齒，側角粗壯，呈彎曲前指狀；小盾片前部有6枚小黑斑，前列4枚，後列2枚居中；前翅膜片深褐色，伸出腹末。側接緣外露，呈橙褐色。足黃褐色。腹下紅褐色。

生活習性

　　純植食性種類，寄主植物野核桃（臺灣胡桃）。

分布

　　分布於韓國、日本、臺灣、中國、西伯利亞；臺灣主要分布於中、高海拔山區，稀少。

↑前胸背板有4枚黑色斑點。

↑腹面黃褐色。

秀椿象
Neojurtina typica Distant, 1921

樹棲

陸棲

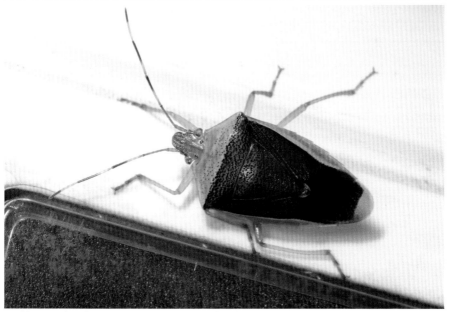

↑外觀近似同椿科椿象，可從跗節 3 節分辨，同椿科椿象是 2 節。

形態特徵

褐色，具刻點及光澤。觸角褐色，第 3、4 節端部大半與第 5 節端部黑色。頭、前胸背板前半、前翅革片外域、側接緣呈黃綠色。頭中葉稍長於側葉，邊緣黑色，後半光滑，前半有細黑色刻點。前胸背板兩側角間有一暗褐色分界線將前胸背板分成綠、褐二色；小盾片與前翅革片均褐色；前翅膜片灰褐色，長度超過腹部末端。腹下黃綠色，光滑，第 3~6 腹節具縱溝，氣孔黑色。各足綠色，各腿節基半以上黃綠色。

生活習性

純植食性種類，寄主植物不詳，文獻紀錄之寄主植物為冬青。

分布

分布於臺灣、中國、越南與印尼；臺灣分布於中、低海拔山區，局部地區普遍。

相似種比較

鈍肩直同椿象

革質翅褐色區 X 狀內凹

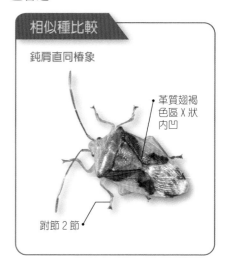

跗節 2 節

59

卷椿象
Paterculus elatus (Yang, 1934)

陸棲

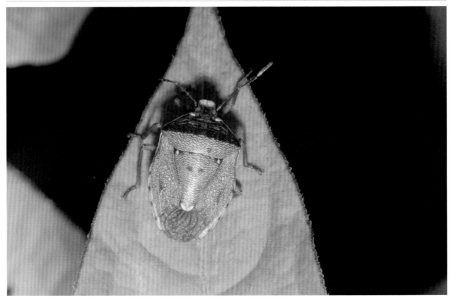

↑小盾片的白斑，配上中間的黑點與末端的小月紋，很像張馬臉。

形態特徵

　　底色淺黃褐色，刻點黑褐色。觸角淡黃褐色，第 3、4、5 節除基部黃褐色外其餘呈黑色。頭側葉長於中葉，並於中葉前會合，前端強烈捲起。前胸背板前側緣稍向上翹，兩側角間有一光滑淡色橫紋，前半刻點較密呈黑褐色，後方刻點較疏呈黃褐色；小盾片兩基角處各有一個小白圓斑，圓斑內為黑色小凹陷。中央有 2 個小黑點，末端邊緣呈彎月狀；前翅膜片稍超過腹部末緣。體腹兩側密布黑刻點形成寬縱帶，第 6 腹節中央有大黑斑。

生活習性

　　純植食性種類，寄主植物不詳。

分布

　　分布於臺灣、中國，臺灣分布於中、低海拔山區，成蟲多於 6~8 月間出現，為少見的種類。

相似種比較

小卷椿象

小盾片基角無白色圓斑

寬腹碧椿象
Palomena viridissima (Poda, 1761)

草叢

↑ 早齡若蟲。

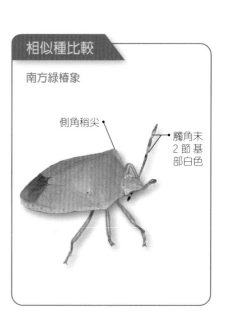
↑ 終齡若蟲。
←成蟲顏色鮮綠。

陸棲

形態特徵

　　體橢圓形，呈鮮綠色，密布刻點。觸角第 4 節黑色，端半與第 5 節紅褐色，其餘鮮綠色。前胸背板側角伸出體側，端部略帶紅褐色；前翅膜片灰褐色。側接緣呈鮮綠色。各足腿節與脛節鮮綠色，跗節紅褐色。

生活習性

　　純植食性種類，文獻紀載之寄主植物有蘿蔔、玉米與麻等，野外觀察曾發現棲息狼尾草等大型禾本科植物。

分布

　　分布於臺灣、中國、西伯利亞、印度、北非與歐洲；臺灣地區主要分布於中、高海拔山區低矮灌叢，局部地區普遍。

相似種比較

南方綠椿象

側角稍尖

觸角末 2 節基部白色

彩椿象
Stenozygum speciosum (Dallas, 1851)

樹棲

↑身體有黃、黑、白三色，為體色鮮豔的椿象之一。

2009 年 9 月臺中大坑的朋友問筆者要不要拍一種椿象，熟悉該地環境的他很快就找到這種椿象的寄主植物─毛瓣蝴蝶木，當時發現不少成蟲和若蟲，還有卵列。卵像瓶罐，略呈長方形，下有一條黑色的橫斑，上有蓋子，剛孵化的若蟲圍在卵邊。若蟲很像黃盾背椿象，但其前胸背板側緣白色，成蟲具黑、白、黃三色，顏色鮮豔、醒目。這種椿象很少見，或許跟寄主植物有關，想要觀察到牠恐怕要對環境相當熟悉才看得到。

形態特徵

　　體色白、橙黃、黑相間，頭黑色。觸角黑色，各足黑色，基部白色，背面有白色條帶。前胸背板正中有一條黃色縱紋，前、後側緣間為白色，側角內側有一小黑斑；小盾片黃黑相間，黃色部分外觀如同一把三爪叉；前翅革片黑色，前緣有白色斑，端部有黃色橫斑。腹下黃色，每側有兩行黑色斑。

生活習性

　　寄主植物已知有毛瓣蝴蝶木。

分布

　　分布於臺灣、中國、緬甸、印度與斯里蘭卡；臺灣分布於中、低海拔山區，不普遍。

↑交尾，雌、雄斑型近似，雄蟲較小。

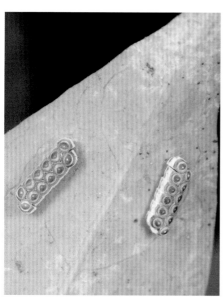

←卵列呈條狀。
↓卵像瓶罐排列，很漂亮。

↑剛孵化的初齡若蟲圍在卵的旁邊。
→終齡若蟲，前胸背板側緣白色。

陸棲

相似種比較

六斑菜椿象

前胸背板
具橙、黑
色的塊斑

格紋椿象

前胸背板
具黑、白
色的縱斑

（來自海洋攝）

普椿象
Priassus sp.

樹棲

陸棲

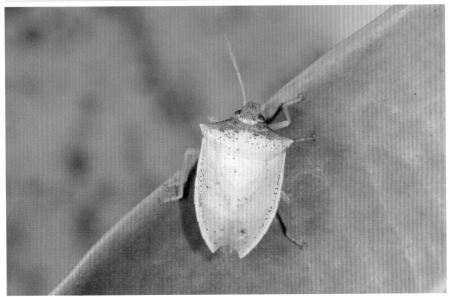

↑體背具玉石般光澤，造型也很美觀。

形態特徵

　　橢圓形，淡黃白色。頭部紅褐色。前胸背板前段紅褐色，中段黃色，後段呈淡白色，紅褐色部分密布黑色刻點，其餘部分刻點稀疏；側角伸出體側，呈尖狀。腹部背面近側接緣處散布黑刻點；側接緣黃色。足與觸角呈淡黃色。

生活習性

　　純植食性種類，寄主植物為板栗等殼斗科樹木，具趨光性。

分布

　　分布於臺灣、中國、緬甸、印度與印尼；臺灣分布中、低海拔山區，局部地區普遍。

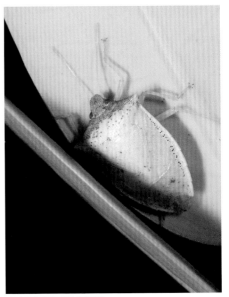

↑夜晚具強烈的趨光性。

小厲椿象
Eocanthecona parva (Distant, 1902)

草叢

↑黑色二齡，紅色三齡若蟲，集體吸食鱗翅目的幼蟲。

←黃褐色密布黃色碎斑，體型較小所以稱為小厲椿象。

陸棲

形態特徵

體色以黃褐色為主，密生褐色刻點，全身散布淡黃色碎斑，體表略帶光澤。觸角淡紅褐色，第 3~5 節端半色略深。頭部黃褐色，隱約有 5 條黃色縱紋，前 3 後 2。前胸背板除側角外刻點均勻，散布淡黃色碎斑，側角長，前端二岔狀；小盾片黃褐色，基角有大黃斑；前翅革片黃褐色；前翅膜片後端兩側透明。各足腿節淡黃色具黃褐色點紋，前足腿節腹面近端部處有一細刺突，脛節淡黃褐色，兩端略深，無明顯淡色環。

生活習性

捕食性種類，以鱗翅目蝶蛾與鞘翅目金花蟲等幼蟲為捕食對象。初齡若蟲至三齡若蟲體型長橢圓形，體色黑綠（初齡）到紅（三齡），體側有白邊環繞，很容易與叉角厲椿象、厲椿象若蟲區分，至四齡以後則外形顏色均類似，但可從各足橙紅色加以區別。

分布

分布於臺灣、中國、緬甸與印度；臺灣廣泛分布於中、低海拔山區與平地。

↑終齡若蟲。

65

叉角厲椿象

Eocanthecona furcellata (Wolff, 1811)

別名｜黃斑粗喙椿象

草叢

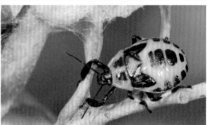

↑ 4 齡若蟲。

↑ 終齡若蟲。
←側角分岔尖長，廣泛用於生物防治的捕食性椿象。

形態特徵

　　體呈黑褐色。頭黑色，中葉有淡黃色中線貫穿，側葉常有淡黃短縱線。觸角黑褐色，第 4、5 節基部黃褐色。前胸背板密布黑色刻點，隱約有一淡黃色中線與 4 個小黃斑塊，側角黑色二岔狀，前岔尖銳黑色，遠長於後岔；小盾片基角有大黃斑。前翅膜片黑褐色，後端兩側透明。側接緣黃黑相間。各足腿節黃褐色，端半黑色，前足腿節腹面近端部處有一細刺突，脛節兩端黑色，跗節第一節黃色其餘呈黑色。

生活習性

　　捕食性種類，以鱗翅目蝶蛾等幼蟲為捕食對象，為世界各地常使用的生物防治用昆蟲。

分布

　　全世界廣泛分布，日本、臺灣、中國、泰國、緬甸、菲律賓、爪哇、印度、斯里蘭卡、孟加拉、帛琉都有牠的蹤跡；臺灣分布於中、低海拔山區與平地，為普遍性種類。

↑若蟲吸食黑點白蠶蛾的蛹。

臺灣厲椿象 特有種

Eocanthecona formosa (Horváth, 1911)

別名｜蓬萊厲椿象

↑終齡若蟲。
←體背具金屬光澤。

形態特徵

體色以綠色為主，散布淡黃色碎斑，體表帶金屬光澤。觸角黑褐色，第4、5節基半黃褐色。頭側葉與中葉約等長，中葉淡黃色。前胸背板金綠色，後半散生淡黃色碎斑；小盾片基角彎月形斑黃色，末端黃色，自前胸背板到小盾片末端有一明顯淡黃色中縱脊；前翅革片淡黃色，密布深刻點，外觀呈紅褐色或黃綠色。前翅膜片灰褐色，後端兩側透明。側接緣綠色。各足密布褐色點斑，脛節無明顯淡色環，背面有深褐色縱溝，前足腿節腹面近端部處有一細刺突。

生活習性

益椿亞科，捕食性種類，以鱗翅目蝶蛾等幼蟲為捕食對象，棲息與產卵都與獵物的多寡有關，只要有豐富的鱗翅目出現，都可能是產卵地點，且不限於植物表面，只要背光，隱蔽效果好都可能發現臺灣厲椿象的卵塊。

分布

臺灣特有種，廣泛分布於低至高海拔山區。

↑若蟲捕食鱗翅目幼蟲。

厲椿象

Eocanthecona concinna (Walker, 1867)

草叢

↑剛產下的卵白色。

↑漸漸轉變為銅色金屬光澤。
←側角二岔狀，兩岔約等長。

本屬記錄 4 種，對初學者來說要分辨其差異並不容易，主要特徵需看前胸背板側角。本種側角分岔，上下皆短，等長；叉角厲椿象側角最長並於端部分岔；另兩種同樣看側角和體色就能區分。厲椿象 4~9 月可見，數量很多，繁殖季節可拍到雌蟲產卵和若蟲羽化的畫面，剛產下的卵白色，漸漸轉為銅色，60 多粒卵排列成漂亮的圖案，相當漂亮。

形態特徵

　　體呈黃褐色、橙褐色至紅褐色，帶黑綠色有金屬光澤，密布黑色刻點。觸角黑褐色，第 4、5 節基部黃褐色。頭黑綠色有光澤。前胸背板前半有 3 條黑綠色寬縱斑，長度約達背板之一半，側角黑色二岔狀，前岔較長但與後岔相差不大；小盾片前半黑綠色，基角有大黃斑；前翅膜片灰褐色，後端兩側透明。各足黑綠色，腿節基部淡黃色，脛節中央環淡黃色，前足腿節腹面近端部處有一黑色粗刺突，脛節外側葉狀擴展。

生活習性

　　純捕食性種類，以鱗翅目蝶蛾等幼蟲為捕食對象，分布範圍只限於中國與臺灣，不如叉角厲椿象普遍，所以並未大量用於生物防治。

分布

　　分布於臺灣和中國；臺灣分布於中、低海拔山區，為普遍的種類。

陸棲

叉角厲椿象　　　　　　　　臺灣厲椿象

小盾片黃斑大而明顯

小盾片黃斑較小，末端黃斑明顯

體背黃綠色

體背黑褐色不帶綠色

←若蟲欲吸食榕透翅毒蛾的蛹。

←剛羽化體背無斑。

↓終齡若蟲。

陸棲

69

白斑厲椿象

Platynopus melanoleucus (Westwood, 1837)

別名 | 素木氏黑厲椿象

草叢

↑三齡若蟲。

↑四齡若蟲。
←只分布於蘭嶼，背部有白色斑塊。

形態特徵

　　體黑色，密布刻點。頭黑，側葉與中葉約等長，各複眼後緣有白色斑一枚；觸角黑色。前胸背板黑色，中央有兩條黃白色縱斑，往下延伸但不達末緣，側角二岔狀，末端鈍圓；小盾片黑色，共有白斑 4 枚，末端白色呈彎弧狀。前翅革片黑色，中央斜橫白色，末緣白色，前翅膜片透明。側接緣黑色，第 3、6、7 側節白色。各足黑色，前足腿節近端部有一刺突，脛節背面擴展，中足脛節具寬白環。

生活習性

　　純捕食性種類，捕食鱗翅目幼蟲。

分布

　　分布於臺灣（蘭嶼）、菲律賓、馬來西亞與印尼；本種只分布在蘭嶼外島。

→終齡若蟲。

黃邊椿象
Andrallus spinidens (Febricus, 1787)
別名｜側刺椿象

草叢

↑剛孵化的初齡若蟲，竹子攝。

↑四齡若蟲，竹子攝。
←體側有明顯的黃白色邊，竹子攝。

陸棲

形態特徵

體黃褐色，頭頂有 2 黑色縱帶直達單眼。前胸背板二側角間有一光滑橫帶無刻點，側角明顯外伸，末端分二岔，前岔遠長於後岔，末端黑色；小盾片末端淡黃白色。前翅革片側緣有明顯黃白色邊。各足黃褐色，跗節黑褐色。

生活習性

純捕食性種類，捕食鱗翅目幼蟲，常於禾本科草叢發現族群。卵期約 7 天，一齡期約 3 天，二齡約 3 天，三齡約 4 天，四齡約 4~5 天，終齡約 5 天，成蟲 9 天後可產卵，雄成蟲約可活 35 天，雌蟲壽命較短約 24 天。

從卵剛產下到死亡，雄蟲可存活約 60 天左右，雌蟲則大約 50 天。

分布

分布於臺灣、中國、印尼、不丹、印度、大洋洲、墨西哥與斐濟群島；臺灣多分布於低海拔平地草叢，局部地區普遍。

→終齡若蟲，竹子攝。

藍益椿象
Zicrona caerulea (Linnaeus, 1758)
別名｜琉璃椿象、藍椿象

草叢

陸棲

↑三齡若蟲。
←體背藍色具琉璃光澤，又稱琉璃椿象。

↑終齡若蟲。

↑藍益椿象捕食金花蟲的幼蟲。

形態特徵

　　體橢圓形，全體呈藍黑色帶金屬光澤。若蟲頭、胸藍黑色具光澤，腹背紅色，腹背板中央及腹側具藍色橫斑。

生活習性

　　純捕食性種類，主要捕食鞘翅目金花蟲科的成蟲與幼蟲，但也記錄過捕食鱗翅目幼蟲與盲椿象，金花蟲群集之處常可發現牠的蹤跡，尤其在火炭母草上常常可以發現藍益椿象捕食與牠同體色的藍金花蟲成蟲。

分布

　　分布於日本、臺灣、中國、緬甸、馬來西亞、印尼、不丹、印度與北美；臺灣普遍分布於中、低海拔山區與平地。

黑益椿象

Picromerus griseus (Dallas, 1851)

草叢

↑前胸背板側角分岔，上長下短，側緣沒有黃白色邊。

形態特徵

　　體黃褐色至暗褐色。前胸背板側角伸出體側，兩端分岔成二岔狀；小盾片基角凹陷處黑色，大而明顯。側接緣一色，端角黃色。各足腿節深褐色，脛節淡黃褐色，端部常深色。本種與益椿象外型極類似，但可從本種側角分岔加以區分。

生活習性

　　純捕食性種類，以鱗翅目蝶蛾等幼蟲為捕食對象。喜歡曬太陽，進食結束後並不一定隱伏於葉子背面，往往停棲於葉面上，狀似威武的衛士。

分布

　　分布於臺灣、中國、緬甸、印尼、孟加拉、印度、爪哇與巴基斯坦；臺灣普遍分布於中、低海拔山區與平地，為常見的種類。

陸棲

相似種比較

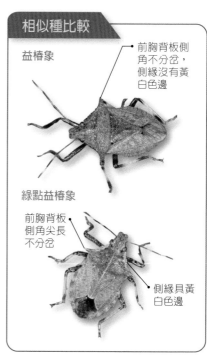

益椿象

前胸背板側角不分岔，側緣沒有黃白色邊

綠點益椿象

前胸背板側角尖長不分岔

側緣具黃白色邊

雙峰疣椿象

Cazira verrucosa (Westwood, 1835)

別名 | 疣椿象

草叢

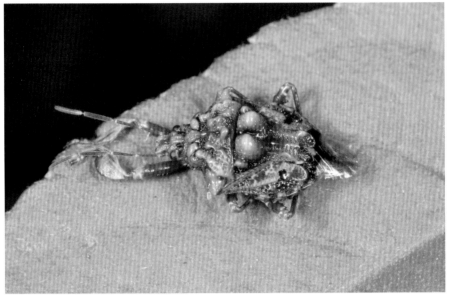

↑體背凹凸不平，棲息葉面模仿鳥糞欺敵。

雙峰疣椿象，故名思義是小盾片上有 2 枚像山峰狀的瘤突，體背凹凸不平，每年 4~10 月自平地至中、高海拔山區可見。體色變異很大，有黑色、褐色、紅褐色等，背上的雙峰大小也有差異，數量很多。通常發現其停棲葉面，受到騷擾不會飛離，往往伸長前腿並靜止不動，原來這一身奇醜無比的打扮是有目的的，牠自覺成功偽裝糞便，所以縱使天敵靠近也不驚慌逃離。若蟲體色鮮紅，跟成蟲一樣喜歡獵食金花蟲或他種椿象若蟲，以刺吸式口器吸乾體液，習性兇猛。

形態特徵

體橢圓形，個體間體色差異較大，從灰褐、橙褐、紅褐、深褐到黑紫色甚至全黑都有。頭中葉略長於側葉，前胸背板瘤突深刻，常形成倒戟狀。前足腿節近端部有一大刺，脛節背腹兩側明顯擴展成薄葉狀。

生活習性

純捕食性種類，多出沒於清晨，爬行葉面捕食鞘翅目金花蟲科與鱗翅目幼蟲，遇騷擾輒前腿前伸，並伏貼身體偽裝成鳥糞。普遍分布於臺灣中、低海拔區域。

分布

本種分布於臺灣、中國、緬甸、印度等地區；在臺灣各地均有採集記錄。

陸棲

↑若蟲體背鮮紅,吸食金花蟲。

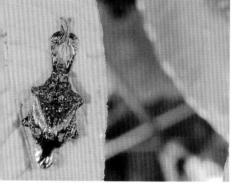

←黑色的個體。

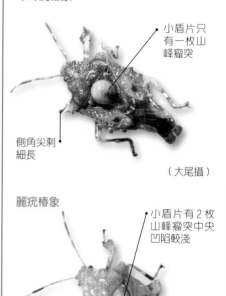

單峰疣椿象

小盾片只
有一枚山
峰瘤突

側角尖刺
細長

(大尾攝)

麗疣椿象

小盾片有2枚
山峰瘤突中央
凹陷較淺

體色為
鮮豔的
橙黃色

後足脛節
端黑色

(謝怡萱攝)

↓成蟲伺機想捕食另一種椿象的若蟲。

陸棲

大蝦殼椿象

Megarrhamphus truncatus (Westwood, 1837)

別名｜蝦殼椿象、平尾梭椿象

草叢

↑ 體形如梭，斑紋像煮熟的蝦殼。

陸棲

第一次認識這隻椿象是在 2004 年 10 月於雙溪山上的一個菜園，身體碩大而扁長的地趴在五節芒葉上，此時一隻黑螞蟻經過時被牠擋住路，便不客氣的從牠身上爬過。這畫面筆者拍了三張，想透過行為觀察，知道牠們在想什麼？過去我們稱牠為蝦殼椿象，其實牠還有一個兄弟，稱小蝦殼椿象，為了區分彼此不同，建議稱該種為大蝦殼椿象。成蟲外觀彷彿汆燙過的蝦子，若蟲身體淡色，以這樣的角度欣賞昆蟲不僅很生活化，也十分有趣。

形態特徵

體淡黃褐色至紅褐色。觸角紅褐色，第 4 節外側常帶黑色，第 5 節除基部外幾乎全黑。頭部約成正三角狀。前胸背板與小盾片上橫皺密集明顯，前胸背板側緣具細白邊；小盾片兩側淡色縱紋成點列狀；前翅革片淡紅褐色至粉紅色，膜片透明，膜片上翅脈有整齊黑邊。足與體色同，各足脛節背面具稀疏的黑色縱紋。

生活習性

純植食性種類，寄主植物以大型禾本科為主，平常多躲藏於葉鞘處，野外觀察時不易發現，尤其若蟲身體扁平，停棲時伏貼於葉背，若不仔細觀察往往就忽略了牠的存在。

分布

分布於臺灣、中國、越南、緬甸、馬來西亞、印尼與印度等地；臺灣普遍分布於中、低海拔山區。

↑雌蟲產卵，護卵，謝怡萱攝。

相似種比較

小蝦殼椿象

觸角紅褐色
不帶黑色

頭部尖長，
約等於前胸
背板長度

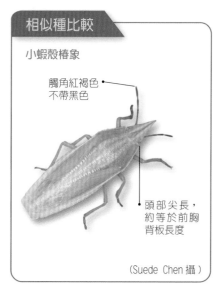

（Suede Chen 攝）

→身上常見寄生的蟎。
↓一隻螞蟻從若蟲的身上跨過去。

←常見棲息於禾本科，以分節的口器吸食汁液。

陸
棲

77

大臭椿象
Chalcopis glandulosa (Wolff, 1811)

草叢

陸棲

↑寄生小蜂產卵在大臭椿象的卵上。
←背部圖案彷彿是貓頭鷹，氣味濃烈。

「臭腥龜仔」在過去是椿象的通稱，因為大多數的椿象受到騷擾或抓取會滲出腥臭味，而這種大臭椿象，除了體型特大外，臭味恐怕也是最濃烈的。2012 年 10 月和朋友在家鄉八掌溪畔調查昆蟲，夜晚時筆者的頭燈照到一隻很大的椿象，體背中央粉紅色，左右各有一個醒目的黑斑，讓人很驚訝，但竟不知是哪一種椿象？後來才知道是大臭椿象。這種蟲體型那麼大，為什麼長久以來都沒被發現呢？難道夜間才出現？或僅局部普遍呢？若讀者有機會看到牠，保證讓您終生難忘。

形態特徵

體褐色至紅褐色。觸角呈黑褐色。頭側葉長於中葉，並在中葉前方接觸。前胸背板、小盾片與各足紅褐色，散布黑色刻點。前翅革片黃褐色。

生活習性

主要以禾本科為寄主植物，但也會吸食龍眼、板栗，野外觀察多發現棲息於大型禾本科如象草、開卡蘆等植物葉面，進食時會往上爬行至嫩梢上，進食結束後常往下爬至地表處躲藏。臭腺系統發達，受到驚擾掉落假死並分泌大量臭液，若不慎碰觸到人類的體表柔軟組織如眼球，會造成傷害。

卵期約 7 天，初齡期約 5 天，二齡期約 17 天，三齡期約 12 天，四齡期約 12 天，終齡期約 13 天，一年只發生一代，以成蟲方式越冬。

分布

分布於臺灣、中國、緬甸、越南、泰國、印尼、印度與斯里蘭卡。臺灣多數分布於南部平地，北部宜蘭有零星紀錄。

←剛產下的卵塊，圓筒狀，排列得井井有條。
↓快要孵化的卵，卵殼上可以看見紅褐色的眼點。

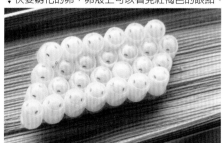

↑剛孵化的若蟲。

↑二齡若蟲，觸角後方有個小刺。
←四齡若蟲，翅芽長度稍超過第一腹節，上面黑色縱斑明顯。

↑在八掌溪發現的黃褐色個體，有些老熟成蟲體色也會淡化成這個模樣。

劍椿象
Iphiarusa compacta (Distant, 1887)

樹棲

陸棲

↑側角紅褐色，小盾片基部中央有大黑斑，水晶攝。

劍椿象體色黃褐色，前胸背板寬廣密布刻點，前緣有 2 枚鑲黑框的圓斑，兩側尖突，端部紅褐色，小楯片上緣有一枚圓形的大型黑斑，黑斑下方有一條不明顯的黃褐色縱紋，前翅革質布滿刻點，側接緣具黃、黑斑點，各腳黑褐色。本種具個體變異，有些個體前胸背板下側角很小或無，而且雌、雄都有此特徵。主圖是水晶拍攝於大雪山林道，下圖是陳惠珍攝於屏東大漢山，為變異個體，這種個體大半都在東、南部紀錄，分布於 1500 公尺以下山區，稀少。

形態特徵

體橢圓形，密布刻點，欖褐色具光澤，前胸背板側角紅褐色，略向後彎曲，小盾片基部中央有一橢圓形大黑斑。

生活習性

純植食性種類，寄主植物為鴨跖草。

分布

分布於臺灣、中國、印度、緬甸與越南等地區。

↑變異，前胸背板不具側角的個體，陳惠珍攝。

體長 L6.5-8mm；W3.5-4mm

稻赤曼椿象
Menida versicolor (Gmelin, 1790)

　　橢圓形，黃褐色至紅色。前胸背板胝區黑色，中央一淡色斑，背板上密布碎斑狀黑刻點；前翅革片中央兩側有一淡色斑；小盾片上斑紋分布多有變異，或全部一色無斑，或在基部中央有大黑斑，或基部中央與端部上緣有黑斑。寄主禾本科。

體長 L 約 9mm；W 約 5mm

東北曼椿象
Menida musiva (JakovLev, 1867)

　　橢圓形，灰褐色至紅褐色。前胸背板胝區黑色，背板上共有 6 個小黑斑，中央橫列 4 個，兩邊側角各一個；小盾片中央有一大圓黑斑，基角處各有 2 個小黑斑。足及腹下黃褐色。

陸棲

體長 L 約 7mm；W3.5-4mm

黑斑曼椿象
Menida formosa (Westwood, 1837)

　　橢圓形。頭部黑色密布刻點，前半有黃色縱紋 5 條，後半 2 條。前胸背板前半呈淡黃褐色，後半與胝區呈黑色，胝區內有條狀黃斑，翅革片為黑褐色，革片中部近後半處有一淡色斑；小盾片中央大圓斑與後半兩側黑色，背面觀小盾片內淡色斑，其排列形如一只盛滿酒的高腳杯。寄主禾本科。

體長 L 約 7mm；W3.5-4mm

華美曼椿象

Menida speciosa Zheng & Xiong, 2001

橢圓形。頭部金綠色，中葉黃褐色，頭頂中央有黃色縱紋 2 條，二複眼前方各有黃斑 1 枚。前胸背板金綠色，刻點分布均勻，前半有黃紋斷續狀橫列，胝區內有點狀黃斑；小盾片金綠色，黃斑分布呈「Y」字形，末端淡黃色；前翅革片褐色，側緣中段縱斑與末端黑色，兩黑色區之間有圓形黃斑。

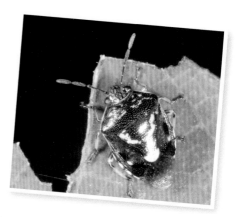

陸棲

體長 L6-6.5mm；W3-3.7mm

異曼椿象

Menida varipennis (Westwood, 1837)

橢圓形。頭部黑色密布刻點，前半有黃色縱紋 5 條，後半 3 條。前胸背板靠近胝區處有 2 淡色橫斑；前翅革片中部近後半處有一淡色斑；小盾片基緣有一彎曲淡色橫斑，兩側各有 2 條幾乎相接的淡色縱斑，末端淡黃色，背面觀小盾片內淡色斑，其排列有如一只缺了腳的高腳杯。

體長 L10-11.5mm；W 約 5mm

北曼椿象

Menida disjecta (Uhler, 1860)

橢圓形，青灰色帶黃色光澤。觸角黑褐色，第 3、4 節端部與第 5 節基部淡黃色。頭部黑色密布刻點。小盾片基部至中央處隆起；前緣具 3 個小黃斑，膜片透明超出腹部末端甚多。

竹子攝

體長 L6-7mm；W3.5-4mm

白星椿象

Eysarcoris ventralis (Westwood, 1837)

　　體橢圓形，呈黃褐色，密布刻點。觸角淡黃褐色。頭部黑色或黑褐色，頭中葉稍長於側葉。前胸背板側緣幾乎斜直；小盾片兩側黃斑小於複眼縱寬，腹側近平行至 2 ／ 3 處呈橢圓狀束縮。寄主禾本科、菊科與豆科。

體長 L14-18mm；W6.5-8mm

粵岱椿象

Dalpada maculata Hsiao & Cheng, 1977

　　體橢圓形，通常有兩種色型，一種呈金綠色，另一種則呈黃褐色。觸角除第 4、5 節基部淡黃色外其餘全黑。頭中葉與側葉約等長。前胸背板側緣不成直線，側角稍呈瘤節狀，黑色；小盾片基緣中央有一淡色小斑，兩基角各一凹彎狀小淡斑。足淡黃色密布綠色刻點。

體長 L 約 18mm；W 約 8 mm

綠滇椿象

Tachengia virldula Hsiao & Cheng, 1977

　　體金綠色。觸角第 4、5 節基半淡黃色其餘全黑。頭側葉與中葉約略齊平。小盾片金綠色，末端有一大黃白斑，前翅革片前半呈黑綠色。各足密布黑刻點，脛節兩端黑色，前足脛節不擴展，後足跗節黃色。

謝怡萱攝

陸棲

83

體長 L 約 16mm；W 約 7mm

綠豔椿象
Glaucias subpunctatus (Walker, 1867)

　　橢圓形，體呈青綠色，密布同色刻點。觸角青綠色，第 3~5 節端部黑色。前胸背板前側緣具極細狹黑邊，黑邊內緣為細狹淡色帶。側接緣黃綠色無任何黑斑。本種與黑點青椿象極近似，但本種前胸背板側緣淡色帶細狹，背板上無橫列之黑斑，側接緣呈黃綠色。

體長 L19.5-22mm；W12.5-15mm

柑橘角肩椿象
Rhynchocoris humeralis (Thunberg, 1783)

　　橢圓形，體綠色具同色刻點。觸角第 1 節淡褐色，末 4 節墨綠色。頭部黃白色，基部處綠色，中葉側緣黑色。前胸背板側角伸出末端呈寬扁狀。喙極長，幾乎達腹部末端。腹部與各足黃綠色，跗節淡褐色。以芸香科柑橘、柚子、柳丁為寄主植物。

體長 L 約 15mm；W 約 10mm

小柃椿象
Rhynchocoris plagiatus (Walker, 1867)

　　寬橢圓形，體綠色具同色刻點。觸角第 1 節淡褐色外側有黑紋，末 4 節黑色。頭部黃白色，基部處綠色。前胸背板側角前緣與末端黑色；前翅革片基部呈紅黃色。腹部與各足黃綠色，跗節淡褐色。

陸棲

體長 L 約 7mm；W 約 4 mm

短刺黑椿象

Scotinophara scottii Horváth, 1879

　　橢圓形。頭側葉長於中葉。觸角第 1 與第 5 節黑色，第 2~4 節褐色。前胸背板具淡色細縱脊直達末緣，有明顯橢圓狀瘤突，前角斜向外指，平直不彎曲，長度不超過眼前緣，側角短而平伸，僅稍伸出體側。寄主植物為禾本科。

體長 L9-10mm；W 約 5 mm

稻黑椿象

Scotinophara lurida (Burmeister, 1834)

余素芳攝

　　橢圓形，體呈黑至黑褐色。頭側葉短於中葉，頭端不呈缺刻狀。前胸背板在胝區後端有兩個小圓形凸起向外平指，前角不明顯，側角短；小盾片伸達腹部末緣，腹部下方黑色。寄主植物為禾本科。

陸棲

體長 L 約 7mm；W 約 4.5mm

雙刺黑椿象

Scotinophara bispinosa (Fabricius, 1798)

　　體黃褐色。觸角 1~3 節黃褐色，第 4 節端半黑褐，第 5 節除基部黃褐色外幾乎全呈黑褐色。頭黑褐色；側葉與中葉約等長。前胸背板前角不顯著，側角略向前斜指。寄主植物為禾本科。

體長 L 約 8.5mm；W 約 5.5mm

暗裙椿象

Aednus obscurus Dallas, 1851

橢圓形，體呈黑褐色。觸角黑褐色，第 5 節端半淡褐色。前胸背板側緣直而略內凹，中域有 2 個光滑的淡色小突起；小盾片末端呈寬舌狀，長度超過腹長 3 / 5，有一淡色縱線貫穿；前翅不超過腹部末端，前翅膜片黃褐色，翅脈明顯。各足黑褐色，跗節褐色。以大型禾本科為寄主植物。

體長 L 約 15mm；W 約 8mm

平背棕椿象

Caystrus depressus (Ellenreider, 1862)

橢圓形，體呈黑褐色。觸角前 4 節褐色，第 5 節淡褐色。前胸背板側緣直而略內凹，中域有隱約斜列小白斑；小盾片長度約達腹部之半，端部兩側有斜列小淡斑。前翅短，不達腹部末緣。各足紅褐色。以大型禾本科為寄主植物。

體長 L 約 7.5mm；W 約 5mm

多毛輝椿象

Carbula eoa Bergroth, 1891

橢圓形，體色紅褐帶銅色光澤。觸角 1~3 節黃褐色，第 4~5 節端半黑褐色。頭中葉與側葉齊平。前胸背板前半中央有隆起縱脊，前角較長呈錐尖狀前伸，側緣稍內凹，側角伸出體側；小盾片基部兩側與中央各有一小淡白斑，末端淡白。

體長 L 約 6.5mm；W 約 3mm

白斑阿椿象
Apines bisignata (Walker, 1867)

　　長橢圓形，密布黑刻點。前胸背板漆黑有光澤，中央偏後有一淡白色大橫斑，橫斑後方緊接一個不規則小淡白斑；小盾片黑色、光亮，上有 6 枚白色塊斑末端白色；前翅革片外觀呈灰白色，末端漆黑色，上方有刻點較稀疏的淡色帶。足淡黃白色，腿節端部、脛節兩端及跗節黑色。寄主禾本科巴拉草。

謝怡萱攝

體長 L10.5-12mm；W4.5-6mm

麗疣椿象
Cazira concinna Hsiao & Zheng, 1977

　　捕食性，體色呈橙黃色。頭中葉略長於側葉。前胸背板瘤突排列分明，呈米字狀分布；小盾片上二瘤突較大而光滑；前翅革片中央具一大圓黑斑。足淡黃色，前足腿節近端部有一小刺，脛節擴展成薄葉狀。

陸棲

體長 L 約 14mm；W 約 8mm

單峰疣椿象
Cazira horvathi Breddin, 1903

　　捕食性，黃褐色有油亮光澤。觸角黃褐色，第 3~5 節端半黑褐色。前胸背板前半 3 個光滑瘤突，後半則為網狀皺突，側角尖銳斜前伸出；小盾片中央有一光滑的大瘤球；前翅革片黃褐色，後端有黑褐色斑，前翅膜片超出腹末端甚長。足淡黃褐色，脛節中央有白環，白環兩端各 1 褐色環。

大尾攝

體長 L5-6mm；W 約 5.5mm

枝椿象

Aeschrocoris ceylonicus Distant, 1899

　　體呈褐色，外觀近似大枝椿象 *Aeschrocoris obscurus*，但本種前胸背板的側角端部針狀，呈黑色；小盾片近基部側緣各有一枚黑斑，體表具不明顯的光澤，分布於中海拔山區，數量稀少。

李素珍攝

體長 L 約 17mm；W 約 13mm

短線鱉椿象

Rolstoniellus malacanicus (Yang, 1935)

　　體黑褐色。觸角最末節呈黃色。前胸背板前側緣有 4 枚棘刺，呈粗鋸齒狀；側角突出，末端闊扁狀如鱉腳，上下兩端角之間有 3 枚短刺；小盾片前緣中央有明顯短縱線。各足腿節呈黑色，脛節與跗節黃褐色。跗節只有二節，是椿科中的例外。

體長 L12-18.5mm；W8.7-14mm

莽椿象

Placosternus sp.

　　體呈淡黃色至黃褐色，具若干不規則黑斑。觸角黑色。頭中葉後方有 3 個暗褐色小斑；前胸背板前側緣細鋸齒狀，側角明顯外伸，末端寬而成 3 個不明顯凸起，其前角與端角略尖，中部較平坦；小盾片前半隆起，末端微呈舌狀。側接緣黃黑相間。足同體色，散布黑點斑，腿節近端部處有黑環。

陸棲

體長 L 約 11mm；W 約 7.5mm

渥椿象
Ochrophara sp.

　　體淡黃色密布細密黑刻點。頭寬約等於前胸背板前緣。前胸背板密布深色刻點，中央有一光滑縱帶無刻點；小盾片基角有黃色彎斑，前緣中部與末端各有 2 枚黑點斑。純植食性種類，寄主植物為竹子、龍眼與相思樹。

體長 L 約 10mm；W 約 7mm

黑條紅椿象
Graphosoma rubrolineatum
(Westwood, 1837)

　　廣橢圓形，橙紅色，身上有黑色條紋縱列，頭部 2 條、前胸背板 6 條，小盾片上 4 條。腹部紅色，每一腹節有 4 枚大型黑色斑，中央 2 枚寬大，於腹下形成黑色寬縱帶。側接緣黑色，各節中央有紅色點斑。觸角與足均黑色。寄主植物為濱當歸與日本前胡。

程志中攝

陸棲

體長 L7-7.6mm；W5-5.5mm

小卷椿象
Paterculus parvus Hsiao & Cheng, 1977

　　體呈黃褐色，具黑褐刻點。觸角淡黃褐色，第 2~5 節端部黑色。頭側葉邊緣向上翻捲。前胸背板兩側角間有一光滑淡色橫紋；小盾片中央有 2 個小黑點；前翅膜片約達第 7 腹節後緣。

體長 L12.5-15mm；W7-7.5mm

全椿象
Homalogonia obtusa (Walker, 1868)

　　寬橢圓形。體色變異大，從灰褐、黃褐，綠褐到黑褐色都有。觸角黃褐色，第4~5節端半黑色。頭部側緣基半稍上捲；複眼赤褐色，單眼黃褐到赤褐色。前胸背板前側緣有黃白色鋸齒列，側角伸出體側；胝區後方橫列4小白點斑；小盾片近三角形。腹下淡黃色。足淡黃色，密布黑色點斑。

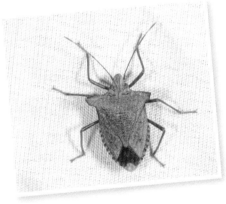

體長 L17-18.5mm；W11.5-12.8mm

日本綠背椿象
Pentatoma japonica (Distant, 1882)

　　體呈金綠色，具密刻點。觸角褐色，第4~5節紅褐色。頭背面有黃褐色斷續縱紋2條。前胸背板有狹窄黃褐色或紅褐色邊；小盾片金綠色；前翅膜片淡褐色。側接緣褐、黑相間；腹下黃褐色，光滑。足紅褐色，腿節有暗褐色小斑。

體長 L 約 16mm；W 約 11mm

紅足綠真椿象
Pentatoma sp.

　　體呈黃綠色，具密刻點。觸角第1、4、5節紅褐色，2~3節黑色。頭頂具2條紅褐色縱線。前胸背板側角伸出體側；小盾片兩基角各有一黑褐色小斑，前翅膜片淡褐色。側接緣紅綠相間。足紅色。

陸棲

體長 L11-16mm；W7-8.5mm

益椿象

Picromerus lewisi Scott, 1874

　　捕食性，體色黃褐，頭側葉與中葉約等長。前胸背板至小盾片前緣有淡色隱約細中線，側角伸出體側，成尖刺狀平伸；小盾片基部兩側有小黃斑，基角凹陷處黑色，稍大於旁邊小黃斑。側接緣黃褐色，端角黑色。本種與黑益椿象外型極類似，但本種側角尖銳不分岔。

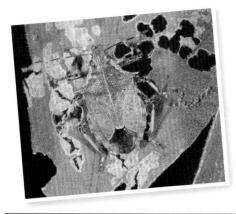

體長 L11-15mm；W7-8.5mm

綠點益椿象

Picromerus viridipunctatus Yang, 1935

　　捕食性，體黃褐色，頭頂、複眼後緣、前胸背板前側緣與側接緣有金綠色刻點群，陽光下會閃爍金綠光澤。前胸背板側角伸出體側，兩端分岔；小盾片基部兩側有小黃斑，基角凹陷處黑色。側接緣黃黑相間。

陸棲

體長 L 約 18mm；W 約 9mm

剪椿象

Diplorhinus furcatus (Westwood, 1837)

　　體暗褐色，頭側葉極發達，向前呈剪鉗狀伸出。前胸背板前角尖銳突出，前側緣鋸齒狀，側角尖銳平伸；小盾片中央有一淡色條狀縱斑。前翅革片褐色，兩側淺黃褐色，前翅膜片淺褐色，翅脈暗褐色。各足暗褐色，脛節中部黃褐色。寄主植物為禾本科。

劉文俊攝

91

體長 L7.5-8.5mm；W4-5mm

墨椿象
Melanophara sp.

　　體黃褐色，密被黃色短毛。頭黑褐色，觸角黃褐色。前胸背板中央有一淡色中線，前側緣具明顯鋸齒；小盾片極寬大但不達腹部末緣，中縱線黑褐色。純植食性種類，寄主植物以禾本科為主。分布於臺灣低海拔平地，目前僅在嘉義有過紀錄。

體長 L 約 14-18mm；W 約 7-8mm

角胸椿象
Tetroda histeroides (Fabricius, 1798)

　　體黃褐色，頭側葉極發達，向前呈片狀伸出。觸角黑褐色。前胸背板具明顯橫皺褶，前角呈角狀突出；小盾片兩側黑色，內側有黃白色縱紋。前翅革片黃褐色；前翅膜片透明，翅脈明顯，黑褐色。寄主植物為禾本科，野外觀察曾發現棲息於甜根子草莖葉內。分布於低海拔平地，不普遍。

體長 L17-21mm；W 約 5-6mm

小蝦殼椿象
Megarrhamphus hastatus (Fabticius, 1803)

Suede Chen 攝

　　體色淡黃褐色至紅褐色，頭前端至小盾片末端有 3 條棱狀淡色縱紋。前胸背板側緣具細白邊；小盾片兩側縱紋成點列狀，前翅革片淡紅褐至粉紅色，膜片透明，翅脈上不具黑線，觸角為鮮豔的紅褐色。各足脛節背面不具黑色縱紋。寄主禾本科植物。

陸棲

朝氏同椿象 特有種

Acanthosoma asahinai Ishihara, 1943

別名｜朝比奈同椿象

樹棲　草叢

陸棲

←側角黃色，為臺灣特有種。

形態特徵

　　橢圓形，綠色。頭部光滑無刻點，中葉略長於側葉部，約成正三角形。觸角第 1 節綠色，2~3 節端大半黑綠，4~5 節黑色。前胸背板除胝區外密布均勻黑刻點，側角圓錐狀平伸，末端無刻點處黃色至橙色；小盾片刻點較稀疏處顏色淺綠，呈「Y」字形。側接緣黑綠或黃綠相間。雄蟲生殖鋏發達，黃或橙色，第七腹節後角圓形。各足淺綠色，跗節紅褐色。

生活習性

　　純植食性種類，寄主植物已知有羅氏鹽膚木與賊仔樹。同椿科的椿象雌蟲均有護卵護幼之習性，產卵後即以身體掩蓋卵塊直至卵塊孵化，甚至在若蟲初齡階段仍舊守護著小若蟲，堪稱是昆蟲界的模範母親。

分布

　　分布於新竹以南的中海拔山區，局部地區普遍。

相似種比較

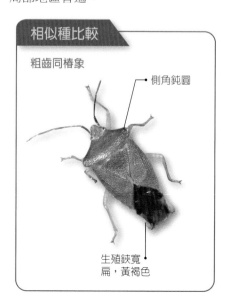

粗齒同椿象

側角鈍圓

生殖鋏寬扁，黃褐色

93

鈍肩直同椿象
Elasmostethus nubilus (Dallas, 1851)

  樹棲 草叢

↑背部有 X 形花紋。

陸棲

形態特徵

　　頭部綠色。觸角第 1 節黃綠色，2~5 節紅褐色。前胸背板前緣綠色，後半中區刻點較稀疏，呈綠褐色，側緣刻點密集呈褐色，側角短鈍略伸出體側；小盾片褐色，前緣基角處各有一枚小白點，前翅革片前後內緣均褐色，背面觀之如「X」字形。各足綠色，跗節綠褐色。

↑分布中海拔山區的個體。

生活習性

　　純植食性種類，寄主植物為江某，每年 3 月可見，尤以 4~5 月數量最多，成蟲與幼蟲常群聚。

分布

　　分布於日本、韓國、臺灣、中國；臺灣普遍分布於中、低海拔山區，局部地區普遍。

↑終齡若蟲，群聚於葉面。

大翹同椿象
Anaxandra gigantea (Matsumura, 1913)

樹棲　草叢

陸棲

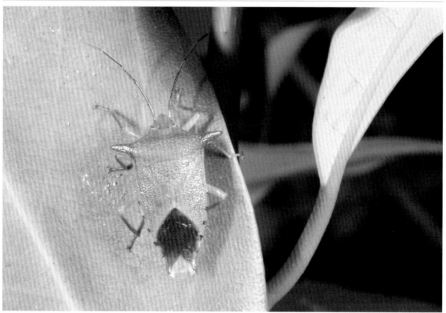

↑ 雄蟲，生殖鋏寬大不彎曲，體色鮮明。

形態特徵

　　體綠色，密布褐色刻點。頭黃綠色，無刻點，頭前部有橫皺。前胸背板前角有小刺，指向前方，側角強烈延伸，平直，末端銳，橙紅色；小盾片前緣光滑無刻點，革片刻點紅褐色，分布均勻。側接緣黃綠色與黑色相間。各足腿節黃綠到黃色，脛節鮮綠色，跗節褐色。

生活習性

　　純植食性種類，寄主植物不詳。

分布

　　本種分布於臺灣、中國、日本、越南與寮國；臺灣分布於新竹以南之中、高海拔山區，數量稀少不普遍。

↑ 雌蟲，腹端左右具圓弧狀尾板，紅色，水晶攝。

95

封開匙同椿象
Elasmucha fengkainica Chen Zhenyao, 1989

樹棲

陸棲

↑前胸背板兩側角間有一黑橫帶，端部紅褐色，夜晚會趨光。

形態特徵

體色紅褐色，體被細毛，密布黑褐色刻點。觸角 1~3 節黃褐色，第 4~5 節暗褐色。前胸背板兩側角間有一黑色橫帶，側角呈粗角狀延伸出體側，前緣圓弧後緣直，側角末端刻點少而光滑，紅褐色；小盾片前緣一細狹窄邊光滑無刻點，其餘密布黑褐色粗刻點。前翅革片外緣與末端刻點粗密。側接緣黃褐色，各節間有褐色寬橫帶，腹下黃褐色。

生活習性

純植食性種類，寄主植物不詳。

分布

分布於臺灣、中國；臺灣分布於中、低海拔山區，數量稀少，目前僅在嘉義觸口與臺北烏來有紀錄。

相似種比較

盾匙同椿象

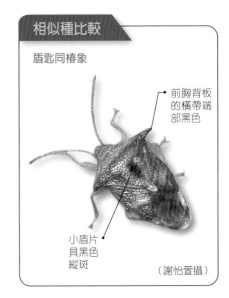

前胸背板的橫帶端部黑色

小盾片具黑色縱斑

（謝怡萱攝）

小光匙同椿象
Elasmucha minor Hsiao & Liu, 1977

  樹棲 草叢

↑小盾片上有兩個褐色斑，側角黑褐色。

陸棲

2008 年 5 月和 2012 年 1 月，筆者在花蓮 1000 公尺以上山區發現該物種。這一科共記錄 13 種，許多種類斑紋近似因此不容易分辨。形態描述對初學者來說不一定看得懂，建議就 1~3 個特徵進行比較，例如：前胸背板側角的長度、顏色、觸角、小盾片或翅膀的斑紋，逐一釐清相關性，漸漸就能區分是否同種。變異的個體通常會有共同特徵，用這種方法鑑定未必科學，但對非學術的角度卻能增進賞蟲的樂趣，至於中文名，筆者覺得不需要強記，只要一本分類清楚的圖鑑作查詢，毋須浪費太多時間在物種名相上，觀察行為和生活史有時會更有意義。

形態特徵

體黃褐色，全體光滑不被細毛。頭黃褐色，單眼前方有整齊縱列黑褐色刻點；觸角黃褐色。前胸背板前側緣邊緣光滑，黃白色，中央有一光滑無刻點白色縱帶，延伸幾達末緣，前緣與側角刻點粗密，側角強烈向外延伸成刺狀，黑褐色；小盾片黃褐色，刻點粗，中央光滑縱帶延伸幾達末端，縱帶兩側各 1 褐色斑。革片近頂緣中央有一白色彎曲光滑斑。側接緣黃褐色，各節後角黑色。足黃褐色。

生活習性

純植食性種類，寄主植物不詳。

分布

分布於臺灣與中國，臺灣分布於中、低海拔山區，數量少。

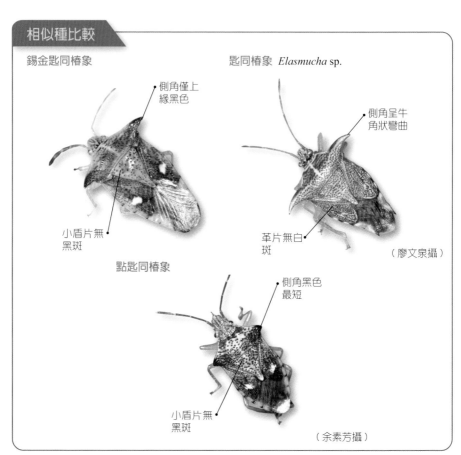

相似種比較

錫金匙同椿象

側角僅上緣黑色

小盾片無黑斑

匙同椿象 *Elasmucha* sp.

側角呈牛角狀彎曲

革片無白斑

（廖文泉攝）

點匙同椿象

側角黑色最短

小盾片無黑斑

（余素芳攝）

↑前胸背板前緣至側角黑色。

伊錐同椿象
Sastragala esakii Hasegawa, 1959

樹棲

↑小盾片中央有個愛心的黃色圖案，側角紅褐色，末端圓鈍。

陸棲

形態特徵

　　橢圓形，密布黑褐色刻點。頭黃褐到綠色，無刻點，但複眼之間有橫皺。觸角第 1~2 節約等長，淺綠色到棕綠色，第 3~5 節黃褐色到紅褐色。前胸背板前側緣綠色，前半黃褐色，除胝區外散布黑褐色細刻點；後半紅褐色到黑褐色，刻點粗大；側角末端圓鈍。前翅革片外緣密布黑褐色刻點；小盾片中央有一心形黃斑，此斑有個體差異，或無切口、或切口達一半、或完全切開分而為二。前翅膜片褐色半透明，側接緣黃色。腹下淡黃褐色。

生活習性

　　純植食性種類，寄主植物已知為羅氏鹽膚木。

分布

　　分布於日本、臺灣與中國；臺灣普遍分布於中、低海拔山區。

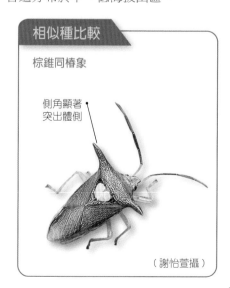

相似種比較

棕錐同椿象

側角顯著突出體側

（謝怡萱攝）

99

陸棲

粗齒同椿象

Acanthosoma crassicauda Jakovlev, 1880

　　橢圓形，綠色到綠褐色。頭部光滑刻點少。前胸背板側角圓鈍僅略伸出體側。側接緣各節後角延展成粗鋸齒狀。雄蟲生殖鋏發達，橙紅色略超過前翅膜片末緣，頂端與內側密生紅褐色軟毛，第七腹節後角圓形。各足黃綠色，跗節紅褐色。

謝怡萱攝

棕錐同椿象

Sastragala parmata Distant, 1887

　　頭部與前胸背板前部黃褐色，頭無刻點。觸角第 1 節黃綠色，第 2 節綠褐色，第 3~5 節紅褐色。前胸背板側角強烈延伸成長刺狀，紅褐色；小盾片黑褐色，中央有一光滑黃褐色大斑。前翅革片紅褐色，側接緣黃綠色有淺褐色斑。腹下淡黃褐色。

錫金匙同椿象

Elasmucha tauricornis Jensen-Haarup, 1930

　　體黃褐色，光滑。觸角最末節暗褐色。前胸背板中央白色縱帶光滑無刻點，側角紅褐色，向外延伸成粗角狀，末端彎曲指向後方；小盾片黃褐色，刻點粗。革片近頂緣中央有一白色橢圓形光滑斑。側接緣黃褐色，各節後角呈褐色小齒狀。足黃褐色。

體長 L 約 9.5mm；W 約 5mm

點匙同椿象
Elasmucha punctata Dallas, 1851

　　體黃褐到綠褐色，具紅褐色粗糙刻點。頭黃褐色；觸角紅褐色，越向末端色澤越深。前胸背板前半有暗色縱帶 2~3 條，後半色澤較深，側角基部紅褐色，端部黑色。前翅革片中央有一暈散狀白斑。足黃褐色。側接緣淡黃褐色，各節間黑色。

余素芳攝

體長 L 約 8mm；W 約 6mm

匙同椿象
Elasmucha sp.

廖文泉攝

　　體黃褐色，布滿細毛與黑褐色粗刻點。觸角 1~3 節黃褐色，第 4 節褐色，最末節暗褐色。前胸背板前緣與前側緣有白色窄邊，中央有一白色縱帶，側角強烈延伸成刺，前緣弧形光滑，後緣細齒狀；小盾片黃褐色，刻點粗而均勻。革片刻點細而密集。側接緣黑白相間。

陸棲

體長 L 約 8mm；W 約 6mm

盾匙同椿象
Elasmucha scutellata (Distant, 1893)

　　卵圓形，黃褐色至紅褐色，具黑褐色粗刻點。頭部黃褐色。觸角淡黃褐色，第 3 節端半到最末基半紅褐色。前胸背板側角平伸，末端黑褐色；小盾片有一狹橢圓形黑斑。前翅膜片淡黃褐色，略透明。足黃褐色，跗節端部褐色。側接緣黃褐色有褐色橫帶。

謝怡萱攝

101

體長 L 13.7-16.7mm；W 6-8mm

擬剪同椿象
Acanthosoma fallax Tsai & Redei, 2015

　　外觀近似朝氏同椿象，但後者雄蟲後足脛節基部膨大，側接緣基部黑色。而本種雄蟲後足脛節不膨大，且側接緣一色，前胸肩角突刺，生殖節尾鋏細長，黃色，分布於中高海拔山區，為臺灣特有種。

體長 L 14mm；W 9mm

日本匙同椿象
Elasmucha nipponica (Esaki & Ishihara, 1950)

水晶攝

　　體橢圓形，綠褐色，頭黃綠色無刻點，體背密布褐色刻點，前胸背板前葉淺綠褐色，後葉與小盾片淡褐色，側角尖長，前翅革片近頂緣有一枚黑色圓斑，側接緣一色淺綠，雌蟲具護卵、護幼習性。

體長 L 13mm；W 9mm

泰雅原同椿象
Acanthosoma Atayal

　　體稍長，體色綠色至褐色，密布刻點，前胸背板前葉綠色，後葉紅褐色，側角尖突，紅褐色，小楯板綠色，端部狹長，白色，革質翅紅褐色，側緣綠色，膜質翅黑褐色，觸角墨綠色，各腳黃綠色，跗節褐色。

水晶攝

荔枝椿象
Tessaratoma papillosa (Drury, 1770)
別名｜荔椿象、龍眼椿象

樹棲

↑ 初齡若蟲。

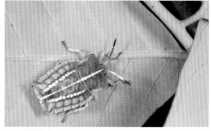
↑ 3 齡若蟲。
←荔枝椿象體型很大，常見於龍眼上棲息。

陸棲

形態特徵

　　寬橢圓形，體色橙褐色。觸角 4 節，深褐色。前胸背板前半下傾，後半往後延伸，蓋住小盾片基緣，側角圓鈍，體型寬厚，身上常覆蓋白色粉狀物，臭腺系統發達，遇驚擾能由臭腺孔噴灑大量酸性臭液，具腐蝕性，應預防被噴到身體如眼球等柔弱器官。足黃褐色。卵橢圓形，產卵數常為 14，初產時青綠色，顏色逐漸轉暗灰色。

生活習性

　　荔枝椿象為純植食性種類，寄主植物甚為廣泛，涵蓋臺灣欒樹、荔枝、龍眼、柑橘、檸檬、柚子、金桔、板栗、桃、李與橄欖等 18 科 30 種以上植物。一年發生一代，繁殖力驚人，雌成蟲每次產卵 14 顆，一生可產卵十次以上，遭荔枝椿象侵害的苗木不僅容易凋萎落果，還會引起其他植物疫病，故被視為農業上的重要害蟲。近年來臺灣多處均發現荔枝椿象族群，已有擴大蔓延的趨勢。

分布

　　分布於日本、臺灣、中國、越南、寮國、泰國、緬甸、馬來西亞、菲律賓、斯里蘭卡、爪哇、獅子山共和國與澳洲；臺灣原僅分布於金門，近年來已於本島多處發現。

備註：在金門還有一種方肩荔枝椿象（*Tessaratoma quadrata* Distant, 1902），前胸背板前側緣較平直，體型較大 30mm 以上。

臺灣大椿象

Eurostus validus Dallas, 1851

別名｜碩椿象

樹棲

陸棲

↑臺灣大椿象體背好像「鑲金包銀」極具富貴相。

臺灣大椿象成蟲體型大而壯觀，若蟲也相當迷人，不同齡期的若蟲斑紋變異很大，初期橢圓形後漸狹長，模樣像一塊漂亮的扁餅或牛排。終齡羽化外觀像甲蟲，體背散發出銅色光澤，小盾片及革質翅邊緣有金屬光斑，好像「鑲金包銀」極具富貴相。常出現在青剛櫟樹上，躲藏枝葉間，受到騷擾會掉落地面並散發出像杏仁的氣味驅敵，不過也有人對這種腥味不喜歡。

形態特徵

寬橢圓形，體紅褐色。觸角 4 節，1~3 節紅褐色，第 4 節橙色。前胸背板前緣與前側緣、小盾片兩側、前翅革片兩側、端側以及側接緣有金綠色金屬光澤。各足腿節與跗節紅褐色，脛節深黑褐色，雄蟲後足腿節近基部端有一黑褐色大刺。腹下金綠色，中央二側有由紅色斑組成的縱紋。

生活習性

純植食性種類，文獻記載之寄主植物有殼斗科的板栗、毛栗、苦櫧栲、青剛櫟、麻櫟、白櫟、胡桃科的鐵核桃、胡椒科的胡椒、玄蔘科的毛泡桐、大戟科的烏臼、灰木科的山豬肝、梧桐科的梧桐，常發現於青剛櫟上棲息。

分布

分布於臺灣、中國、越南、寮國與印度；臺灣普遍分布於中、低海拔山區。

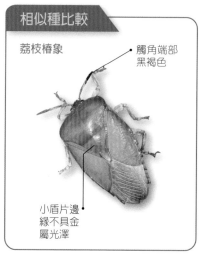

相似種比較

荔枝椿象

觸角端部
黑褐色

小盾片邊
緣不具金
屬光澤

←觸角末節黃褐色。
↓終齡若蟲身體扁長，片狀。

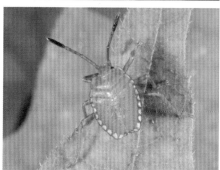

←早齡若蟲，身體橢圓形。
↓交尾，腹面也是銅色的金屬光澤。

陸
棲

異色巨椿象
Eusthenes cupreus (Westwood, 1837)

樹棲

↑終齡若蟲，淡褐綠色，謝怡萱攝。
←觸角末端黃褐色，側接緣各節基部橙褐色，朱家賢攝。

異色巨椿象的若蟲相當漂亮，身體狹長扁平，側緣有黑色細窄的邊紋，體背斑紋近似臺灣大椿象若蟲。成蟲主要特徵為體背綠色，觸角端部黃褐色，側接緣各節基部有鑲黑邊的橙褐色斑。雄蟲後足腿節，近基部有一根很長的刺突，雌蟲則無。

形態特徵

頭、小盾片、前胸背板與側接緣亮銅綠色。頭側葉長於中葉並於中葉前方會合。觸角第 1 節黑色，基部黃褐色，第 2~3 節黑色，第 4 節端部淡黃色之長度約與第 1 節等長。前胸背板具橫向淺皺，前側緣稍上捲；小盾片具不連續波浪狀淺皺，末端橙褐色。側接緣外露，各節基部 1／4 處紅褐色到橙褐色。各腿節與跗節紅褐色，脛節暗紅褐，雄蟲後足腿節顯著加粗，近基部有一末端黑色之大直刺。腹下亮橙褐色，各腹節中央有波狀斜紋，氣孔緣有黑褐色斜紋。

生活習性

純植食性種類，文獻記載之寄主植物有殼斗科的印度苦櫧、青剛櫟、麻櫟、梧桐科的油桐與茶科的油茶。

分布

分布於臺灣、中國、越南、寮國、泰國、緬甸、馬來西亞、尼泊爾、不丹、斯里蘭卡與印度；臺灣分布於中、低海拔山區，不普遍。

陸棲

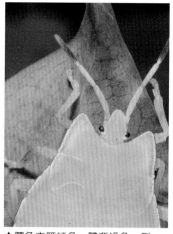

↑ 2008 年 3 月筆者於土城山區的青剛櫟下發現一隻掉落地面的若蟲，外觀近似本種，體背側緣粉紅色，中央的白色縱紋不明顯，可惜沒看到成蟲。即使無法確定是本種，光看若蟲已讓人開心，從不同角度拍下的表情都很可愛。

↑ 觸角末節紅色，體背綠色，側緣有黑色不明顯的邊紋。

陸棲

相似種比較

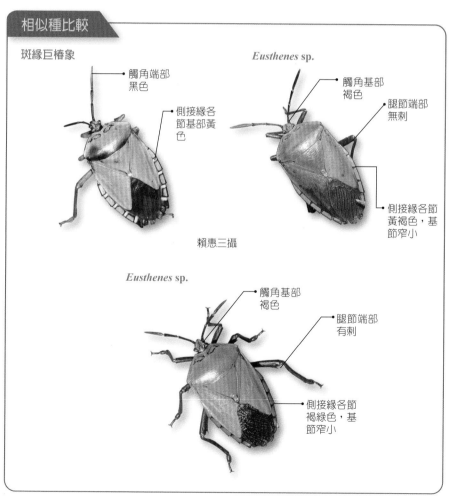

斑緣巨椿象

觸角端部黑色

側接緣各節基部黃色

Eusthenes sp.

觸角基部褐色

腿節端部無刺

側接緣各節黃褐色，基節窄小

賴惠三攝

Eusthenes sp.

觸角基部褐色

腿節端部有刺

側接緣各節褐綠色，基節窄小

107

斑綠巨椿象
Eusthenes femoralis Zia, 1957

樹棲

陸棲

↑側接緣有黃色寬帶，賴惠三攝。

形態特徵

　　體色黃綠至鮮綠，具光澤，頭側葉長於中葉並於中葉前會合。觸角黑色，最末節端部黃褐部分極短。前胸背板淺橫皺，前側緣有黑色細邊，側角鈍圓。各足淡黃褐色，後腿節近端部有 2 枚小刺，雄蟲後腿節近基部處有 1 枚大刺。側接緣黃綠相間，黃色部分似有地區變異，臺灣的種類常只占該節 1 ／ 4 長，產於中國的卻占了 1 ／ 3 長甚至一半。腹下淡黃褐色。

生活習性

　　純植食性種類，文獻記載之寄主植物有殼斗科的板栗、茶科的油茶與清風藤科的山豬肉。

分布

　　分布於臺灣、中國；臺灣於臺東、南投、桃園到深坑均有過紀錄，應分布於全島中、低海拔山區，數量稀少並不普遍。

巨豆龜椿象
Megacopta majuscula Hsiao & Jen, 1977

樹棲　草叢

陸棲

↑ 體背黃褐色，密布黑褐色的雜斑。

形態特徵

　　體卵圓形，黑色，刻點濃密粗糙，背部黃色花紋左右約略對稱，頭中葉上翹，稍長於側葉，側葉不在中葉前相接觸。腹部黑色，腹板兩側有勾形的淡色斑，腹部各側節有長形淡色斑。若蟲體扁，常停棲於枝幹上藉以偽裝，圓形，體背及周邊密生白色短毛，腹背中央有白色成對的圓斑，腹背各節兩端具黃褐色斑。

↑ 體色較黑的個體，白色是被蟎寄生。

生活習性

　　純植食性種類，寄主植物為樟科樟屬植物。

分布

　　分布於臺灣與中國；臺灣分布於烏來、北橫、觀霧、扇平、天祥等中、低海拔山區。

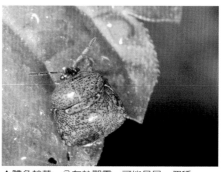

↑ 體色較黃，分布於觀霧，可能是另一個種。

109

篩豆龜椿象
Megacopta cribraria (Fabricius, 1798)

草叢

陸棲

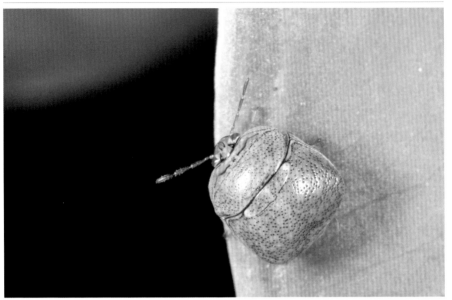

↑寬大有光澤的小盾片常被當成是甲蟲。

篩豆龜椿象寄主豆科的葛藤，為一種相當常見的椿象，，不過其小盾片延伸到腹端遮蓋整個腹部，加上看似堅硬具光澤的體背，許多人會以為牠是金龜子。3~9 月可見，2007 年 4、5 月筆者分別在嘉義和臺北發現篩豆龜椿象的卵。卵白色，長形，卵蓋邊緣有鋸齒，成對排列十分漂亮。4 月發現的卵附著在水黃皮樹幹上，可見牠們也會吸食同樣豆科水黃皮植物的汁液。本科記錄 11 種，斑型較接近的有 3 種，本種體背底色淡黃色，上有不明顯的綠色分布，但有一型小盾片上有 3 條黃色縱紋，也常出現在葛藤上，是否變異或為近似種有待進一步研究。

形態特徵

體寬圓，近球形。複眼紅褐色。觸角短，頭部及前胸背板前緣黃褐色，其餘黃綠色。前胸背板後方小盾片發達，往後延伸將胸腹完全覆蓋，背面綠色密生褐色粗刻點。

生活習性

純植食性種類，寄主植物為豆科植物，野外觀察常可發現族群棲息在葛藤的莖葉枝枒處，卵常產在葉背與枝條，或寄主植物附近的隱蔽處。若蟲青綠色，體表具絨毛。

分布

分布於臺灣、中國、緬甸、印尼、印度、斯里蘭卡、美洲；臺灣普遍分布於全臺中、低海拔平地、田野與山林。

→附著於葛藤葉面的卵，
　旁邊有一隻寄生小蜂。

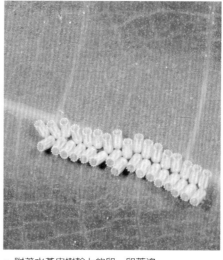

↓若蟲體背綠色，密生絨毛，謝怡萱攝。

←附著水黃皮樹幹上的卵，卵蓋邊
　緣有鋸齒，成對排列。

↑寄生小蜂到卵上產卵寄生。

↑有種 *Megacopta punctatissima* 和篩豆龜椿象幾
　乎一模一樣，有學者認為前者是後者的變異種
　，有些學者則認為該兩種不同，但部分學者卻
　又觀察到兩者可雜交且後代仍具繁衍能力，
　莫衷一是。TaiBNET 則採用同種說，學名為
　Megacopta cribraria (Fabricius, 1798)。

相似種比較

巨豆龜椿象

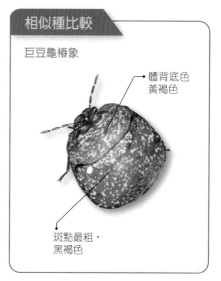

體背底色
黃褐色

斑點最粗，
黑褐色

111

叉頭圓龜椿象
Coptosoma fidiceps Hsiao & Jen, 1977

草叢

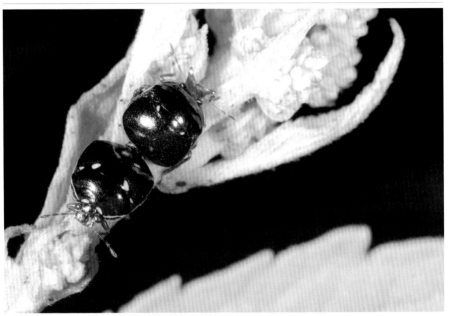

↑頭部雌雄異形，交尾中。

本書記錄龜椿科 11 種，此科椿象體背呈黑至黑褐色，身體龜形，其中最容易分辨的是篩豆龜椿象，因為體色呈綠色；其次呈褐色的有方頭異龜椿象、臺灣異龜椿象及巨豆龜椿象，可從斑點分布狀況分別；而黑色型的龜椿象最難分辨，本欄列出 6 種來比較，可從小盾片基部的斑到無斑，再觀察小盾片側緣的條紋或體背刻點。本種叉頭圓龜椿象筆者記錄於陽明山、北橫、新竹等山區，似乎在中部以北較多見，常見棲息於臺灣澤蘭，具群聚性，雄蟲頭部如叉狀尖銳，雌蟲則無，本種以雄蟲命名。

形態特徵

體黑色略具藍色光澤，刻點淺而稀疏。雄蟲頭側葉甚長，將中葉包覆並於中葉前方會合，側葉外側延長呈叉狀。雌蟲側葉長於中葉，僅在中葉前方靠近而不會合，頭前端呈方形。前胸背板前緣有兩個黃色斑；小盾片基胝有兩個黃斑，雄蟲較小而雌蟲極明顯，側胝外端亦有 2 枚黃斑，但較小甚至消失。

生活習性

純植食性種類，已知寄主植物有臺灣澤蘭。

分布

分布於中、高海拔山區，陽明山、上巴陵、鎮西堡、大雪山與宜蘭有過紀錄。

↑雄蟲頭部側葉極發達呈叉鏟狀，外觀像甲蟲。　↑雌蟲，頭部前方不具尖狹狀外突（上巴陵）。

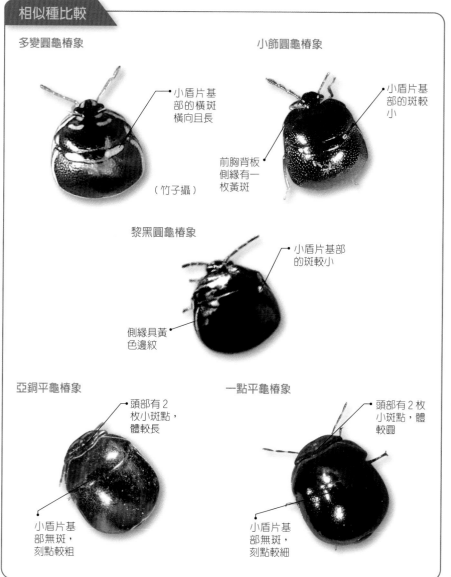

多變圓龜椿象

小盾片基部的橫斑橫向且長

（竹子攝）

小飾圓龜椿象

小盾片基部的斑較小

前胸背板側緣有一枚黃斑

黎黑圓龜椿象

小盾片基部的斑較小

側緣具黃色邊紋

亞銅平龜椿象

頭部有2枚小斑點，體較長

小盾片基部無斑，刻點較粗

一點平龜椿象

頭部有2枚小斑點，體較圓

小盾片基部無斑，刻點較細

陸棲

113

臺灣異龜椿象 特有種
Ponsilasia formosana Heinze, 1934

草叢

↑體黃色，中央有黑色分布，頭側緣上捲（雌蟲）。

形態特徵

　　體黃色，刻點黑褐色，均勻。頭雌雄異形，雄蟲頭前緣方形，雌蟲頭前緣圓弧。前胸背板胝區黑色，背板中央有光滑縱中線直達小盾片末緣。本種外型近似方頭異龜椿象，但可由顏色加以區別，方頭異龜椿象黑色有黃斑，臺灣異龜椿象則黃色有黑斑。

生活習性

　　臺灣特有種，純植食性種類，寄主植物以豆科為主，常與篩豆龜椿象混棲。

分布

　　分布於中、高海拔山區，局部地區普遍。

↑黃褐色個體，頭部前緣方形，眼側黃斑與前緣小黃斑連接（雄蟲）。

陸棲

方頭異龜椿象
Ponsilasia montana (Distant, 1901)

 草叢

↑體黑色，邊緣具黃色斑紋（雄蟲）。

陸棲

形態特徵

　　體黑色，光亮，具細刻點。雄蟲頭前緣方形，雌蟲頭前緣圓弧。前胸背板除側緣與中部二橫斑黃色外全黑；小盾片側肱黃色。本種外形近似臺灣異龜椿象，但可由顏色加以區別，臺灣異龜椿象黃色有黑斑，方頭異龜椿象則黑色有黃斑。

生活習性

　　純植食性種類，寄主植物以豆科為主。

分布

　　分布於臺灣、中國、越南與印度；臺灣地區數量稀少，僅於花蓮有過紀錄。

相似種比較

臺灣異龜椿象

頭部眼側黃斑與前緣小黃斑連接

體長 L2.2-3.2mm；W1.8-2.6mm

多變圓龜椿象
Coptosoma variegata (Herrich-Schäffer, 1838)

　　體近圓形，黑色而光亮，刻點細密。前胸背板前側緣黃色，前緣有兩個黃斑，中部有 2 條眉形黃斑，側角處有 2 個長形黃斑；小盾片中央基胝上有 2 枚黃色長橫斑，側緣與後緣都有黃色邊。

竹子攝

體長 L3-3.5mm；W2.7-3.0mm

黎黑圓龜椿象
Coptosoma nigricolor Montandon, 1896

　　體近圓形，黑色而光亮，刻點細密。頭側葉前端有 2 枚黃色斑。前胸背板除前側緣淡色邊外呈黑色；小盾片側胝上有 2 枚黃色小斑，側緣黃色邊細狹，後緣黃色邊較寬。本種近似小黑圓龜椿象，但小黑圓龜椿象無任何黃色斑，可輕易區別。

體長 L5-5.8mm；W4-4.5mm

亞銅平龜椿象
Brachyplatys subaeneus (Westwood, 1837)

　　體橢圓形，黑色而光亮，刻點細密。頭部雌雄同形，複眼梭狀平伸，頭形像把鏟刀；小盾片側胝上有黃色小斑。雄蟲頭部前端呈方形。全身除觸角與腿節略淡色以外呈黑色。本種近似黎黑圓龜椿象，但後者小盾片與頭部有黃色斑，可輕易區別。

陸棲

體長 L5-5.8mm；W4-4.5mm

一點平龜椿象
Brachyplatys cyclops Yang, 1934

　　體橢圓形，黑色而光亮，刻點極
細密。頭頂中葉後方有一菱形黃色斑
點，複眼梭狀平伸，頭形像把鏟刀。
本種和亞銅平龜椿象極相近，但體近
圓形，體色幾乎全黑，僅頭頂中葉後
方有一個菱形黃色斑點，體背刻點極
細緻。

體長 L3.8-4.3mm；W3.4-3.9mm

小飾圓龜椿象
Coptosoma parvipicta Montandon,
1892

　　體黑色，頭背面複眼內側各有一
小黃斑。前胸背板黑色，具細小濃密
刻點，側緣前方擴展較大，側緣中央
有黃色長條狀小斑；小盾片黑色，具
細小濃密刻點，基胝兩端小斑黃色。
觸角與各足褐色，具細短毛。

體長 L3.3-3.4mm；W 約 2.6mm

小黑圓龜椿象
Coptosoma nigrella Hsiao & Jen,
1977

　　體近圓形，黑色而光亮，刻點細
密。雄蟲頭部前端呈方形。全身除觸
角與腿節顏色略淡以外都是黑色。本
種近似黎黑圓龜椿象，但黎黑圓龜椿
象小盾片與頭部有黃色斑，可輕易區
別。

華溝盾椿象
Solenosthedium chinense Stål, 1854

樹棲

陸棲

↑華溝盾椿象常被誤認為是半球盾椿象，觸角是黑色。

形態特徵

　　半球形，橙褐色至黑褐色，體表常隱隱泛出藍綠色金屬光澤。觸角除第一節橙褐色外其餘全黑。頭側葉長於中葉，複眼紅褐色。前胸背板前側緣有窄黑邊，背板上有 5 枚黑斑，前排 3 枚後排 2 枚；小盾片上有黑斑 10 枚，基緣處 6 枚，中部 4 枚。

↑卵。　　　　　　　↑終齡若蟲。

生活習性

　　純植食性種類，寄主植物為苦楝、棉花與柑橘。臺灣地區野外觀察多見於苦楝樹，雌蟲產卵於葉面上，產卵數常為 14 顆。

分布

　　本種分布於日本、臺灣、中國與越南；臺灣地區分布於中、低海拔山區，局部地區普遍。

↑初齡若蟲。

杜萊氏寬盾椿象
Poecilocoris druraei (Linnaeus, 1771)

別名 ｜ 桑寬盾椿象

樹棲

陸棲

↑ 早齡若蟲。

↑ 終齡若蟲具翅芽。
‧ 小盾片上有 13 個斑，斑紋色澤變異大。

形態特徵

　　寬橢圓形，橙褐色至紅褐色。體背的斑紋變異較大，前胸背板有的無斑，有的有 2 個大白斑，有的則是 2 個大黑斑；小盾片也有可能全無斑點，或是具有 13 個或黑或白的斑或是具有 13 個全白或全黑的斑，且各斑之間有時會互相連結。頭、各足與觸角均呈藍黑色，腹下同體色，側邊與第七腹節具黑斑。

↑ 頭、各足與觸角均為藍黑色。

生活習性

　　純植食性種類，寄主植物有桑樹、苦茶、灰木與揚波。

分布

　　本種分布於臺灣、中國、泰國、寮國、緬甸與印度；臺灣分布於中、低海拔山區，局部地區普遍。

↑ 變異，體背白斑常呈青綠色或各斑相連，謝怡萱攝。

119

駝峰寬盾椿象
Poecilocoris childreni (White, 1839)

別名 | 渡邊氏寬盾椿象

樹棲

陸棲

↑駝峰寬盾椿象乃臺灣新紀錄種，長期被誤認為是渡邊氏寬盾椿象。

形態特徵

　　寬橢圓形，黃至橙紅色。頭部、觸角與各足均黑色。前胸背板前緣黑色，背板上有 4 枚黑斑，中央 2 枚呈大橢圓形，側角附近各一枚小圓形；小盾片中部高隆如駝峰狀，前緣中央有大三角黑斑一枚，兩基角附近有長黑色縱斑各一枚，其餘黑斑成三列排列，數目依次為 2、4、2。側接緣黑色，各側節末端部有橙色小斑。

生活習性

　　純植食性種類，寄主植物油桐。

分布

　　分布於臺灣、中國、寮國、印度與尼泊爾；臺灣分布於中、高海拔山區，數量不多，為稀少的種類。

相似種比較：駝峰寬盾椿象為臺灣新紀錄種，曾被誤認為是日籍學者松村松年所發表之渡邊氏寬盾椿象 *Poecilocoris watanabei* Matsumura, 1913，2009 年蔡經甫博士檢視了存放於日本的模式標本後，證實了該標本實為桑寬盾椿象，因此將渡邊氏寬盾椿象處理為桑寬盾椿象之同物異名。臺灣地區以渡邊氏寬盾椿象稱呼本種由來已久，故本書仍舊將之列為別名。

↑終齡若蟲，來自海洋攝。

→後翅膜質，休息時收藏於盾片下方（標本照）。

相似種比較

華溝盾椿象

半球盾椿象

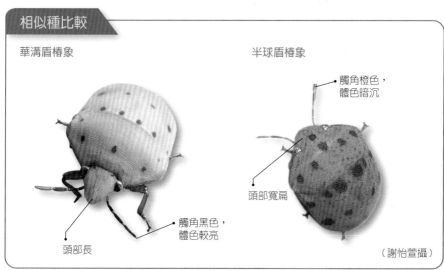

觸角橙色，體色暗沉

頭部寬扁

觸角黑色，體色較亮

頭部長

（謝怡萱攝）

121

拉維斯氏寬盾椿象

Poecilocoris lewisi (Distant, 1883)

樹棲

別名│紅條綠盾背椿象、金綠寬盾椿象

陸棲

↑觸角有藍色的金屬光澤。
←一體金綠色，配上紅色的線條，十分美豔。

形態特徵

　　頭部黑色具金色刻點。觸角藍黑色具光澤。體背綠色鮮豔。前胸背板邊緣及中央紅色；小盾片擴大覆蓋腹部，近基部及側緣各有 3 條紅色短斑，中央有 1 條紅色縱斑，上斑條狀，下斑星芒狀，端部邊緣鑲紅色細邊。斑紋變異大，有些個體背上紅線條變橙黃色，有些則體色變濃綠。

生活習性

　　純植食性種類，寄主植物已知有烏桕、松、杉、柏與葡萄。

分布

　　本種分布於韓國、日本、俄羅斯、臺灣與中國；臺灣分布於中、低海拔山區，從南到北均有紀錄，但數量稀少，不普遍。

↑腹面黃褐色。

↑終齡若蟲。

大盾背椿象

Eucorysses grandis (Thunberg, 1783)

別名 ｜ 大盾椿象、麗盾椿象

樹棲

↑白色的個體，外形很像甲蟲。

陸棲

形態特徵

體色變異大，白色、黃褐至橙紅色。觸角黑色，4節。頭基部與中葉黑色。前胸背板中央具大黑斑；小盾片前側緣黑，前半中央一黑斑，此黑斑斜下兩側各具黑色橫斑。足藍綠色具金屬光澤。

生活習性

純植食性種類，寄主植物為油桐、廣東油桐、菲律賓油桐、野桐、白匏子、水錦樹、苦楝與朴樹。

分布

本種分布於日本、臺灣、中國、越南、泰國、緬甸、印尼、菲律賓、新加坡、印度、尼泊爾與不丹等地區；普遍分布於臺灣中、低海拔山區與平地。

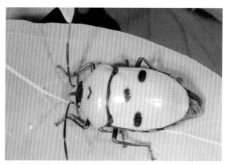

↑橙黃色的個體。

↑常見於葉背，體型很大。

123

黃盾背椿象
Cantao ocellatus (Thunberg, 1784)

別名 | 角盾椿象、黃斑角盾椿象

樹棲　草叢

↑ 若蟲體背鮮紅。

↑ 頭部中央有一條暗綠色的縱斑，單眼 2 枚，紅褐色。
←斑型、體色變異很大。

陸棲

黃盾背椿象是家喻戶曉的臭蟲，因為數量很多，在繁殖季節於野桐、血桐、白匏仔、油桐等植物可見，而且群聚可以觀察各齡若蟲及蛻皮、羽化的情景。其中雌蟲護卵、護幼不吃不喝守著下一代最感人，雌蟲產卵時會將身上的斑紋蛻去，變得很樸素，這可能是一種避免被天敵發現的保護色，而若蟲體背鮮紅則是一種警戒色。

形態特徵

　　體色灰白、黃褐、褐色至橙色，無光澤。前胸背板黑斑 2~8 個，分二列排列，前 4 後 4；小盾片黑斑 6~8 個，以 2-3-2-1 的方式排列，這些黑斑外圍常有白色環，有個體變異，有時只以白色斑塊顯現。前胸背板側角變異也很大，有時呈尖角狀伸出，有時僅短刺狀，有時甚至消失不成刺狀，就算有刺也不一定兩邊都有，常發現僅單邊有刺的個體。各足藍綠色具金屬光澤，腹部同體色，有數個金綠色斑塊。

生活習性

　　純植食性種類，寄主植物以大戟科的油桐、野桐、血桐與白匏仔為主。成熟雌蟲產卵於葉背，一生中可多次產卵，隨蟲齡增長，體色常轉為黯淡，具護卵護幼行為，以身軀覆蓋白色卵塊，可靜止不動直至卵塊孵化。初齡若蟲孵化時呈橙色，具群聚性，若一片葉子上有數隻雌蟲產卵，孵化後的若蟲往往可占滿整個葉背，數量驚人。

分布

　　本種分布於日本、韓國、臺灣、中國、越南、泰國、緬甸、印尼、菲律賓、馬來西亞、新加坡、斯里蘭卡、印度、尼泊爾、孟加拉、巴基斯坦等地區；普遍分布於臺灣中、低海拔山區與平地。

←雌蟲護卵、護幼。

↑卵已孵化依然受到媽媽的保護。

↑交尾（左雌、右雄），有些個體盾背的黑斑消失，可能是雌蟲。

↑蛻皮中的若蟲。

《斑型變異》

↑橙紅色發達的個體。

↑黑斑發達的個體。

↑斑紋消失的個體。

側緣亮盾椿象

Lamprocoris lateralis (Guérin-Méneville, 1838)

別名｜紅緣亮盾椿象

草叢

陸棲

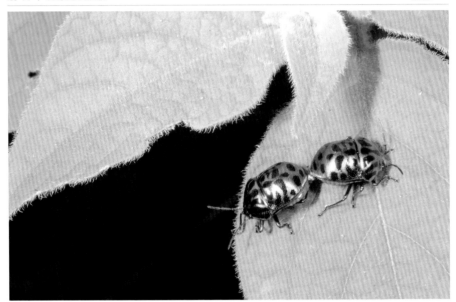

↑側緣亮盾椿象，前胸背板有 7 條黑色縱紋，體背具金屬光澤。

形態特徵

　　體背綠色，具強烈金屬光澤。前胸背板隆起，有 7 條黑色縱紋；小盾片綠色有 5~7 列黑色斑點，各斑點分離，第 1~2 列斑中間具黑色橫帶，翅面有金黃色光澤。各足除基節褐色外皆呈綠色，腹側具紅色斑塊。腹下金綠色，兩側紅色。

生活習性

　　純植食性種類，寄主植物有冇骨消、龍葵與雙花龍葵。常見成對交尾的個體躲藏在葉間，即使有人騷擾也不會立刻分離或飛走。

分布

　　分布於臺灣、中國、越南、泰國、緬甸、馬來西亞、印尼與印度；臺灣普遍分布於中、低海拔山區。

→交尾，腹側緣紅色。

沖繩金盾背椿象

Lampromicra miyakona (Matsumura, 1905)

別名｜宮古金盾椿象、八重山金盾椿象

  樹棲

↑前胸背板有 2 枚黑色橫斑，小盾片只有 4 枚黑斑。

陸棲

形態特徵

　　體背綠色，具強烈金屬光澤。觸角綠黑色。前胸背板前部有一刻點密集之橫向凹陷，將前胸背板分成兩個部分，前部有 2 枚黑斑，後部亦有 2 枚黑斑靠近背板後緣；小盾片有 4 個黑斑，成 2 行排列，前 2 後 2。各足除腿節橙色外均為綠色。

↑群集取食漿果，蘭嶼多見。

生活習性

　　純植食性種類，寄主植物有披針葉饅頭果與錫蘭饅頭果。

分布

　　分布於日本與臺灣；臺灣地區僅蘭嶼有分布。

相似種比較：沖繩金盾背椿象原學名 *Philia miyakonus* (Matsumura,1905)，現在已經改置於 *Lampromicra* 屬。

↑常見於披針葉饅頭果棲息。

127

黑條黃麗盾椿象
Chrysocoris fascialis (White, 1842)

別名｜宜蘭亮盾椿象

樹棲

陸棲

↑前胸背板中央有 T 狀黑斑，體背顏色鮮豔。

黑條黃麗盾椿象過去稱為宜蘭亮盾椿象，由於學名誤植，新的中文名需要一些時間才會習慣。這種椿象體背具醒目的黃、黑大斑，常見於各種饅頭果及冇骨消等植物棲息。2009 年 10 月筆者在臺南崁頭山發現一隻雌蟲被天敵啄食而露出腹內的卵粒，十幾顆晶瑩剔透的卵被迫剖腹生產，不知道會不會孵化？見到這種情形令人驚懼卻也幫不上忙，只能祝福牠們母子都平安。

形態特徵

　　體橢圓形。頭金綠色，頭頂中央有黑色縱紋。觸角 4 節，黑色。前胸背板金綠色，中央黑斑呈 T 狀，此 T 狀斑兩側各有 2 寬縱斑；小盾片黃色，中央有一黑色橫斑橫列，前半前緣有細黑邊，後部有三列寬橫斑呈倒品字形排列，靠近末端。各足黑色略帶金綠光澤。腹下 3~5 腹節黃色，6~7 節黑色，腹節兩側有黑斑，黑斑末端有金綠色條紋。

生活習性

　　純植食性種類，寄主植物有裡白饅頭果、菲律賓饅頭果、錫蘭饅頭果、臺灣山桂花與冇骨消。

分布

　　分布於臺灣、中國、越南、泰國、緬甸與印度；臺灣普遍分布於中、低海拔山區。

↑剛羽化的成蟲，斑紋不顯。

↑終齡若蟲。
←常見棲息於葉背，斑紋鮮豔。

←前胸背板具黃褐色斑
　左右相連的個體。

→發現一隻雌蟲被啄
　食，腹內有10幾
　顆未產下的卵。

相似種比較：本種原被
認為是臺灣特有的宜蘭
亮 盾 椿 象 *Lamprocoris
giranensis* (Matsumura,
1913)，已於2009年由
蔡經甫博士確認為同物
異名，現正式中文名稱
為黑條黃麗盾椿象，且
非臺灣特有種。

琉璃星盾椿象
Chrysocoris stollii (Wolff, 1801)

別名 ｜ 金綠紫緣麗盾椿象、史氏麗盾椿象、紫藍麗盾椿象

樹棲

陸棲

↑ 體背具琉璃光澤，金綠色。

琉璃星盾椿象是一隻很像金龜子的椿象，體背隆突具鮮豔的金屬光澤，其實牠是半翅目的昆蟲，由於小盾片向後延伸至腹端，包住整個身體才會誤以為是甲蟲。本種僅在南部及離島等低海拔地區出現，像是墾丁國家公園就很普遍，常見棲息於裡白巴豆。

形態特徵

　　體背綠色至藍綠色，具強烈金屬光澤。前胸背板共有 8 個黑斑，成 2 行排列，分別為前面 3 個後面 5 個；小盾片共有 7 個黑斑，分別為中央 1 個，兩側各 3 個。各足與觸角呈黑色，腹部黃或紅黃色，各氣孔有一黑斑。

生活習性

　　純植食性種類，寄主植物有水冬瓜、九節木與裡白巴豆。

分布

　　分布於臺灣、中國、越南、緬甸、

↑ 琉璃星盾椿象以裡白巴豆為寄主植物。

印度與斯里蘭卡；臺灣分布於中、低海拔山區，局部地區普遍。

↑終齡若蟲身體橢圓形，具短小翅芽，體背綠色具金屬光澤，腹背有白色的綠紋左右相連。

相似種比較

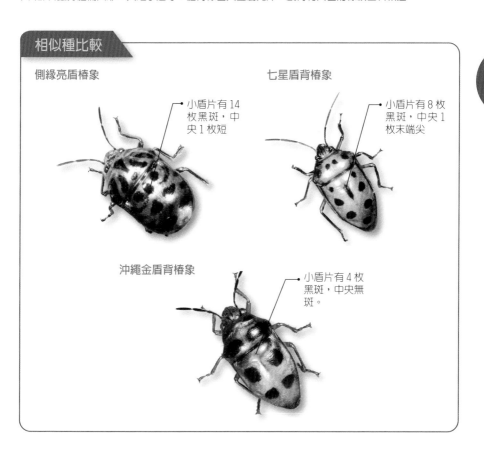

側緣亮盾椿象

● 小盾片有 14 枚黑斑，中央 1 枚短

七星盾背椿象

● 小盾片有 8 枚黑斑，中央 1 枚末端尖

沖繩金盾背椿象

● 小盾片有 4 枚黑斑，中央無斑。

七星盾背椿象

Calliphara excellens excellens (Burmeister, 1834)

別名｜七星美盾椿象

樹棲

陸棲

↑群聚於蘭嶼土沉香吸食果實汁液。
←小盾片周圍有 7 枚黑色斑點，為命名由來。

↑早齡若蟲，腹側緣紅色。

形態特徵

　　體背綠色，具強烈金屬光澤。觸角黑色。前胸背板中央處有 4 枚橫列黑斑；小盾片有 8 枚黑斑，兩側各 3 枚，近前緣與後緣處各 1 枚。各足除腿節橙紅色外均為黑綠色，腹部面兩側金綠色。喙約伸達第三腹節基部。

生活習性

　　純植食性種類，寄主植物有變葉木、蘭嶼土沉香、蘭嶼山馬茶、披針葉饅頭果、錫蘭饅頭果與菲律賓胡頹子。

分布

　　分布於日本、臺灣、菲律賓與馬來群島；臺灣地區分布於蘭嶼、綠島與馬祖等離島，尤以蘭嶼數量最多。

相似種比較：本屬另有一種紅腹七星美盾椿象 *Calliphara nobilis* (Linnaeus, 1763) 與本種外觀極接近，不容易區分，但紅腹七星美盾椿象的喙短，只達到後足基節，臺灣地區在 1930 年之前於屏東、安平與高雄有日本學者的採集紀錄，之後迄今無任何確切記錄，目前分布狀況不詳。

米字長盾椿象

Scutellera amethystina (Germar, 1839)

↑背上有米字形圖案，腿節大多為紅色。

陸棲

形態特徵

　　體金綠色。頭中葉黑。觸角黑色。前胸背板前側緣有橙黃色邊，背板 1 ／ 3 長度處有橫陷紋，此紋前後部各有 3 個黑斑；小盾片末端黑色，中央有一黑色縱紋，約小盾片長度一半，縱紋底端衍生左右 2 大黑斑，縱紋中部有一不規則黑色寬橫斑，縱紋上下有 4 個分離小黑斑，這些圖案於小盾片上排列成「米」字形。各足腿節大多為紅色，其餘黑色。腹部橙黃色，各腹節有黑紋橫列，但不與氣孔外緣之黑圓斑相連。

↑變異，左右橫斑消失或分離，但腿節紅色。

生活習性

　　純植食性種類，寄主植物為茄苳。

分布

　　本種分布於日本、臺灣、中國、越南、緬甸、印尼、印度與斯里蘭卡；臺灣中、低海拔山區與平地均可發現，局部地區數量眾多。

端紅狹盾椿象
Brachyaulax cyaneovitta (Walker, 1867)

↑各足都是黑色，小盾片中央的橫斑左右相連。

端紅狹盾椿象常常被誤認是米字長盾椿象，仔細觀察後才發現這 2 種後足腿節的顏色不同，端紅狹盾椿象呈墨綠色，米字長盾椿象大多為紅色。小盾片的斑紋常有變異，左右斑相連或分離。本種在新北市土城山區 3~12 月間族群穩定，數量很多。若蟲體背具白色框邊，但近似的種斑紋也很像，寒冷的季節成蟲會躲到葉基躲藏。

形態特徵

　　體金綠色。頭中葉黑。觸角黑色。前胸背板前側緣橙紅色，背板 1／3 長度處有橫陷紋，此紋前後部各有 3 個黑斑；小盾片末端黑色，近前緣處有凹陷成溝狀，中央有一黑色縱紋長度約小盾片長度一半，縱紋底端衍生左右 2 大黑斑，縱紋兩側共有 3 列 6 個黑斑，第 2 列黑斑最大，但不互相連接。各足均黑色。腹部側邊粉紅色，中央除 3~6 腹節橙紅色外大多為金綠色，各腹節有黑紋橫列，但不與氣孔外緣之黑圓斑相連。

生活習性

　　純植食性種類，寄主植物為山葡萄，成蟲 10 月數量最多，12~1 月還可見，但數量漸少。

分布

　　本種分布於臺灣、中國、越南與印度；臺灣中、低海拔山區與平地均可發現，局部地區數量眾多。

→體背具綠色
金屬光澤。

134

米字長盾椿象

中央橫斑
常相連

腿節大
半紅色

←寒冷的季節裡成蟲
　會躲藏在葉基。

←端紅狹盾椿象腹側緣粉
　紅色，黑斑與氣孔緣
　相連，而米字長盾椿
　象黑斑與氣孔緣不相
　連。

陸棲

↑終齡若蟲，腹背框白邊，外觀近似琉璃星盾椿象終齡若蟲，但本種腹背白色斑紋寬大。

135

體長 L7.5-10mm；W5-5.5mm

鼻盾椿象

Hotea curculionoides curculionoides
(Herrich-Schaefer, 1836)

　　黃褐色，體密布淺刻點，在前
胸背板與小盾片上形成深淺不一的圖
案。頭部長三角形伸出，向下傾斜顯
著，外觀如長了大鼻子，極易辨認。
寄主錦葵科金午時花。

陸
棲

謝怡萱攝

體長 L9.4-10mm；W7-9mm

半球盾椿象

Hyperoncus lateritius (Westwood,
1837)

　　半球形，暗橙褐色。頭部寬，約
與前胸背板前緣等寬，頭頂基部有一
枚小黑斑。前胸背板黑斑 5 枚，1 枚
靠近頭部，4 枚並列於後，靠近頭部
那枚有些個體會消失；小盾片上共有
13 枚黑斑，分三排排列，個數分別為
6、4、3，最末列左右 2 枚常隱約甚
至消失。觸角、足與腹下均橙褐色。

體長 L15.5-17mm；W9.7-10.5mm

異色四節盾椿象

Tetrarthria variegata Dallas, 1851

　　體色暗褐色或橙紅色。觸角 4 節，
第 4 節端半白色。頭部黑色後緣具金綠
色光澤。前胸背板後緣有黑斑 1 列 4 個，
中間兩個較大；小盾片黑斑成 2 列共 4
個，上方兩個「y」字狀，下方 2 個圓形。
背上斑紋變異大。文獻紀錄可分成 7 種
色型，有時前胸背板僅有中間 2 黑斑，
或小盾片僅有 2 個黑斑，或前胸背板有
藍綠色縱紋。

蕭家亮攝

中國嬌盲異椿象
Urolabida sinensis (Walker, 1867)

樹棲

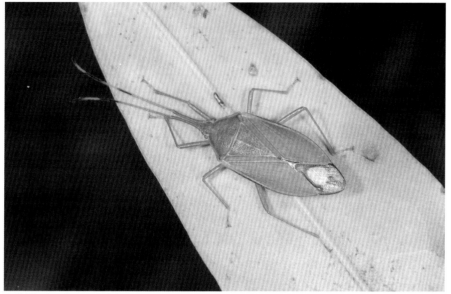

↑膜質翅有一枚醒目的白色大斑。

陸棲

形態特徵

　　體綠色，具褐色刻點。觸角第 1、2 節綠色，第 3 節與第 4、5 節端半褐色。複眼紅色。前胸背板端角有黑色刻點，側緣有淡黃色邊；前翅革片側緣黑色，內域無刻點，外域刻點稀疏，前翅膜片透明有黑褐色帶斑，胸側板端緣黑色；小盾片前沿刻點較稀疏。各足綠色，跗節淡褐色。

生活習性

　　植食性種類，寄主植物不詳，以植物葉片汁液為食。

分布

　　分布於韓國、臺灣、中國、印度與尼泊爾；臺灣主要分布於中、高海拔山區，不普遍。

相似種比較

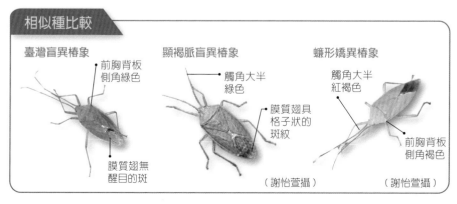

臺灣盲異椿象
　前胸背板側角綠色
　膜質翅無醒目的斑

顯褐脈盲異椿象
　觸角大半綠色
　膜質翅具格子狀的斑紋
（謝怡萱攝）

蠊形嬌異椿象
　觸角大半紅褐色
　前胸背板側角褐色
（謝怡萱攝）

137

史氏壯異椿象
Urochela strandi Esaki, 1936

樹棲

陸棲

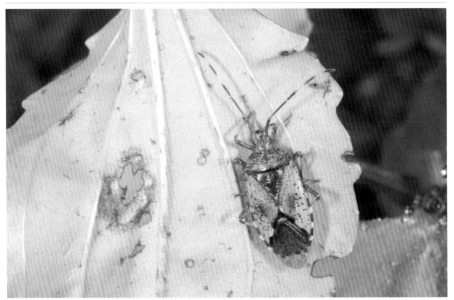

↑側接緣黃黑相間，身上有黑色的刻點。

形態特徵

　　體綠色。觸角 5 節，除第 4、5 節端半淡色外其餘黑褐色。前胸背板、小盾片與前翅革片有褐色刻點；前翅膜片透明，前翅革片有褐色斑，爪片刻點黑色，粗大而稀疏；小盾片黑色，前緣弧狀。側接緣黑黃相間。各足腿節有黑色斑點。

生活習性

　　植食性種類，文獻紀載之寄主植物有薔薇科與榆科，以葉子的汁液為食，具趨光性。

分布

　　分布於臺灣與中國；臺灣主要分布於高海拔山區，停棲葉面，局部地區分布，不普遍。

↑體色較鮮豔的個體（鞍馬山）。

角突嬌異椿象

Urostylis chinai Maa, 1947

樹棲

陸棲

↑前翅膜質部有 2 條暗色斑，水晶攝。

形態特徵

　　體草綠色。體背具棕色刻點，頭部無刻點。前翅膜質部有 2 條暗色斑。觸角第 1 節草綠色，第 3、4 節與第 5 節的端半部赭色，其餘各節淡褐色。足草綠色，脛節基端有黑色環紋，脛節頂端及跗節第 2、3 節淺褐色。雄蟲生殖節末端血紅色。

生活習性

　　植食性種類，寄主植物不詳，具趨光性。

分布

　　分布於臺灣與中國，臺灣主要分布在中海拔山區。

↑雌蟲體型較大，水晶攝。

體長 L10-23mm；W4.9-5.4mm

蠊形嬌異椿象
Urostylis blattiformis Bergroth, 1916

　　體綠色。觸角紅褐色，第 4~5 節基半淡褐色。前胸背板側緣直，前部有 2 個黑點；前翅革片端緣有 2 個褐色帶。前胸背板端角褐色，前翅膜片紅褐色。腹下側緣有黑點。

謝怡萱攝

陸棲

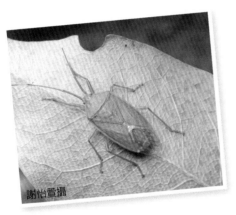

謝怡萱攝

體長 L 約 13.5mm；W 約 5.6mm

顯褐脈盲異椿象
Urolabida suppressa (Maa, 1947)

　　體綠色具褐色刻點。觸角 5 節，除第 3~5 節端半黑色外皆呈綠色。前胸背板、小盾片與前翅革片密布刻點；胸背板側緣平直，前翅膜片透明，有 7 條棕色翅脈。各足綠色，脛節基部黑色。

體長 L 約 12mm；W 約 4.4mm

臺灣盲異椿象
Urolabida taiwanensis Ren & Lin, 2003

　　體綠色。觸角第 1 節綠色，外緣有黑色細直紋，第 2、3 節褐色，第 4 節端大半與第 5 端半黑褐色。前胸背板、小盾片與前翅革片外域有密集疣突狀黑色刻點；前胸背板後緣平直；前翅革片內域光滑無刻點；前翅膜片透明有黑褐色條紋。各足綠色，脛節基部有黑色小斑。臺灣特有種。

九香蟲
Coridius chinensis (Dallas, 1851)

別名｜黃角椿象、黃角兜椿象、黑兜蟲、瓜黑椿象、屁板蟲

↑以中藥材命名，能治病延年而贏得九香蟲的美稱。

九香蟲是一種中藥材，這種椿象除了會釋放臭氣外，其身體含有九香蟲油，炒熟後香氣撲鼻，美味可口，能治病延年而贏得九香蟲的美稱。臺灣俗稱黃角椿象，因體背褐色但於觸角末節黃色而得名。2007 年 5 月筆者在南庄發現一隻雌蟲於隱密的草叢裡產卵，牠受到驚嚇後卻沒立刻飛離，而是以左足觸摸卵列，接著伸出右足再行觸摸，原來牠擔心卵被偷走了！筆者察覺到這是一種護卵的行為，便不再干擾。觀察昆蟲的行為很有趣，尤其能與昆蟲心靈交會，那種感動讓人終生難忘。

形態特徵

橢圓形，紫黑色或黑褐色，帶有銅質光澤。觸角 5 節，前 4 節黑色，第 5 節端大多為橙色。前胸背板與小盾片上有平行狀橫皺，本種是臺灣目前已知兜椿科中唯一觸角 5 節的種類。

生活習性

純植食性種類，主要以瓜科為食。

分布

分布於臺灣、中國、越南、緬甸與印度；臺灣普遍分布於全島中、低海拔平地與山區。

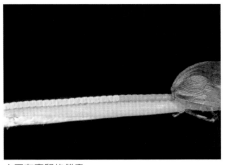
↑正在產卵的雌蟲。

相似種比較

小皺椿象

觸角4節，
端黑褐色

小盾片具
黃斑

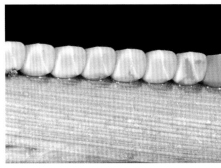
←卵白色，排成規則的縱列。

↑受到驚嚇後不斷以後足保護不讓別人偷了牠的卵。
←雌蟲產卵後在一旁守護。

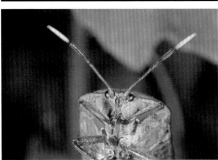
↑九香蟲的口器細長分節。

→終齡若蟲，
觸角端也是
黃色的。

細角瓜椿象

Megymenum gracilicorne Dallas, 1851

草叢

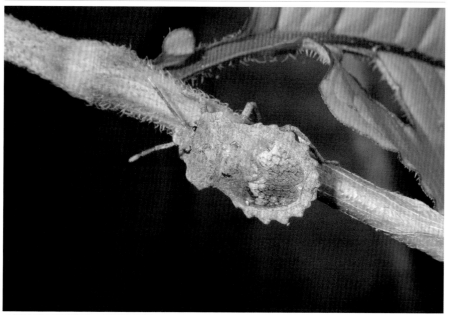

↑ 觸角最末節橙黃色，腹側像齒輪。

形態特徵

體黑褐色，頭部側葉略為上捲，複眼前方有角狀短刺。觸角 4 節，第 4 節端橙黃色外其餘全黑。前胸背板凹凸不平，前角刺狀往前伸出並向內彎曲；小盾片亦不平整，長度約達腹部之半；前翅膜片淡黃褐色。各足腿節下方有刺。腹部側緣有大鋸齒狀突出，外觀似齒輪。本種與短角瓜椿象外形相近，但可由觸角末節橙黃色、前角刺狀彎曲與複眼前方有短刺加以區分。若蟲型態更接近，但可由觸角末端橙黃色加以區別。

生活習性

純植食性種類，主要以瓜科為食。野外觀察以山苦瓜上較常發現。

分布

分布於日本、韓國、臺灣、中國；臺灣普遍分布於全島中、低海拔平地與山區。

↑ 若蟲，觸角端部橙黃色，可與短角瓜椿象若蟲區分。

陸棲

143

短角瓜椿象

Megymenum brevicorne (Fabricius, 1787)

別 名｜無刺瓜椿象

草叢

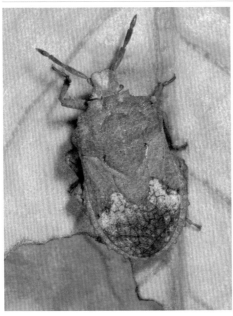

↑早齡若蟲，體色較鮮豔。

←觸角一色，是瓜藤上的常客。

形態特徵

　　體黑褐色。觸角 4 節，除第 4 節端部略淡色外全黑。頭部側葉略為上捲。前胸背板凹凸不平，前角小刺狀稍伸出或鈍角狀；小盾片亦不平整，長度約達腹部之半；前翅膜片淡黃褐色。各足腿節下方有刺。腹部側緣有大小鋸齒狀突起並列。與無刺瓜椿象（*Megymenum inerme* Herrich-Schaeffer, 1839）為同物異名。本種與細角瓜椿象外形相近，但可由觸角無亮橙色、前角不呈角狀彎曲與複眼前方無短刺加以區分。若蟲型態更接近，但觸角末端不帶橙色。

生活習性

　　純植食性種類，主要以瓜科為食。

分布

　　分布於臺灣、中國、越南、寮國、泰國、緬甸、印尼、馬來西亞、印度、斯里蘭卡、孟加拉、尼科巴群島；臺灣普遍分布於全島中、低海拔平地與山區。

↑終齡若蟲，觸角末端也是黑色。

144

小皺椿象

Cyclopelta parva Distant, 1900

別名 | 小九香蟲

草叢

↑卵塊，黑褐色。

←體背密生褶皺，小盾片上有一枚三角黃斑。

陸棲

形態特徵

　　橢圓形，體紅褐色至黑褐色。觸角 4 節。頭側葉於中葉前交會，側葉甚寬，約為中葉的 4 倍寬度。前胸背板與小盾片上有約略平行的橫皺，小盾片前緣中部有一淡黃色三角形斑，末端有時亦有一小黃斑。側接緣各節有時具淡黃色橫斑或淡黃色點斑，腹下中央褐色，外圍呈淡黃褐色並散布不規則黑斑或黑色縱帶。

生活習性

　　純植食性種類，主要以豆科為寄主植物，目前記錄過的有葛藤、血藤、田菁、銀合歡、刺桐、雞冠刺桐與水黃皮等，而在食物缺乏時也會取食禾本科植物。卵塊成條狀排列，且有聚集產卵的習性，故可見不同雌蟲產的

卵塊交錯排列，彷彿為枝幹敷上了一層保護膜。

分布

　　分布於臺灣、中國、緬甸與不丹。臺灣普遍分布於全島中、低海拔平地與山區。

↑於枝條上進行的集體婚禮，雌蟲有護卵行為。

怪椿象
Eumenotes obscura Westwood, 1844

草叢

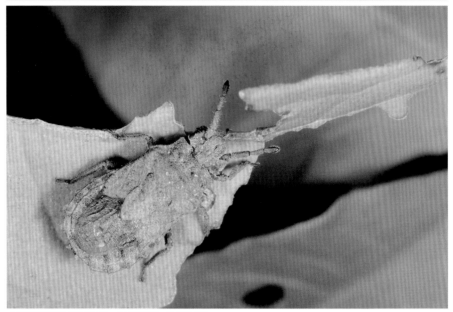

陸棲

↑體寬較短角瓜椿象窄，長相怪異，而得其名。

形態特徵

　　黑褐色，略具光澤，體被細刻點與褐色短毛。頭橫寬，前沿在複眼內側呈尖刺狀伸出，二側葉平行狀往前直伸超出中葉甚多並不互相接觸。前胸背板前半方形，後半梯形，表面不平整；小盾片寬，後半窄縮成三角形；前翅革片與小盾片約等長，末端鈍圓；前翅膜片黑褐色網脈狀。

生活習性

　　純植食性種類，文獻紀錄之寄主植物有禾本科的玉米與旋花科的紫花牽牛和打碗花，野外觀察到的寄主植物為旋花科牽牛花屬，以吸食莖幹汁液為主，多棲息在靠近地表的植株上。

分布

　　分布於日本、臺灣、中國、緬甸、寮國、菲律賓、馬來西亞、印尼與印度；臺灣普遍分布於全島中、低海拔山區。

相似種比較：TaiBNET 另外登錄有一種 *Eumenotes pacao* Esaki, 1922，與怪椿象在外形與生態習性上均極類似，至今被視為同一種，但亦有文獻指出牠們的外性器不論在雄蟲或雌蟲上均有差異，應列為不同種。

闊長土椿象

Peltoxys brevipennis (Fabricius, 1798)

↑前翅革片末端向內凹入。

形態特徵

　　長橢圓形，深黑色，光亮。觸角各節間與跗節色澤較淺，腹部側接緣各節後角較明顯，邊緣呈鋸齒狀。前胸背板與小盾片刻點細密，前翅革片刻點較大較清晰；前翅膜片橙褐色。

生活習性

　　雜食性種類，棲息於土表植物根系處，以植物根系的汁液為食，也吸食其他動物之屍體殘液與腐爛莖葉，常群聚營生。

分布

　　分布於臺灣、中國、緬甸、印度、柬埔寨、斯里蘭卡與越南；臺灣主要分布在低海拔山區，多於地表處

活動，偶有爬行至葉面之行為。

↑終齡若蟲，翅芽顯著，腹部背面橙褐色。

體長 L 約 6.2mm；W 約 3.2mm

長地土椿象

Fromundus biimpressus (Horváth, 1919)

　　長橢圓形，深黑褐色，光亮。觸角第 2 節最短，第 5 節最長，第 3 與第 4 節約等長。頭部前緣短刺多而明顯。前翅膜片褐色稍透明。雜食性種類，棲息於土表植物根系處，以植物根系的汁液為食，也吸食其他動物之屍體殘液與腐爛莖葉，常群聚營生。

陸棲

體長 L 約 8mm；W 約 5mm

擬印度伊土椿象

Aethus pseudindicus Lis, 1993

　　長橢圓形，黑褐色，光亮。前胸背板中央有一橫列刻點，前葉胝區隆起，光滑無刻點；小盾片前緣處稍隆起而光滑，後半刻點較密集；前翅革片內緣與爪片縫隆脊狀；前翅膜片淡黃褐色。雜食性種類，棲息於土表植物根系處，以植物根系的汁液為食，也吸食其他動物之屍體殘液與腐爛莖葉，常群聚營生。

體長 L3.5-4.5mm；W1.7-2mm

侏地土椿象
Fromundus pygmaeus (Dallas, 1851)

長橢圓形，黑褐色，光亮。前胸背板中央有一橫列刻點，其他部分刻點較稀疏。小盾片、前翅革片與頭刻點密集。雜食性種類，棲息於土表植物根系處，以植物根系的汁液為食，也吸食諸如馬陸等動物的屍體殘液，常群聚營生。

體長 L4.2-5.2mm；W2.1-2.6mm

光領土椿象
Chilocoris nitidus Mayr, 1865

陸棲

長橢圓形，深黑褐色，光亮。觸角第 2 節最短，第 5 節最長，第 3 與第 4 節約等長。頭部前緣短刺多而明顯。前翅膜片褐色稍透明。雜食性種類，棲息於土表植物根系處，以植物根系的汁液為食，也吸食其他動物的屍體殘液與腐爛莖葉，常群聚營生。

前胸背板無刻點列組成之橫溝。

棕盾斑紅椿象
Physopelta fusciscutellata Souma&Ishikawa, 2021

樹棲　草叢

陸棲

↑密被細短毛與黑刻點，外觀看起來較黯淡。

棕盾斑紅椿象以往也被稱為大星椿象，在辨識上常與突背斑紅椿象混淆，故本書將其中文名以屬名稱呼。

形態特徵

橢圓形，體色黃褐色密布黑刻點，被濃密短毛。觸角除第 4 節基半部淡黃白色其餘呈黑褐色。頭、前胸背板深褐色至黑褐色。前胸背板前緣、側緣與中央光滑縱線紅褐色；前翅膜片略透明呈淺褐色，腹部與各足黑褐色；小盾片紅褐色，革片中央黑斑直徑約與爪片接合縫等寬，頂角黑斑略呈半橢圓形。

生活習性

純植食性種類，已確認寄主植物為白匏仔、野桐、桑樹、冇骨消與禾本科麻竹，具趨光性，平時躲藏於植物葉隙或禾本科植物落葉堆內，遇驚擾輒飛翔或掉落地面逃生。

分布

分布於臺灣與日本；在臺灣普遍分布於全島山區。

↑前胸背板邊緣密布細毛可與突背斑紅椿象區分。

突背斑紅椿象

Physopelta gutta gutta (Burmeister, 1834)

別名｜大星椿象

  樹棲　 草叢

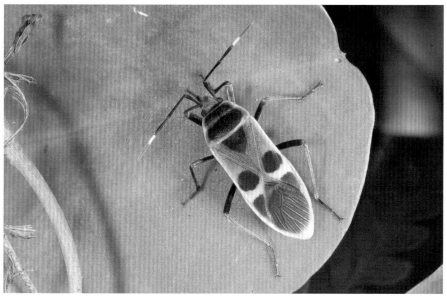

↑ 革翅的圓斑最大，體型最修長。

突背斑紅椿象過去稱為大星椿象，本屬常見3種，外形上很容易混淆，其中姬大星椿象學名有誤，而舊稱的大星椿象可能包含棕盾斑紅椿象，故本書將這3種中文名統一以免再誤植。突背斑紅椿象的若蟲腹背紅褐色具黑斑，常見於大戟科野桐與禾本科植物上吸食汁液，夜晚會趨光。有時會看到若蟲吸食同類的屍體，有的會吸食花蜜或花瓣。成蟲體型較其他二種大，前翅中央有一個黑色大圓斑，近端部的黑斑也較大並與膜質翅相連，警覺性不高。

形態特徵

　　長橢圓形，體兩側近乎平行，體色黃褐色至橙紅色，被平伏短毛。觸角除第1與第4節基部黃褐色其餘黑褐色。頭、前胸背板、前翅膜片和各足暗褐色；小盾片黑褐色，革片中央黑斑極大，黑斑外圍幾乎接觸革片側緣，頂角黑斑三角形幾乎占滿整個頂角。各足基節、前足腿節腹面與腹部均為紅褐色，腹下兩側節縫間有三個新月形黑色斑。

生活習性

　　寄主大戟科野桐屬與禾本科植物，偶有吸食同類屍體之行為。具趨光性，平時躲藏於野桐屬植物葉背或禾本科植物落葉堆內，遇驚擾輒飛翔或掉落地面逃生。若蟲常成群躲藏於寄主植物附近枝落葉堆內。

分布

　　分布於日本、臺灣、中國、緬甸、印尼、印度；孟加拉、斯里蘭卡與澳洲等地區；在臺灣普遍分布於中、低海拔山區。

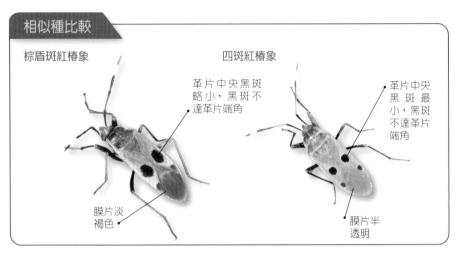

棕盾斑紅椿象

四斑紅椿象

革片中央黑斑略小，黑斑不達革片端角

革片中央黑斑最小，黑斑不達革片端角

膜片淡褐色

膜片半透明

→剛羽化的個體，體色較淡，斑紋不明顯。

↓各足基節、前足腿節、腹面與腹部為紅褐色，腹下兩側節縫間有3個新月形黑斑。

↑若蟲吸食同類屍體的體液。

←有的取食花蜜或汁液。

四斑紅椿象

Physopelta quadriguttata Bergroth, 1894

別名 | 姬大星椿象

樹棲　草叢

陸棲

↑顏色較乾淨，革片圓形黑斑最小，後斑不達革片端部，膜片半透明。

四斑紅椿象舊稱姬大星椿象，由於姬大星椿象為小背斑紅椿象 *Physopelta cincticollis* Stål, 1863 的俗稱，本書之中名以四斑紅椿象稱之。本種體色較淡，乍看有 4 枚醒目黑色斑點，故稱四斑紅椿象。普遍分布於全島，就連中、高海拔山區的數量也很多。有次筆者到鎮西堡的村莊，夜晚在路燈下發現數以萬計的四斑紅椿象趨光聚集在電線桿和下方的木頭上，場景相當駭人，但並沒有臭味，也不見互相推擠，只是安靜的棲息著，隔天清晨再看竟全都不見了，這種大發生的狀況十分稀少，也不容易猜測原因。

形態特徵

　　長橢圓形，體兩側近乎平行，體色淺黃褐色至淺橙褐色，被濃密短毛。觸角除第 4 節基半部淡黃褐色其餘黑褐色。頭、前胸背板前葉褐色。前胸背板前緣、側緣與中央光滑縱線橙紅色；前翅膜片半透明呈淡褐色，各足暗褐色；小盾片長褐色，革片中央黑斑直徑約與爪片等寬，頂角黑斑橢圓形，長度約為中央黑斑直徑的一半。腹下褐色，腹側節縫間有 3 個新月形黑色斑。

生活習性

　　純植食性種類，已確認寄主植物為大戟科野桐屬白匏仔與禾本科麻竹，具趨光性，平時躲藏於植物葉隙或禾本科植物落葉堆內，遇驚擾輒飛翔或掉落地面逃生。常成群躲藏於寄主植物鄰近枝落葉堆內，趨光性強。

分布

　　分布於臺灣、中國、泰國、印度等地區；在臺灣普遍分布於全島山區。

153

←發現四斑紅椿象大聚
集的場景。

↓夜晚趨光聚集在路燈的電線桿上。

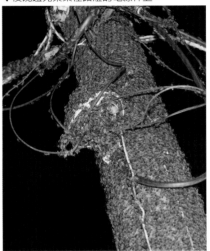

←場景相當駭人。

↑隔天清晨,四斑紅椿象都飛離了。

←三齡若蟲,前胸背板中央縱帶光滑而明顯,
觸角第 4 節淡色部分最長。

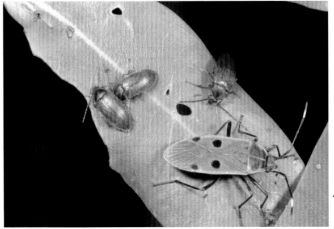

←白天於林道上發現的四
斑紅椿象,與朽木蟲棲
息葉面。

陸
棲

頸紅椿象

Antilochus coquebertii (Fabricius, 1803)

別名 | 大紅星椿象

地棲

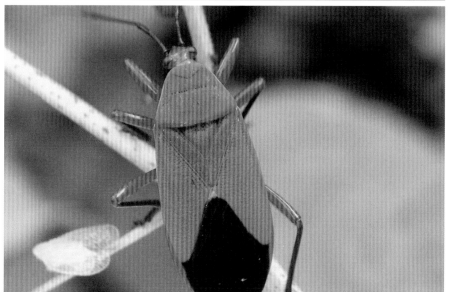

↑全身有喜氣洋洋的感覺。

陸棲

形態特徵

　　橢圓形，除了觸角、膜片與各足脛節、小盾片前緣、背板上的細紋和腹下節間縫是黑色外，體色是亮麗的鮮紅色。

生活習性

　　純捕食性種類，常捕食棉紅椿屬的椿象，野外觀察亦曾發現吸食斑腿蝗的後足殘骸，可能也有撿拾殘骸的習性，常活動於地表，尤以棉紅椿屬椿象之寄主植物附近地面最常發現。

↑卵黃色，呈群聚狀。

分布

　　分布於臺灣、中國、緬甸、印度與斯里蘭卡；在臺灣普遍分布於中、低海拔平地與山區森林間。

↑體背具亮麗的鮮紅色。

155

短光紅椿象

Dindymus brevis Blöte, 1931

別名｜短胸山紅椿象

樹棲　草叢

陸棲

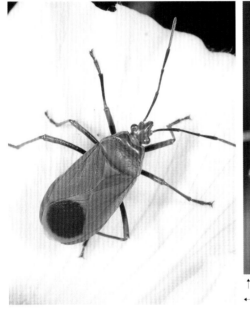

↑側面具黑、白條紋，取食木槿。

←體背紅色，翅端有一枚黑色的大圓斑。

形態特徵

　　橢圓形，體紅色，光亮，前翅膜片灰白至黃褐色，中央有一大黑色圓斑。頭部除複眼呈黑色外全為紅色。觸角除了第一節基部 1／4 呈紅色外，其餘黑色。前胸腹面黑色，胸側板後緣與足基節外側白色，腹下黃色。各足除腿節端部紅色外其餘黑色。

生活習性

　　雜食性，除以錦葵科與木棉科植物為寄主，並捕食同樣以錦葵科、木棉科為寄主之棉紅椿屬椿象，亦吸食屍體殘骸，野外觀察也有捕食蝸牛的紀錄。外形、習性近似頸紅椿象，唯後者為純捕食性，且膜片全黑，腹部具橙紅色、無界線鮮明之黑紋。

分布

　　目前僅記錄於臺灣，主要分布於全島中、高海拔山區。

↑常見於寄主植物之一山芙蓉。

赤星椿象

Dysdercus (Paradysdercus) cingulatus Fabricius, 1775

別名 | 離斑棉紅椿象

↑前翅上的黑斑彼此分離，又稱為離斑棉紅椿象。

赤星椿象是家喻戶曉的明星昆蟲，體色鮮紅，頸部有一條白色的橫紋，腹側密生白色橫斑，分類於星椿科，又稱紅椿科，故稱赤星椿象，赤指的是體色紅色，星椿是科名(屬名是斑紅椿屬)。常見棲息於錦葵科的野棉花、山芙蓉、木槿、洛神、蜀葵與磨盤草，成蟲、若蟲群聚，靠近觀察時牠們會爬到遮蔽物後面躲藏。以細長的口器吸食樹液或種子，若蟲通體紅色，終齡可見翅芽，體背及腹側具醒目的白斑，十分可愛。

形態特徵

頭部及前胸背板橙紅色，頸部有一條橫向的白色斑紋。小盾片黑色，上翅革質部中央內側各有一顆黑色圓斑，前翅膜片黑色，腹部紅色，各腹板後緣乳白色，外觀看起來彷彿有紅白相間的條紋排列，十分美麗。

生活習性

以錦葵科如洛神花、野棉花、山芙蓉和美人樹等木棉科植物為寄主，成蟲、若蟲相混棲並吸食籽實或莖葉的汁液，外觀近似姬赤星椿象，但後者體型較小，前翅革片中央的黑斑相連，而不像本種為分離圓斑。

分布

臺灣、中國、緬甸、馬來西亞、印尼、菲律賓、印度、斯里蘭卡與澳洲都有分布；臺灣地區分布於全島中、低海拔山區和田野。

陸棲

157

姬赤星椿象

革質翅斑
橫向，左
右相連

叉紋赤星椿象

革質翅具
交叉狀的
白斑

←二齡若蟲體背鮮紅色，不具翅芽。

↓終齡若蟲具翅芽，正伸出長而分節的口器吸食
　山芙蓉的種子。

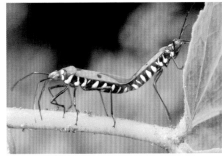

←赤星椿象交尾，腹面側緣具紅、白色相間的條
　紋，十分豔麗。

↓赤星椿象交尾，雄蟲位在下方，體型較小。

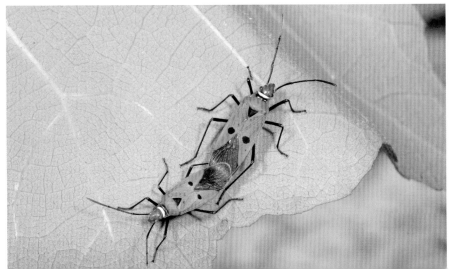

陸
棲

姬赤星椿象

樹棲　草叢

Dysdercus (*Paradysdercus*) *poecilus* (Herrich-Schäffer, 1843)

別 名｜聯斑棉紅椿象

↑前翅上的黑斑左右相連，又稱為聯斑棉紅椿象。

陸棲

形態特徵

　　頭部及前胸背板橙紅色，頸部有一條橫向的白色斑紋。小盾片黑色，前翅革質中央內側各有一顆黑色近方形斑彼此相連，前翅膜片黑色，腹部紅色，各腹板後緣乳白色，外觀看起來有紅白相間的條紋排列，十分美麗。

↑姬赤星椿象交尾，上方為若蟲。

生活習性

　　以錦葵科如洛神花、野棉花、山芙蓉、金午時花和木棉科的美人樹等植物為寄主，成蟲、若蟲相混棲並吸食籽實或莖葉的汁液，外觀近似赤星椿象，但後者體型較大，前翅革片中央的黑斑彼此分離而不像本種相接連。

分布

　　日本、臺灣、中國、緬甸、菲律賓、印尼、馬來群島與印度都有分布；臺灣地區主要分布於全島中、低海拔山區和平地。

→終齡若蟲，吸食細葉金午時花的汁液。

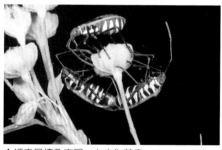

叉紋赤星椿象

樹棲　草叢

Dysdercus (*Leptophthalmus*) *decussatus* Boisduval, 1835

別 名 ｜ 叉帶棉紅椿象

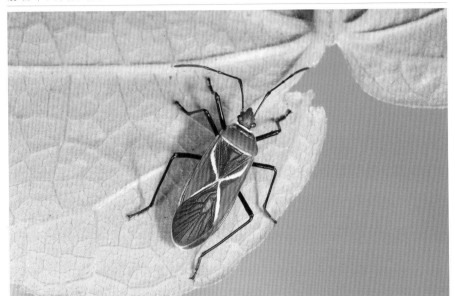

↑前翅具白色交叉呈 X 形斑紋，圖案十分特別。

形態特徵

　　體呈橙紅色，個體變異大，頭部顏色有全紅、全黑與紅褐色三類。前胸背板紅色，前緣具白橫帶，後方緊鄰一黑橫帶，翅面紅色；前翅革片內緣具白色帶紋，停棲時腹部具明顯 X 形白紋；小盾片及膜質翅黑色。各足細長呈暗黑褐色。

↑若蟲頭部紅色，也有頭部黑色的個體。

生活習性

　　以錦葵科如洛神花、野棉花、木芙蓉、金午時花等植物為寄主，成蟲、若蟲相混棲並吸食籽實或莖葉的汁液。

分布

　　日本、臺灣、中國、菲律賓、馬來群島、印度、斯里蘭卡與澳洲；臺灣地區分布於南部山區與蘭嶼。

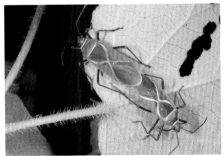

↑在葉背交尾的成蟲，雌雄斑紋相同。

陸棲

暗斑大棉紅椿象

Dysdercus (*Leptophthalmus*) *fuscomaculatus* Stål, 1863

↑革質翅沒有黑色星斑，膜質翅的黑斑很小。

形態特徵

　　體背光滑微有光澤，體黃色至橙色，複眼紅褐色。小盾片前緣有黑色橫帶，膜片淡橙褐色，基角具一枚黑色斑紋。各足橙褐色，脛節色稍深，腹下橙色，喙甚長達腹部之半，夜晚會趨光。

分布

　　臺灣、中國、印度、斯里蘭卡、馬來西亞、所羅門群島、巴布亞紐幾內亞、日本與馬來群島都有分布，臺灣地區分布局限於南部高雄、屏東與臺東等地之低海拔山區和平地。

生活習性

　　以梧桐科掌葉蘋婆為寄主植物，野外觀察亦發現有吸食同種屍體和較虛弱個體之現象，其食性有待進一步觀察。成蟲、若蟲相混棲並吸食籽實或莖葉的汁液，進食後常躲藏於掌葉蘋婆根部附近之灌叢隱蔽處。

↑若蟲通體橙色，觸角及跗節黑色。

陸棲

原銳紅星椿象
Euscopus rufipes Stål, 1870

樹棲　草叢

陸棲

↑體背暗紅褐色，背部中央的黑斑很大，呈三角形狀。

形態特徵

　　體型短橢圓，體橙紅色。頭背、腹面、小盾片、前胸背板大部分、前翅爪片、革片、革質部中央大三角形斑與前翅膜片均黑色，腹部具密短毛。觸角除第 4 節端部外均黑色。外觀近似東方直紅椿象，但本種前胸背板幾乎全為黑色，前翅上大斑更大而呈三角形，憑外觀即可加以區別。

生活習性

　　以錦葵科山芙蓉與漆樹科羅氏鹽膚木為寄主植物，成蟲、若蟲相混棲並吸食花果與種籽的汁液。

分布

　　日本、臺灣、中國、緬甸、越南、印尼、馬來群島與印度都有分布；臺灣地區似乎相當稀少，僅於新竹縣角板山、新光發現過。

相似種比較

東方直紅椿象

翅膀的黑色星斑小，橢圓形

頸具白線

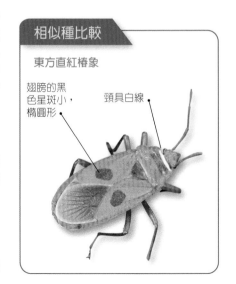

體長 L 9-14mm；W 3-4.5mm

東方直紅椿象
Pyrrhocoris carduelis (Stål, 1863)

　　體呈橢圓形，體橙紅色。前胸前緣具白色條斑，後方有黑色方斑；小盾片黑色；前翅革片中央有一枚黑色橢圓大斑斜列。各足腿節橙紅色，腹面具黑色的橫向條紋。外觀近似赤星椿象，但赤星椿象體型較瘦長，翅上小黑斑為圓形，各足腿節為黑色。以茶科與蕁麻科苧麻屬為寄主植物，成蟲、若蟲相混棲並吸食莖葉的汁液。日本、臺灣、中國、馬來西亞、印度、斯里蘭卡、所羅門群島、巴布亞紐幾內亞與馬來群島都有分布；臺灣地區於南部屏東、中南部嘉義、中部臺中、南投到北部桃園都有觀察記錄，應普遍分布於全島各中海拔山區。

體呈橢圓形，背部中央有橢圓形黑斑，斜向。

終齡若蟲。

體長 L 8-11mm；W 3-3.6mm

地紅椿象
Pyrrhocoris sibiricuss Kuschakewitsch, 1866

　　體橢圓形，灰褐至土黃色具棕黑色刻點；頭黑色，中葉縱斑與頭頂四塊小方斑淡褐色。前翅有個體差異，長翅個體翅端可達腹部末端，短翅個體翅端僅到腹部背板第 6 或 7 節。以錦葵科植物為寄主植物，成蟲、若蟲相混棲，主要吸食掉落地面的種子。分布於臺灣、大陸、蒙古、俄羅斯、韓國與日本，臺灣地區局限分布於低海拔山區。

體型橢圓，前胸背板胝部有 2 個黑色方型斑，程志中攝。

163

脊扁椿象
Neuroctenus sp.

枯木

陸棲

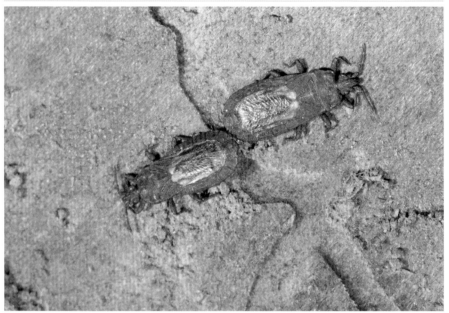

↑棲息樹皮隙縫，前翅膜片前緣有黃白色斑點。

形態特徵

　　體黑褐色，身體扁平，體背布滿凹凸顆粒。前翅基部內側左右各有一枚黃白色斑，各足短小。分布於低海拔山區，棲息於枯木或樹皮裡，若蟲、成蟲群聚營生，具良好保護色。

分布

　　分布於臺灣低海拔區域，為普遍的種類，但體型小又扁平，體色也不鮮明，野外要發現牠們可得仔細尋覓。

生活習性

　　脊扁椿象體形扁平，體色近似枯木，取食常發生於朽木的真菌，故常群聚。脊扁椿屬在臺灣生物名錄裡登錄了 6 種，外形都非常相似，這屬的辨識特徵在腹部 4~6 腹節下方有明顯橫脊，體長多在 8mm 以下，雨後可能因為棲息環境太過潮濕，常有出現在植物葉面上的情況，算是比較容易發現的扁椿科椿象。

↑成蟲、若蟲藏身於樹皮的隙縫裡。

體長 L 約 12mm；W 約 4.8mm

蕭旁喙扁椿象

Brachyrhynchus hsiaoi (Blöte, 1965)

　　長橢圓形，黑色。眼後刺短鈍超出複眼外緣。觸角第 2、3 節有粗顆粒。前胸背板具稀疏粗顆粒。側接緣外側有縱皺紋。本種與角旁喙扁椿象外形近似，但本種脛節背面末端無細齒突，第 6~7 腹節不連結成葉狀。取食真菌，常居住於樹皮縫隙。

體長 L8-8.5mm；W 約 4mm

角旁喙扁椿象

Brachyrhynchus triangulus Bergroth, 1889

　　黑褐色，除側接緣與前翅膜片外，身體布有細密小顆粒。前胸背板前葉有 4 個瘤突向後延伸，遮蓋前葉大半，後緣強烈向內彎曲，脛節背面端部簇生細齒突；小盾片中縱脊細。取食真菌，體形扁平，適宜於樹皮縫隙活動。

體長 L 約 11.3mm；W 約 5.1mm

臺灣毛扁椿象

Daulocoris formosanus Kormilev, 1971

　　暗褐色，體被捲曲短毛。頭部眼後刺明顯伸達眼的外緣。前胸背板前角稍擴展，不伸達領的前緣；前翅伸達第 7 腹節背板中央，膜片暗褐色，具毛簇。側接緣第 6 節後角突出，第 7 節後角向後延伸並向上翹折。第 8 腹節側葉細指狀，伸達端節 1 / 3。

褐色捷足長椿象
Narbo nigricornis Zheng, 1981

草叢

陸棲

↑前翅有一對白色的三角斑，僅分布於蘭嶼。

形態特徵

　　頭黑褐色帶紫褐色，無光澤。觸角黑褐色，向端部略深，第 4 節基部有白斑。前胸背板前葉黑褐色，中央有縱凹深黑褐色，後葉紫褐色；小盾片前半黑褐色，後半漸呈紫褐色，中央有一對小黃斑，末端淡黃白色；前翅革片紫褐色，中央黑褐色，末端黃白色，在與前翅膜片交接處有窄長橢圓形黑褐斑。各足腿節紫褐色至黑褐色，中後足腿節基半黃褐色。

生活習性

　　棲息於地表或低矮植株上，寄主植物不詳。

分布

　　分布於臺灣與中國；臺灣目前僅分布於蘭嶼。

↑體背褐色的個體。

白邊長足長椿象
Dieuches uniformis Distant, 1903

草叢

↑前胸背板後緣與小盾片中央有 2 枚小黃斑，體側具白色縱紋。

陸棲

形態特徵

　　頭黑褐色。觸角黃褐色到黑色，向端部漸深，第 4 節基部淡黃白色。前胸背板黑色具光澤，後葉後緣有一對小黃斑，此斑有時消失，有時延長成斷續小斑，側邊淡黃白；小盾片黑，中央一對小黃斑間有深黑色縱帶；前翅革片多呈黑色，上有若干白色小斑，但此斑有時隱約或消失。膜片黑褐色。各足黃褐色，腿節端部黑褐色。

↑終齡若蟲，體背呈黑褐色。

生活習性

　　棲息於禾本科植被近地表處，常見吸食腐爛禾本科植物汁液。

分布

　　分布於臺灣、中國、尼泊爾與斯里蘭卡；臺灣普遍分布於中、低海拔山區與平地。

↑剛羽化，體呈橙紅色。

167

短翅迅足長椿象
Metochus abbreviatus Scott, 1874

草叢

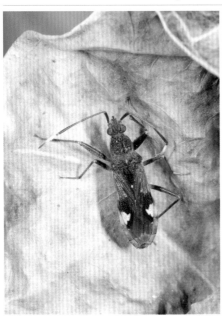

↑終齡若蟲，腹背有一條紅色的橫紋。
←革質翅上斑不明顯，下斑白色呈鉤角狀。

陸棲

形態特徵

　　頭呈黑褐色無光澤，中葉端部有時呈褐色。觸角深黑褐色，第4節白環寬，達基部黑色部分的4~5倍。前胸背板呈黑色，略具粉被，後緣紅褐色；小盾片黑色，中央具一對隱約黃褐斑，末端淡黃白色。前翅短，不超過腹部生殖節前緣，爪片及革片黑褐色，革片中央有一黑橫帶，橫帶後方有三角形白色斑，近端緣處有小黑斑。膜片灰褐色，兩側有小黃點斑，末端色略淡。本種若蟲與淡翅迅足長椿象若蟲近似，1~4齡觸角尚無白斑，甚難從外觀分辨。

生活習性

　　棲息於地表或低矮植株上，以多種果實與禾本科為寄主植物，冬季躲藏於枯葉或石縫裡度冬，夏季常見於瑪瑙珠與三角葉西番蓮漿果上吸食，具群聚性，數量很多。

分布

　　分布於日本、臺灣、中國與印度；臺灣普遍分布於中、低海拔山區與平地。

↑體背具紅褐色分布的個體，地棲。

紅翅球胸長椿象
Caridops rufescens Zheng, 1981

↑革質翅紅色，革質翅端及膜質翅端白色。

形態特徵

　　體密布直立毛，頭黑色。觸角黑色。前胸背板呈黑色，前葉圓鼓如球狀，具光澤，後葉密布深刻點；小盾片黑，中央有縱脊。前翅革片大部分為褐色，上有排列整齊之刻點列，革片前端與中央有白色小縱斑，內角處有一小白斑，頂角前有一長三角形大白斑。膜片黑色，基部內角呈淡白色三角形，端部白色。各足黑色，腿節基部淡黃褐色。

生活習性

　　植食性種類，寄主植物不詳。

分布

　　分布於臺灣與中國；臺灣分布於中海拔山區，目前僅在觀霧有過紀錄。

陸棲

169

臺灣隆胸長椿象
Eucosmetus formosus Bergroth, 1894

地棲

陸棲

↑ 終齡若蟲，體色鮮豔，觸角末節不具白色分布。

←前胸背板後緣有 4 枚黃斑，觸角第 4 節黑色。

形態特徵

　　體黑色。觸角呈黑色，第 4 節色略淡。前胸背板黑色，前葉球狀，後葉具白色粉被，末緣共 4 枚黃斑，中央 2 枚略大且明顯，部分個體兩側 2 枚消失；小盾片呈黑色，具白色粉被；前翅革片灰白色具珍珠光澤，爪片中央有 2 平行短淡斑，革片內角處有 1 小白斑，近內角處斜下帶斑深色。膜片灰白色，中央大區域黑色，末緣有 4 個小黑斑。各足黑色，腿節基部淡黃褐色。

生活習性

　　本種以禾本科為寄主植物，常見取食穗實，進食結束輒躲藏至根部地表縫隙。

分布

　　分布於臺灣與印尼；臺灣分布於中、低海拔山區與平地，數量眾多。

相似種比較

淡角繪胸長椿象

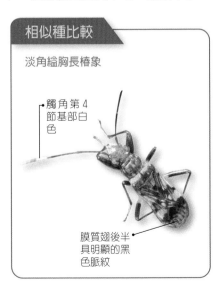

觸角第 4 節基部白色

膜質翅後半具明顯的黑色脈紋

斑翅細長椿象
Paromius excelsus (Bergroth, 1924)

草叢

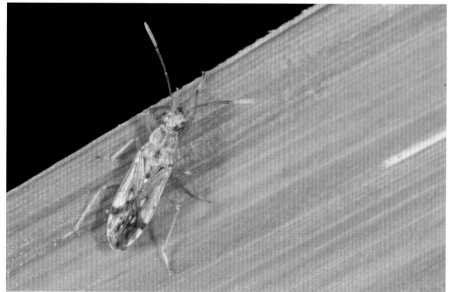

陸棲

↑體淡黃褐色，前翅革片末端有黑褐色橫斑。

形態特徵

　　頭黑而前伸，中葉長於側葉，複眼近圓形。觸角前 3 節淡黃褐色，第 3 節末端呈褐色，第 4 節褐色，基部有一窄淡色環。前胸背板領及後葉呈褐色，斑駁，後葉有 4~6 條隱約黃色縱帶，前葉黑，具粉被，因而成灰黑色；小盾片黑褐色，向後漸呈褐色，略具 Y 形脊；前翅革片底色淡黃褐色，末緣褐色，內角白斑大，縱列呈三角形，白斑前後有褐色小斑。膜片淡黑褐色，極斑駁，前端色較深，黑褐色。各足淡褐色無斑紋。

生活習性

　　植食性種類，以禾本科為寄主植物，也取食野牡丹葉片汁液。

分布

　　分布於日本、韓國、臺灣與中國；臺灣普遍分布於中、低海拔山區。

地長椿科	微長椿屬	體長 L 2.3-2.7mm；W 0.9-1mm

六斑微長椿象
Botocudo formosanus (Hidaka, 1959)

地棲

陸棲

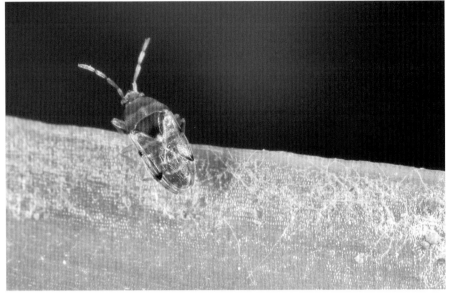

↑ 體型小，紅褐色，前翅透明。

形態特徵

　　體小型，頭淡褐色至深褐色，密被絲狀平伏短毛。觸角第 1 節淡黃色，第 2~3 節黃褐色，第 4 節淡黃色至黃褐色。前胸背板前葉黃褐色，無刻點而有光澤，後葉淡黃褐色，具褐色刻點，後緣淡黃白色，側角處有明顯黑褐色塊狀斑；小盾片褐色，末端黃白；前翅革片淡黃白色，半透明，革片前緣中央與頂角處有黑斑。前翅膜片淡色透明。腹部背面各節末緣有白色淡斑，此斑在陽光下可呈現彩虹般光澤。各足淡色。

生活習性

　　植食性種類，具地棲性，多躲藏於落葉堆中，成蟲具飛行能力但不善飛，常見於森林落葉處取食掉落之南美假櫻桃與桑科榕屬植物之果實。

分布

　　分布於日本、臺灣與中國；臺灣普遍分布於中、低海拔山區。

↑ 前翅革質片共有 4 枚黑色斑點。

172

峨眉細頸長椿象
Vertomannus emeia Zheng, 1981

草叢

↑觀霧山區的個體。
←頭部呈黑色，頸細長，灰色的個體。

陸棲

形態特徵

　　體色深褐色。頭深黑褐色具光澤，頭形特殊，前半部呈蛇頭狀，後半有一細頸，頭前葉較下傾，具稀疏長毛，頭與頸約等長。前胸背板前葉黑褐色具粉被，後葉褐色具密刻點，中央與兩側前半凹下處具灰白色粉被；小盾片黑褐色具粉被，略圓鼓；前翅革片底色呈褐色，頂角有橢圓形灰白斑，近末端處有一約略三角形之白色斑。革片前沿、中央與末端色澤略呈深黑褐色，前翅膜片褐色，略透明，中央黑褐色，兩側有 2 條斜出褐色帶。前足腿節近端部處腹面有 2 刺。

生活習性

　　棲息於地表或低矮植株上，以菊科如大花咸豐草、紫花霍香薊為寄主植物，具夜行性，白天常蟄伏於葉背甚少活動。

分布

　　分布於臺灣與中國；臺灣多發現於中、低海拔山區，數量稀少。

→明池山區的個體。

體長 L11.5-13mm；W2.8-3mm

淡翅迅足長椿象
Metochus uniguttatus (Thunberg, 1822)

　　體被直立與半直立毛。頭黑褐色無光澤。觸角深黑褐色，第 4 節白環窄，約為基部黑色部分的 2 倍。前胸背板黑色無光澤，有半直立細短毛；小盾片呈黑色，末端淡黃白色；前翅革片淡黃褐色，爪片末端黑褐色，革片中央有一黑橫帶，橫帶後方有三角形黃白色斑，斑內有明顯刻點，近端緣處有小黑斑。膜片灰褐色，兩側有小黃點斑。本種若蟲與短翅迅足長椿象若蟲近似，1~3 齡觸角尚無白斑，甚難從外觀分辨，僅 4~5 齡時可由觸角末節淡斑較短加以區分。

終齡若蟲。

陸棲

體長 L6.5-6.9mm；W1.8-1.9mm

淡角縊胸長椿象
Paraeucosmetus pallicornis
(Dallas, 1852)

　　體與頭部呈黑色。觸角黑色，第 1 節褐色，第 4 節基部有一白色斑。前胸背板呈黑色，前葉球狀，後葉大部分具白色粉被，末緣共 4 枚黃斑；小盾片黑色，具白色粉被，末端黑色；前翅革片灰白色具珍珠光澤，爪片黃褐色，末端黑色，革片內角處有一小白斑，白斑周圍黑色，末端有三角形黑斑。膜片灰白色，散布褐色斑紋。各足腿節黑色，基部淡黃褐色，脛節淡黃褐色。

體長 L4-5.3mm；W1.1-1.3mm

紋胸蟻穴長椿象
Poeantius festivus Distant, 1901

　　體深黑色，頭黑色，前葉下傾。觸角黑褐色，第 4 節基部有白環。前胸背板呈黑色，前葉呈圓鼓狀，具光澤，後葉褐色，隱約有黃褐色斑，兩葉間橫縊深凹，具白色粉被；小盾片黑。前翅革片灰白色，爪片內側白色，外側黑褐色，革片前緣密布黑褐色刻點，革片中央有黑色寬大橫斑，橫斑中央有淡灰白色細橫帶。膜片灰白色，末緣淺褐色。

 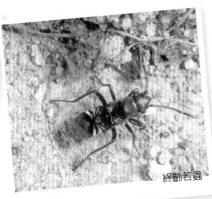

終齡若蟲。

陸棲

體長 L5.5-6.6mm；W2-2.5mm

雲長椿象
Eremocoris sp.

　　體黑色。頭黑色，平伸，上有平伏短毛。觸角褐色，各節端部略深，第 4 節基半呈黃白色。前胸背板黑色，密被捲毛，前後葉間橫縊凹入，粉被顯著；小盾片黑色，前緣具粉被；前翅革片黑色，前端有三角形白色斑，中央偏後兩側各有一枚小圓白斑。前翅膜片黑褐色，與前翅革片接合處後緣各有一枚橢圓形白斑。各足褐色，腿節基部淡黃色。

體長 L 約 4.3mm；W 約 1.7mm

中國斑長椿象

Scolopostethus chinensis Zheng, 1981

　　體小型，頭黑，被平伏短毛。觸角呈黑色。前胸背板黑色，前後葉間橫縊兩側淡色，前葉圓鼓，後葉有 3 條黃褐色縱帶；小盾片黑色，前翅革片大半灰白色，末端黑色。前翅膜片淡褐色，翅脈黑褐色。各足黃褐色，前足腿節黑色，中後足腿節端部黑色。

體長 L9-10.5mm；W2.9-3.1mm

狹地長椿象

Panaorus sp.

　　頭黑色，平伸。觸角黃褐色，第 4 節基半白色，端半黑褐色。前胸背板前葉黑色，前緣中央短縱帶黃褐色，縱帶兩側各有 2 枚小黃斑，後葉淺黃褐色，散布褐色碎斑；小盾片前半黑，後半淺黃褐部分略呈 V 字形，末端黃白色；前翅革片黃褐色。膜片褐色，基部黑褐色。各足黃褐色。

體長 L6.2-6.7mm；W1.6-1.8mm

紫黑刺脛長椿象

Horridipamera nietneri (Dohrn, 1860)

　　體黑褐色。頭平伸，被濃密細毛。觸角褐色，第 4 節全黑色。前胸背板黑褐色遍布捲毛；小盾片黑褐色。前翅革片黑褐色，遍布易脫落短毛，側緣黃白色，後端有 2 枚淡白色小斑，此斑分離或相連，前翅膜片灰褐色。各足黃褐色，前足腿節全部與中後足腿節端半黑褐色。

體長 L5.2-5.5mm；W1.6-1.7mm

褐筒胸長椿象
Pamerarma rustica (Scott, 1874)

頭黑色，平伸或前半稍下傾。觸角黃褐色或淡褐色，第 1 節基半及第 4 節黑褐色。前胸背板呈褐色，前葉略成桶狀；小盾片黑褐色，有深黑色細中脊，末端呈黃色。前翅革片斑駁，底色淡黃褐色，遍布褐色刻點，膜片底色淡黑褐色，翅脈淡色。足黃褐色，前腿節除端部外黑褐色，中後足腿節近端部的深色寬環黑褐色。

體長 L4.4-5.8mm；W 約 1.5mm

鼓胸長椿象
Pachybrachius sp.

頭黑到黑褐色，無光澤，密被平伏毛。觸角淡黃褐色，第 4 節端半褐色。前胸背板前葉圓鼓具稀疏短毛，黑褐色，後葉褐色，均無光澤；小盾片黑或黑褐色。前翅褐色，近內角處有褐色短斑。足均為淡黃褐色至淡黑褐色。植食性種類，以禾本科為寄主植物。

體長 L6.5-7.7mm；W1.6-1.8mm

短喙細長椿象
Paromius gracilis (Rambur, 1839)

頭黑至黑褐色，密被平伏白色絲狀毛。觸角黃褐色，第 1 節下方常為黑褐色，成黑色縱紋狀。前胸背板前葉黑褐色，領及後葉黃褐色，均無光澤而具粉被；小盾片黑褐色。體狹長，前翅淡黃褐色，內角處有隱約黃白色小斑。各足淡黃褐色。

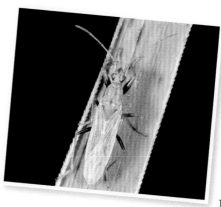

陸棲

體長 L4-4.34mm；W1.15-1.3mm

點列長椿象
Paradieuches sp.

　　體小型，頭黑色，平伸。前胸背板前葉黑色圓鼓狀，後葉兩側褐色，中央有 2 條褐色縱帶；小盾片黑色，前部中央鼓起，後部低平。前翅革片灰白色，中央與後部有大褐色斑。前翅膜片灰白色，中央有 2 條褐色短橫斑。各足淡黃褐色，中後足腿節近端部有黃褐色環。

體長 L6-6.3mm；W2.4-2.6mm

黑盾棘脛長椿象
Kanigara tuberculata Scudder, 1969

　　體黑色。觸角褐色，第 1 節有粗剛毛。前胸背板圓隆光亮，後葉兩側黃褐色；小盾片前半黑色，後半黃褐色密布刻點，中央有明顯 Y 字形隆脊，此隆脊與前緣兩側彎曲狀隆脊相接；前翅革片褐色。前翅膜片黃褐色透明。各足褐色，脛節密生棘刺狀粗剛毛。

體長 L4.4-4.8mm；W1.7-1.8mm

巨盾棘脛長椿象
Kanigara flavomarginata Distant, 1906

　　身黑色而光亮。頭黑色。觸角黃褐色，第 1 節有粗剛毛。前胸背板後葉兩側黃褐色；小盾片黑色，寬度約與第 2 節觸角等長。前翅革片淡褐色，略透明，端角處黑褐色；前翅膜片淡黃褐色，略透明。各足腿節褐色，脛節褐色，密生棘刺狀粗剛毛。

陸棲

體長 L3.1-3.7mm；W 約 1.6mm

粗角長椿象
Appolonius sp.

　　體小型，頭黑，呈寬短狀。觸角第 1~2 節淡黃色，第 2 節端部黑褐色，第 3~4 節明顯粗大，呈黑褐色，第 4 節端部白色。前胸背板黑色，兩側有細狹淡色邊，前葉圓鼓；小盾片黑色；前翅革片基半黃褐色，端半黑色。內角處有明顯圓形白斑。前翅膜片透明，翅脈黑褐色。各足褐色。

體長 L6.5-7.3mm；W1.7-2.5mm

凹盾長椿象
Potamiaena aurifera Distant, 1910

　　體黑色，略具光澤，呈絲絨狀。頭黑、具淺刻點及纖細小平伏毛。觸角污褐色，第 4 節半淡白。前胸背板黑，橫縊不顯著，兩側各有 1 枚淡黃白色斑；小盾片黑。前翅革片黑，兩側各有 3 枚黃白色或黃紅色斑，約呈三角形。膜片黑褐色，無光澤。足黑至深黑褐色。腹下淡黃褐色。

體長 L 約 3mm；W 約 1.4mm

賽長椿象
Thebanus politus Distant, 1903

　　觸角第 1 節褐色，第 2~4 節黑褐色。頭部黑色無刻點。前胸背板刻點深密，側角圓形隆起，呈淡色；小盾片 Y 形脊顯著，脊上無刻點。前翅革片淡色，爪片具三列整齊黑刻點，革片端角處具不明顯暈散斑。前翅膜片透明，中央具二個不透明條狀斑。各足淺黃褐色。喙達中足基節。

Suede Chen 攝

陸棲

體長 L 約 2.6mm；W 約 0.9mm

日本微長椿象
Botocudo japonicus (Hidaka, 1959)

　　體小型，頭褐色。觸角第 1~3 節淡棕色，第 4 節褐色。前胸背板黑褐色，前葉無刻點，後葉具同色刻點；小盾片褐色，末端黃白；前翅革片淡黃白色，半透明。前翅膜片淡色透明，末端白色。各足褐色。本種近似六斑微長椿象，但觸角各節較短且體背顏色較深，黑斑不明顯。

體長 L10.6-11mm；W3.8-3.85mm

大黑毛肩長椿象
Neolethaeus assamensis (Distant, 1901)

　　體深紫褐到深黑褐色。頭黑色，微具光澤，刻點淺少或無，被少量平伏短毛。觸角黑褐色，第 3 節端半黃白色。前胸背板後緣側角處有明顯黃色圓斑；前翅革片同體色，爪片中央與末端隱約有淡色斑，革片上共有 6 枚向內斜下之淡斑。各足黑褐色。

體長 L6.5-8mm；W2.5-2.7mm

東亞毛肩長椿象
Neolethaeus dallasi (Scott, 1874)

　　體褐色。頭黑色，微具光澤。觸角第 1 節紅褐色，第 2~3 節基半黃褐色端半黑褐色，第 4 節黑褐色。前胸背板後葉紅褐色，後緣兩側黃色；前翅爪片具整齊刻點列，革片內緣中央有褐色斑，後部有一向外斜伸之白色縱斑，翅脈灰白色。各足腿節紅褐色，脛節與跗節黃褐色。

陸棲

體長 L 約 4.1mm；W 約 1.7mm

斑長椿象
Scolopostethus sp.

　　體小型，頭黑褐色，被平伏短毛，無光澤。觸角褐色，第 2 節黃褐色。前胸背板前後葉間橫縊兩側淡色，前葉圓鼓，後葉有三條黃褐色縱帶；小盾片紅褐色，前緣黑褐色具粉被；前翅革片大半灰白色，有若干紅褐色斑，兩側有黑褐色斑。前翅膜片淡褐色。

晴書攝

體長 L4.8-5.5mm；W2.1-2.3mm

小黑毛肩長椿象
Neolethaeus esakii (Hidaka, 1962)

　　體黑褐色，散布黃褐色斑點，無光澤。頭黑色，微具光澤。觸角第 1 節褐色，第 2~4 節紅褐色，第 3 節端部黃褐色。前胸背板黑褐色，後緣近側角處各有 2 枚小黃斑；前翅革片黑褐色，爪片中央與後端有 2 枚小黃斑，革片鄰近爪片處有 3 枚黃斑，最後一枚較大，末端有黃色橫帶。

陸棲

體長 L7-8mm；W1.7-2mm

錐股棘胸長椿象
Primierus tuberculatus Zheng, 1981

　　體色黃褐色，頭褐色具白粉被。前胸背板前葉黑褐色具粉被，後葉鏽褐色，側角刺狀後彎；小盾片黑褐色具粉被，Y 形脊明顯；前翅革片底色淡黃褐上有 3 枚黑褐斑，膜片淡黃褐色，略透明，中央與後緣帶褐色。前足腿節近端部處腹面有刺，雌蟲 3 枚，雄蟲可達 5~6 枚。

來自海洋攝

臺裂腹長椿象
Nerthus taivanicus (Bergroth, 1914)

樹棲

陸棲

↑刻點密集，小盾片有黃色縱線，側接緣黃黑相間。

形態特徵

　　黑色，頭、胸與小盾片具密集刻點，全體被金黃色細毛。小盾片中央至末端有一淡黃色縱隆脊；前翅革片褐色，翅脈明顯，前翅膜片灰褐色，略透明。側接緣黃黑相間或白黑相間。足有二種色型，一種為紅色型，另一為黑色型，共同特徵為中後足腿節基部均為黃色。

↑若蟲和紅足型的成蟲停棲於葉面。

生活習性

　　植食性種類，寄主植物為桑科，常見於桑樹、稜果榕果實與枝椏間。

分布

　　分布於臺灣與中國；臺灣普遍分布於中、低海拔山區與平地。

↑足紅色的個體。

緶身長椿象
Artemidorus pressus Distant, 1903

  草叢

↑前胸背板後葉黃色，腹部中央細縮，謝怡萱攝。

陸棲

形態特徵

　　體細長，具直立細長毛，足尤顯著。頭黑色，前胸背板前葉黑色，筒狀，後葉黃褐色；小盾片黑色；前翅革片褐色，於中部束縮，前翅膜片灰褐色，略透明。側接緣黑白相間。腹部與前翅中央束腰狀細縮。各足黃褐色，後足腿節基部黃白色，中央黃褐色，末端膨大黑色，跗節基部白色。

生活習性

　　植食性種類，寄主植物不詳，照片由謝怡萱拍攝於高雄蔦松濕地的禾本科植物上。

分布

　　分布於臺灣、中國、緬甸、印度與斯里蘭卡；臺灣地區分布於低海拔地區，目前僅在高雄有紀錄。

拍長椿象

Parathyginus signifer (Walker, 1872)

樹棲

陸棲

↑體瘦長，小盾片中央有 Y 字形白色斑紋。

形態特徵

　　頭黑褐色，複眼暗紅色。觸角黃褐色，各節端部黑褐色。前胸背板前葉黑褐色，前緣淺褐色，後葉灰褐色具褐色刻點，兩側刻點深密，暗褐色，中央有一淡色縱線，縱線後端兩側各有一暗褐色小斑；小盾片黑褐色，中央有 Y 形隆脊，末端黃白色；前翅革片灰褐色，具刻點，末緣深褐色，前翅膜片淡灰褐色，中央色斑褐色。各足淺黃白色，腿節端部環褐色。

生活習性

　　植食性種類，寄主植物不詳，曾發現成蟲、若蟲棲息於姑婆芋葉背，夜晚會趨光。

分布

　　分布於日本、臺灣與澳洲；臺灣分布於中、低海拔山區，局部地區普遍。

體長 L6.4-6.8mm；W1.8-2mm

二點梭長椿象

Pachygrontha bipunctata bipunctata
Stål, 1865

竹子攝

　　體褐色，密布褐色刻點。觸角黃褐色，第 1 節端部膨大，褐色。喙黃褐色，伸達前足基節。前足腿節極度膨大，褐色小斑深密。本屬在臺灣有 3 種：小盾片黑褐色，前腿節端半黑褐色，體長 10mm 以上為黑盾梭長椿象；小盾片及前腿節端部黃褐色，無明顯褐色小斑，體長約 10mm 為南梭長椿象；小盾片黃褐色，前腿節有明顯褐色小斑，體長小於 7mm 為二點梭長椿象。

體長 L 約 3.5mm；W 約 1.4mm

駝長椿象

Pachyphlegyas modigliani
Lethierry, 1889

陸棲

　　頭與前胸背板黑褐色，體附彎曲金黃色短毛。觸角黑褐色。前胸背板寬大於長，高隆具細密刻點，中央有 3 條短縱隆脊。前翅革片黃褐色，內角處有小黑斑；前翅膜片淡色略透明。各腿節黑褐色，前足腿節膨大，各足跗節黃褐色，兩端黑褐色。

體長 L 7.8-8.8mm；W 1.2-2mm

黃紋梭長椿象

Pachygrontha flavolineata
Zheng, Zou & Hsiao, 1979

　　頭近方形；觸角淡黃褐色，第 1 節端部及第 4 節黑褐色。前胸背板中縱線及側緣光滑，淡黃褐色。小盾片及前翅均具強光澤，小盾片有倒箭頭形淡黃色斑。植食性種類，以禾本科為寄主植物。分布於臺灣與中國，臺灣目前發現於北部中低海拔山區。

邱麗卿攝

體長 L3.5-3.7mm；W0.6-0.8mm

臺灣束長椿象

Malcus insularis Štys, 1967

　　體褐色，密布深刻點。觸角第 1 節深褐色，膨大，第 2~3 節黃褐色，第 4 節黑褐色。頭與前胸背板褐色；小盾片黑褐色，兩側凹陷處黃白色；前翅革片褐色，前緣兩側黃白色，前翅膜片黃白色帶若干褐色斑。腹部各節具平伸之葉狀突。若蟲體具豎毛狀棘刺，狀似網椿科若蟲。

體長 L2.6-3mm；W1-1.1mm

豆突眼長椿象

Chauliops fallax Scott, 1874

　　頭及前胸背板黑褐色。觸角第 1、4 節褐色，第 2、3 節淡黃褐色。前胸背板前葉黃褐色，後葉黑色，兩葉間有 3 條黃褐色縱脊；小盾片黑色，兩側斜斑白色；前翅革片淡黃白色，革片中部偏內有一黑褐斑。膜片淡白色。各足褐色。以豆科為寄主植物。

體長 L1.8-2mm；W0.5-0.6mm

短小突眼長椿象

Chauliops bisontula Banks, 1909

　　頭及前胸背板黃褐色，具顯著刻點。觸角黃褐色。前胸背板中央有一條淡色縱脊；小盾片黑色，兩側有白色斜斑；前翅革片淡黃白色，爪片與革片後端淺黃褐色。膜片淡白色，周緣有小區域淺褐色暈斑。各足淡黃褐色。植食性種類，以豆科葛藤屬為寄主植物。

陸棲

棉白尖長椿象
Oxycarenus gossypii Horváth, 1926

草叢

↑前翅革片有一對白色斜向大斑，下緣弧形。

形態特徵

　　體黑色，密布粗刻點與白色平伏短毛及長直立毛。頭黑色，毛被顯著。觸角黑色。前胸背板黑色，前葉後緣略鼓起；小盾片黑色；前翅革片外域略透明，黃褐色到淡褐色，內域除白色橫帶外全為黑色，此白色橫帶後緣略呈圓弧狀下凸，前翅膜片黑色。各足黑色，脛節中央有白色環，後足尤寬。

生活習性

　　植食性種類，寄主植物主要為錦葵科植物，磨盤草、金午時花、山芙蓉、木芙蓉、棉花等植株上均可能出現。

分布

　　分布於臺灣與中國；臺灣全島均有分布，但主要分布在南部中、低海拔山區，局部地區普遍。

陸棲

187

體長 L3.8-4.3mm；W1.1-1.4mm

黑斑尖長椿象

Oxycarenus lugubris (Motschulsky, 1859)

　　體黑色，密布粗刻點與白色毛。頭黑色，毛被顯著。觸角黑色。前胸背板黑色，後緣略鼓起；小盾片黑色。前翅革片外域無黑色分布，黃褐色到白色，內域前半大部白色，後半黑褐色到白色；前翅膜片黑色。各足黑色，脛節中央有白色環。

前翅革片白斑，下緣平截。

膜片後緣白色。

體長 L3-3.4mm；W1-1.3mm

二色尖長椿象

Oxycarenus bicolor bicolor Fieber, 1851

　　體黑色，密布粗刻點與白色毛。頭黑色，毛被顯著。觸角黑色，各節間淡黃白。前胸背板黑色，後緣略鼓起；小盾片黑色；前翅革片白色，中央黑色大斑擴展至外域，端角有小黑斑，前翅膜片黑色，末緣白色。各足黑色，脛節中央有白色環。

體長 L4-5mm；W1.2-1.5mm

尖長椿象

Oxycarenus laetus Körby, 1891

　　體黑褐色，密布粗刻點與白色平伏短毛及長直立毛。頭黑褐色，毛被顯著。觸角黑色。前胸背板黑色，後緣略鼓起；小盾片黑色。前翅革片後半為暈散狀淺黑褐色，其淡色部分形如 M 字形。前翅膜片黑色。各足黑褐色，脛節中央有白色環，後足尤寬。

余素芳攝

陸棲

寬大眼長椿象
Geocoris varius (Uhler, 1860)

草叢

↑頭部寬大，前胸背板側緣黑色，捕食象鼻蟲。

形態特徵

　　體深黑色。頭橙黃色無刻點，後緣狹窄呈黑色，有 2 枚黑色斑。觸角第 1 與第 4 節褐色，第 2~3 節黑色。前胸背板黑色具均勻刻點，有些個體在側角處略呈淡黃褐色。前翅革片除了革片前緣淡黃色或橙色外幾乎全黑色，不透明；前翅膜片灰白色，略透明。各足黃褐色。腹下全部黑色。

相似種比較：大眼長椿科是長椿總科中除了地長椿科吸血族以外唯一捕食性的種類，臺灣一共有四種，本書收錄三種，未收錄之斑翅大眼長椿象外觀近似南亞大眼長椿象，但前翅革片前半黃褐色，後半黑褐色，與南亞大眼長椿象不同。

生活習性

　　捕食性種類，近地棲性，棲息於低矮植物枝葉或近地表處落葉堆，捕食種類廣泛，蚜蟲、小型象鼻蟲、飛蝨、葉蟬與棲地內之別種小型長椿象均有捕食紀錄。

分布

　　分布於日本、臺灣、中國；臺灣分布於中海拔山區，局部地區普遍。

→終齡若蟲。

大眼長椿象 特有亞種

Geocoris pallidipennis scissilis Montandon, 1913

地棲　草叢

陸棲

↑前胸背板有三條黃白色縱斑，體型微小，臺灣特有亞種。

形態特徵

　　頭黑色無刻點。雌雄觸角色澤不同，雌蟲前 3 節黑色第 4 節淡黃褐色，雄蟲前 2 節黑色，後 2 節淡黃褐色。前胸背板黑色具刻點，前緣與後緣中央有三角形淺黃褐色斑，兩側呈淺黃褐色；前翅革片淡黃褐色，爪片刻點列極整齊；前翅膜片灰白色，略透明。各足黃褐色，腿節黑褐色。腹下黑色。

生活習性

　　捕食性種類，棲息於沙地低矮植物根系附近之縫隙，體型小，幾乎不飛行，多在地面爬動，捕食多種小型昆蟲，野外觀察發現主要捕食對象為小長椿象之若蟲。

分布

　　分布於低海拔平地砂質土壤之矮草堆，以南部發現較多。

↑終齡若蟲，胸背板有一條淺色的縱帶。

南亞大眼長椿象
Geocoris ochropterus (Fieber, 1844)

 草叢

↑前胸背板兩側與後緣黃褐色，前翅革片淡黃褐色略透明。

陸棲

形態特徵

　　體黑色。頭橙黃色無刻點，後緣狹窄呈黑色。觸角第1與第4節淡黃褐色，第2~3節黑色。前胸背板黑色具均勻刻點，兩側與後緣淡黃褐色。前翅革片淡黃褐色到淺橙紅色，略透明；前翅膜片灰白色，略透明。各足黃褐色。腹下黑色，邊緣具淡黃色窄邊。

生活習性

　　捕食性種類，近地棲性，棲息於低矮植物枝葉或近地表處落葉堆，常發現於小型禾本科草叢與大花咸豐草密生處，捕食種類廣泛，蚜蟲、小型象鼻蟲、飛蝨、葉蟬與棲地內之別種小型長椿象均有捕食紀錄。

分布

　　分布於臺灣、中國、緬甸、印尼、印度與斯里蘭卡；臺灣廣泛分布於低海拔山區與平地，為本屬中分布最廣的種類。

↑前翅革片至膜片淡黃褐色至灰白色，透明具光澤。

小長椿象

Nysius ericae ericae (Schilling, 1829)

別名 | 穀子小長椿象

草叢

陸棲

↑前翅至膜片透明具不明顯斑點，為常見種類。

形態特徵

體被細密短毛，頭與前胸背板黃褐色，具黑褐色密刻點。頭部寬，複眼內側有黑色縱帶。觸角褐色，第1與第4節較粗。前胸背板側角鈍圓，側角附近黑褐色；小盾片黃褐色具黑褐色密刻點；前翅透明，前翅革片除翅脈上有若干褐色斑外均為灰白色，前翅膜片透明。各足淡褐色具黑褐色細斑，腹部氣門全位於背側板上。

生活習性

植食性種類，寄主植物廣泛，菊科、禾本科、莧科以及大戟科等多種植物上均可發現其蹤跡。為臺灣地區廣布常見的椿象，幾乎只要有野莧與大飛揚草的地方都可以發現。

分布

分布於臺灣、中國與美洲；臺灣廣泛且普遍分布於中、低海拔山區與平地，數量眾多容易發現。

↑常見於寄主植物上交尾。

紅腺長椿象

Graptostethus servus servus (Fabricius, 1787)

別名｜黑帶紅腺長椿象

草叢

↑終齡若蟲。
←體背橙紅色，前胸背板有 2 枚圓形的黑斑。

形態特徵

　　體被細短毛，複眼黑色，頭橙紅色，後緣有黑橫帶，中央有黑色縱帶。前胸背板橙紅色，前葉胝區有一條明顯黑色橫帶，後葉前方有 2 枚小圓黑斑，後方兩側各有一條寬闊的黑色橫帶，呈三角形與前面黑斑相連，有時縱帶隱約如藏於背板內；小盾片黑色。前翅革片橙紅色，後緣亮黃白色，爪片外緣與革片前半有水滴狀大黑斑，革片末端黑斑三角形，前翅上的斑紋偶有變異，部分個體黑斑相連，部分個體黑斑消失。前翅膜片黑色，後緣黃白色。各足黑色。

生活習性

　　植食性種類，寄主植物為旋花科，主要為牽牛花屬與菜欒藤屬，有訪花訪果習性，曾記錄吸食南美假櫻桃之花蜜與漿果。

分布

　　本種為原名亞種，分布於日本、臺灣、中國、印度、孟加拉與澳洲；臺灣廣泛分布於中、低海拔山區與平地。

→變異，前胸背板縱斑消失，革質翅黑斑相連。

陸棲

黑斑長椿象
Spilostethus hospes hospes (Fabricius, 1794)
別名 ｜ 箭痕腺長椿象

草
叢

↑成蟲，喜歡吸食花果。
←前胸背板有2條黑色縱帶，前翅有2枚橢圓形黑斑。

形態特徵

　　體被細短毛，複眼黑色，頭橙紅色，前端與後緣複眼內側黑色。前胸背板橙紅色，前葉有一條弧狀黑帶，後葉有兩條寬黑帶縱貫，此寬黑帶與前葉黑橫帶相連，於前胸背板中央形成一棒柄朝上之球棒狀橙紅色斑；小盾片黑色。前翅革片橙紅色，爪片內緣末端有黑色斑，外緣為灰黑色，革片中央兩側有近圓形黑斑，黑斑下側隱約帶灰黑色澤。前翅膜片、各足呈黑色。

生活習性

　　植食性種類，寄主植物廣泛，有唐棉、南國小薊、龍葵、泥糊菜、昭和草、藿香薊、馬利筋、山黃麻、青苧麻、牽牛花屬與菜欒藤屬等多種植物，有訪花訪果習性。

分布

　　分布於臺灣、中國、印尼、馬來西亞、菲律賓、緬甸、印度、大洋洲、巴布亞紐幾內與紐西蘭等諸多地區；臺灣廣泛分布於中、低海拔山區與平地。

↑終齡若蟲。

陸
棲

194

體長 L5-6.5mm；W1.3-1.4mm

黑頭柄眼長椿象
Aethalotus nigriventris Horváth,
1914

　　頭黑色，複眼短柄狀外突。觸角黑色4節。前胸背板橙紅色，前緣中央有一小黑斑，後緣有三角形黑褐斑；小盾片與前翅黑色，有白色密短毛。各足黑色。寄主植物為蘿藦科爬森藤、華他卡藤、武靴藤、牛彌菜與牛皮消，夜晚會趨光。

體長 L8-12mm；W2.5-3.3mm

紅脊長椿象
Tropidothorax elegans (Distant,
1883)

　　體被細短毛，頭、複眼呈黑色。前胸背板橙紅色，後葉有2枚黑色寬縱斑；小盾片黑色。前翅革片橙紅色，爪片大半黑色，僅末端或兩端呈橙紅色，革片中央兩側有黑色大斑，此斑擴展至革片外域。前翅膜片黑色，末緣有明顯極窄白色邊。各足黑色。

體長 L11-14mm；W3.2-3.6mm

紅緣新長椿象
Caenocoris marginatus
(Thunberg, 1822)

　　體密被白色柔毛。頭紅色，中央圓鼓，常有黑色分布。前胸背板黑色，領、胝區與側緣紅色；小盾片黑色，具T形隆脊。前翅革片紅色帶黑赭色。前翅膜片一各足及腹下黑色，具白色毛被。本種近似半紅新長椿象，但後者體色偏紅，腹下紅色。

謝怡萱攝

體長 L6-6.3mm；W1.8-1.9mm

透翅蒴長椿象

Pylorgus yasumatsui Hidaka et Izzard,1960

　　體紅褐色，密布同色刻點。小盾片有顯著黃白色 Y 形隆脊。前翅除翅脈外大半透明。足黃褐色。植食性種類，寄主植物為毛茛科鐵線蓮屬，常發現於串鼻龍上。分布於臺灣、日本與韓國，臺灣分布於中、低海拔山區，數量少但局部地區普遍。

陸棲

來自海洋攝

體長 L10-13mm；W3.5-4mm

紅長椿象

Pyrrhobaphus leucurus (Fabricius, 1787)

　　複眼黑色，頭紅色，複眼內側與單眼後方之間為黑色。觸角第 1 節除端部外為紅色，2~4 節黑色。前胸背板黑色，後葉兩側紅色；小盾片黑色。前翅革片皆呈鮮紅色。前翅膜片白色，中央大斑藍黑色。各足黑色。植食性種類，寄主植物為錦葵科。

體長 L 約 6.6mm；W 約 1.8mm

擬絲腫鰓長椿象

Arocatus pseudosericans Gao, Kondorosy& Bu, 2013

　　體被金黃色絲狀毛，頭紅赭色，頭頂中央圓突，赭褐色光滑無刻點，複眼暗紅色。觸角與足呈黑褐色。前胸背板紅至黑赭色，兩側色澤通常較深，呈黑色寬縱帶狀，中央有一條淡色縱脊，後葉刻點粗大；小盾片黑赭色，中央縱帶為淡色。前翅多為黑赭色。側接緣呈黃白色。

來自海洋攝

黃足蘭長椿象
Ninomimus flavipes (Matsumura, 1913)

草叢

↑體小型，前胸背板灰白色，兩側有黃褐色大斑。

陸棲

形態特徵

身體小型，瘦狹。頭黑褐色，除中葉、單眼前方黃褐斑外白色粉被顯著。觸角黃褐色，第 1 與第 4 節黑褐色。前胸背板灰白色粉被顯著，兩側黃褐色菱形大斑不具粉被，後角黑色突起；小盾片黃褐色，具密粉被故外觀灰白；前翅爪片黃褐色，前翅革片淡黃褐色至褐色；前翅膜片淡黃白色，末端中央有黃褐斑。足淡黃褐色。

生活習性

植食性種類，寄主植物為莎草科植物，躲藏於葉鞘縫隙不易發現。

分布

分布於日本、臺灣、中國與俄羅斯；臺灣分布於中海拔山區，數量稀少。

大巨股長椿象

Macropes major Matsumura, 1913

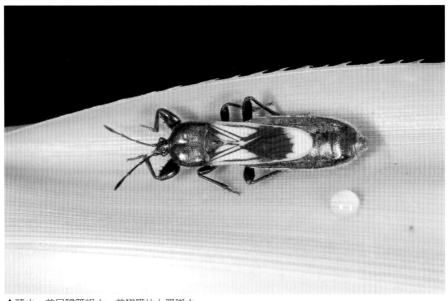

↑頭小，前足腿節粗大，前翅膜片上黑斑大。

形態特徵

　　頭與前胸背板黑色而有光澤，均無粉被。觸角前 3 節淺紅褐色至黑褐色，最末節色澤深於前 3 節。前胸背板平坦，前葉前緣弧形後凹，中央有深縱凹，後葉前半凹陷，凹陷處刻點深密無光澤，後半光滑具光澤；小盾片黑色，後半縱脊明顯，脊兩側稍下凹；前翅底色黃褐色，後緣有窄黑褐邊，爪片與革片翅脈黑褐色，界線鮮明；前翅膜片端部黃褐色，基部有大黑斑。

生活習性

　　植食性種類，寄主植物以禾本科為主，常發現於竹子、象草、五節芒等植物葉鞘內棲息。

分布

　　分布於臺灣與中國；臺灣分布於中、低海拔山區，局部地區普遍。

↑終齡若蟲，各足黑色，跗節黃褐色，棲息於禾本科葉鞘。

體長 L5.7-5.8mm；W1.4-1.5mm

粗壯巨股長椿象
Macropes spinimanus Motschulsky, 1859

　　頭與前胸背板黑色有光澤，均無粉被。觸角深黑褐色。前胸背板前葉中央隱約縱凹，後葉前半凹陷，後半光滑，後緣帶紅褐色；小盾片後半中縱脊兩側稍下凹；前翅底色黃褐，爪片褐色，革片兩側黑褐色；膜片黑褐色，前端黃白色。寄主竹子。

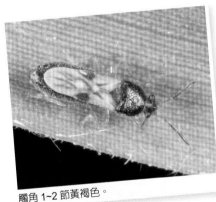

觸角 1~2 節黃褐色。

體長 L3.8-4.1mm；W1-1.2mm

細角狹長椿象
Dimorphopterus tenuicornis Zheng & Zou, 1981

　　頭黑，無粉被。觸角第1、2節(端部除外)淡黃色，第3~4節深黑褐色。前胸背板黑色，後緣常略淺色，刻點均勻而粗大；小盾片黑色，有均勻淺粉被；前翅黃白色，爪片基部與接合縫褐色至黑褐色，革片後端大斑黑褐色；膜片黃白色。翅脈黑褐色。

體長 L4.1-4.4mm；W0.9-1mm

小巨股長椿象
Macropes harringtonae Salter, Ashlock & Wilcox, 1969

　　頭與前胸背板黑色有光澤，均無粉被。觸角呈深黑褐色。前胸背板前葉中央兩側有兩個斜下小凹窩，後葉前半凹陷，凹陷處刻點深密稍具光澤，後半光滑；小盾片黑色，後半中縱脊明顯，脊兩側稍下凹；前翅呈黃褐色，爪片與革片兩側呈淺褐色；前翅膜片大半褐色具光澤，前端黃白。

體長 L4.8-5mm；W1.1-1.3mm

梭德氏窄長椿象

Ischnodemus sauteri Bergroth, 1914

　　頭與前胸背板黑色有光澤，均無粉被。觸角呈深黑褐色。前胸背板前葉兩側略圓鼓，前後葉間橫凹，後葉刻點粗大，兩側與側角處帶紅褐色；小盾片呈黑色且薄具粉被，外觀狀似白色；前翅革片與前翅膜片呈灰黃色，革質部具褐色斑。各足紅褐色。植食性種類，以禾本科為寄主植物。

觸角皆黑褐色。

體長 L4-4.1mm；W1-1.2mm

異膜狹長椿象

Dimorphopterus gibbus (Fsbricius, 1794)

　　本屬椿象有短翅與長翅二型。頭黑，無粉被。觸角黑褐色，第 4 節呈深黑褐色。前胸背板黑色，側角附近常帶紅褐色，刻點均勻略光滑；小盾片黑色，薄具粉被；前翅革片底色淺褐色，爪片基部與爪片接合縫呈褐色至黑褐色，革片後端大斑呈褐色；前翅膜片大部分為黃白色，長翅型成蟲前翅膜片中央的褐色翅脈短。足紅褐色。

余素芳攝

200

錐突束椿象

Phaenacantha marcida Horváth, 1914

別名｜撞木椿象

草叢

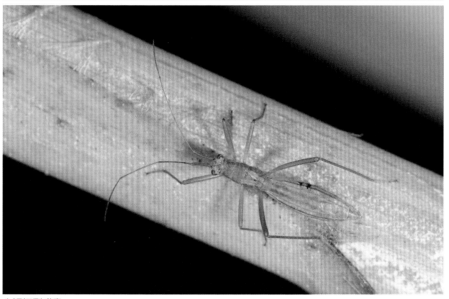

陸棲

↑短翅型成蟲。

形態特徵

　　體呈黃褐色，密布刻點。觸角總長略短於體長，第一節柱狀，粗於其餘各節。小盾片具淡黃褐色長刺，長刺頂端黑褐色。分為短翅型與長翅型兩種，短翅型成蟲全身幾乎為黃褐色，長翅型成蟲前胸背板前葉與中後胸側板色澤較深，略帶綠褐色，前翅膜片透明。

生活習性

　　植食性種類，以禾本科為寄主植物，有底棲性，多棲息於近根部附近，以成蟲型態越冬，越冬時躲藏於地表縫隙或枯葉間，越冬成蟲多為長翅型，而春、夏繁殖季節則以短翅型較為常見。

分布

　　分布於臺灣與中國；臺灣普遍分布於中、低海拔山區與平地。

↑長翅型成蟲，體色較深，前翅膜片透明。

環足突束椿象
Phaenacantha trilineata Horváth, 1908

草叢

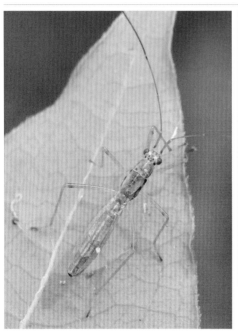

↑終齡若蟲，近似成蟲，腿節端部具紅色環紋。
←觸角第 3 節端部與第 4 節黑褐色，頭部後緣有黑色斑，謝怡萱攝。

形態特徵

　　體呈黃褐色，密布刻點。觸角總長略長於體長，第 1 節柱狀，粗於其餘各節，第 1 節基部、第 3 節端部與第 4 節黑褐色。前胸背板有明顯淡色縱線，後部帶黑褐色；小盾片具一突刺，刺頂端黑褐色。各足黃褐色，各腿節近端部有深色環，腹部背面淡色縱線兩側紅褐色。

生活習性

　　植食性種類，以禾本科為寄主植物，有底棲性，多棲息於近根部附近，以成蟲型態越冬。

分布

　　分布於臺灣與中國；臺灣分布於低海拔山區，分布局限於高雄以南，不普遍。

相似種比較

臺灣突束椿象

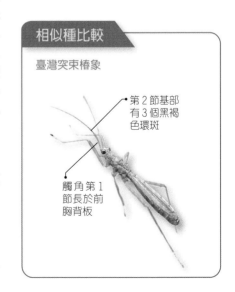

第 2 節基部有 3 個黑褐色環斑

觸角第 1 節長於前胸背板

臺灣突束椿象 特有種

Phaenacantha famelica Horváth, 1914

草
叢

↑觸角第1節長於前胸背板，第2節基部有3個黑褐色環斑。

陸
棲

形態特徵

　　體呈黃褐色，密布刻點。觸角總長約為體長 2／3，第1節柱狀，粗於其餘各節，第2節基部有三個黑褐色環。小盾片具淡黃褐色長刺，長刺端半色澤略深，中央與端部黑褐色。本種近似錐突束椿象與環足突束椿象，但觸角第2節基部有3個黑褐色斑，體型也較大。

生活習性

　　植食性種類，以禾本科為寄主植物。具底棲性，常躲藏地表根系附近，僅在取食時爬至葉面。

分布

　　為臺灣特有種，分布狀況不詳，目前僅在嘉義觸口中海拔山區有過紀錄。

突肩蹺椿象
Metatropis gibbicollis Hsiao, 1974

草
叢

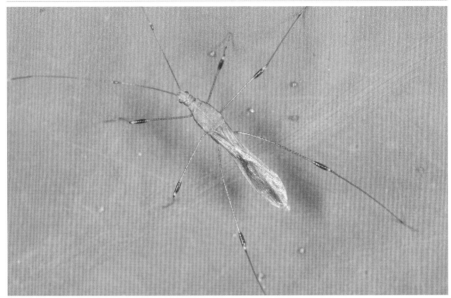

↑體褐色，足細長，腿節端部膨大呈黑褐色環斑。

形態特徵

　　體淺褐色。頭兩側隱約呈黑色。觸角淡褐色，與體約等長，隱約有深色塊狀斑，第 4 節除基部外大多為黑褐色。前胸背板密布粗刻點，中央與兩側有 3 條隆起縱脊，後緣內凹，側角略突起；小盾片褐色，末端向後延伸但不呈長刺狀。前翅膜片紅褐色。各足淺黃色密布小黑斑，但不呈明顯環狀，腿節端部膨大，黑褐色。臭腺溝緣不突出體側。

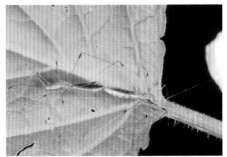

↑於葉面上交尾，習性敏感。

生活習性

　　植食性種類，寄主植物目前已知為茄科茄屬植物。

分布

　　分布於臺灣與中國；臺灣分布於中海拔山區，數量稀少，目前僅在北橫、杉林溪有過紀錄。

↑觸角具明顯的黑環，小盾片上無長刺。

陸
棲

嬌背蹺椿象

Metacanthus pulchellus (Dallas, 1852)

別名｜小絲椿象

草叢

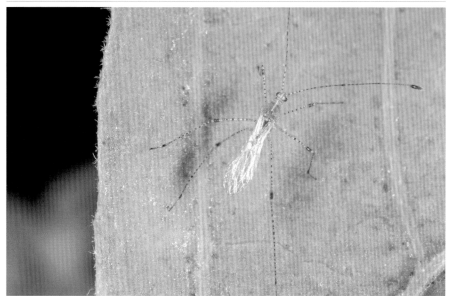

↑觸角與足密布黑色環斑，臭腺溝緣上突，於體側形成 2 根刺突。

形態特徵

體小型，瘦狹。頭光滑，頭頂圓鼓，黃褐色，中央有一條淡色縱帶。觸角淡黃褐色，第 1 節有黑色小環 10~12 個，第 2~3 節黑色小環較不明顯，第 4 節除端部外黑褐色。前胸背板黃褐色，上有 3 條淡色縱脊；小盾片褐色，具直立長刺。前翅淡黃褐色。各足淡黃褐色上有諸多黑色環，腿節端部膨大。臭腺溝緣向上突出，於體側形成 2 根刺狀突起。

生活習性

植食性種類，寄主植物廣泛，豆科、茄科、西番蓮科、梧桐科與葫蘆科等多種具腺毛且葉面毛絨之植物，如西番蓮、毛西番蓮、番茄、菸草與茄子等均可取食，有時亦會吸食葉面上被植物汁液黏附的小蟲體液。

分布

分布於日本、韓國、臺灣、中國、菲律賓、馬來西亞、印尼、斯里蘭卡、印度、新幾內亞與澳洲；臺灣普遍分布於中、低海拔山區與平地。

↑交尾，體側刺突為臭腺溝緣延伸而形成。

陸棲

陸棲

體長 L3.6-4.2mm；W0.4-0.6mm

棘肩駝蹺椿象

Gampsocoris sp.

　　體瘦狹。頭黑色光滑，頭頂圓鼓。觸角淡黃褐色，第1~3節有諸多黑色小環，第4節黑褐色。前胸背板淺綠褐色，前緣色略深，後緣兩側黑褐色；小盾片黑褐色，上有一直立長刺。前翅淡色透明。各足淡黃綠色上有諸多黑色環，腿節端部略膨大。寄主植物為禾本科巴拉草。

前胸背板肩角有一對白色長刺。

體長 L8.3-9.3mm；W1.3-1.6mm

黑足肩蹺椿象

Metatropis sp.

　　體淺褐色。觸角深黑，明顯長於體長。前胸背板密布粗刻點，中央有一淡色縱脊，後葉高聳，後緣內凹，側角略突起；小盾片褐色，末端後延但不呈長刺狀。膜片黃褐色。各足深黑色，腿節端部膨大。臭腺溝緣耳狀。本種近似突肩蹺椿象，但觸角與足為深黑色，且觸角遠長於體長。

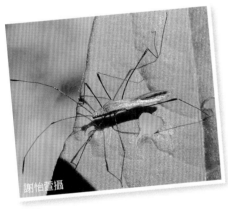

謝怡萱攝

體長 L8-11mm；W0.7-0.9mm

臺灣駝蹺椿象

Gampsocoris gibberosus (Horváth, 1922)

　　體瘦狹。頭黃褐色。觸角第一節除基部外無任何黑色小環。前胸背板亮黃褐色，上有2枚橙紅斑，前葉黃綠色，後葉黃褐色，密布細密刻點，後葉中縱線兩側黑褐色；小盾片褐色，具直立長刺。前翅淡綠褐色，透明，遠短於腹部末端。各足黃綠色。

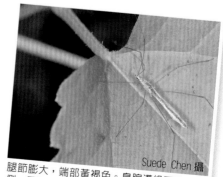

Suede Chen 攝

腿節膨大，端部黃褐色。臭腺溝緣不突出體側，呈耳狀。

達安緣椿象

Anoplocnemis dallasi Kiritshenko, 1916

別名｜粗腿巨緣椿象、粗腿緣椿象

  草叢

↑褐色型雄蟲，前胸背板至小盾片不具中線。

↑雌蟲，後足腿節不具刺突。
←黑褐色型雄蟲，後足腿節膨大呈三角形板狀突。

陸棲

形態特徵

　　體呈褐色至黑褐色。觸角除第 4 節橙黃色外其餘呈黑褐色。前胸背板側緣具小細齒，側角鈍圓。雄蟲腹部第 3 腹板中部向後延伸達第 4 腹板中部，形如扇板狀；雌蟲第 3 腹板中央稍向後彎曲。雄蟲後足腿節粗壯略彎曲，背緣脊線上有細齒，後腿節腹面基部有一短鈍圓突，近端部有三角形板狀齒突；後足脛節腹面基部圓弧狀輕度擴展，端部齒狀擴展。

生活習性

　　植食性種類，寄主植物主要為豆科與菊科，如山螞蝗、花生、銀合歡、曲毛豇豆與艾草、泥糊菜、南國小薊等。

分布

　　分布於韓國與臺灣；臺灣分布於中海拔山區，局部地區普遍。

相似種比較

紅背安緣椿象

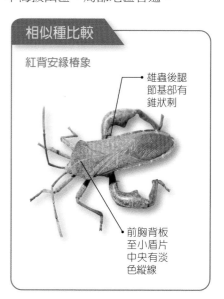

雄蟲後腿節基部有錐狀刺

前胸背板至小盾片中央有淡色縱線

207

狹巨緣椿象
Mictis angusta Hsiao, 1965

草叢

↑體型狹長，雄蟲後脛節端部擴展成三角狀。

形態特徵

　　體紅褐色，被稀疏黃色短毛。觸角褐色。喙達於中足基節。前胸背板略隆起，中央具縱凹溝，凹溝兩側各有 2 條隱約縱凹線。前角顯著，側緣有一列不規則齒狀突起，側角後緣寬圓形。前翅不達腹部末端，膜片黑褐色。各足腿節具細小顆粒，前足與中足不論長度或構造均極相似，後足腿節雌、雄蟲均極粗大，背面及腹面均有縱脊，脊上具成列的突起。雄蟲後足脛節近端部處擴展成三角狀，雌蟲後足脛節腹面前半稍擴展，端部處略呈角狀突出。腹部第 3 腹節兩側不論雌雄均各具一個長刺，第 3、4 兩節接合處中央具突起。

生活習性

　　植食性種類，寄主植物主要為蓼科，如火炭母草、春蓼、旱苗蓼與紅蓼。

分布

　　分布於臺灣與中國；臺灣分布於中、低海拔山區，局部地區普遍。

→雌蟲，後足腿節也很粗壯，後脛節腹面僅前段稍擴展，謝怡萱攝。

陸棲

208

黃脛巨緣椿象
Mictis serina Dallas, 1852

樹棲

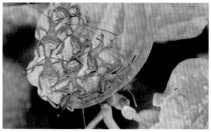

↑若蟲，群聚葉面。

↑若蟲，腹部寬廣。
←身體密布細碎淡色雲斑，小盾片末端白色。

陸棲

黃脛巨緣椿象後足脛節通常為黃色而得名，有些個體後足脛節黑色，不過跗節都是黃褐色。若蟲 5~9 月可見，外觀近似成蟲。2006 年 5 月筆者在三峽山區發現一片葉子上群聚 7 隻若蟲，通體褐色，革質，腹部寬大並往上翹，模樣十分可愛。成蟲自 6 月到隔年 2 月可見，冬季數量很多，顯然牠們能以成蟲的型態越冬。本種分類於緣椿科，巨緣亞科，巨緣椿屬。本亞科記錄 9 種，但要從腿節膨大的情況做分辨並不容易，除了腿節外觀，還要從體背肌理、觸角、跗節顏色、腿節與脛節的刺突等特徵有所了解才能確認種別。

形態特徵

體呈紅褐色至褐色。觸角第 4 節黃褐色。前胸背板側緣斜直，中央有一條淺縱溝，側角圓鈍突出體側。雄蟲腹部第 3 腹板後緣兩側各具一尖刺，第 3 腹板與第 4 腹板連接處中央有 W 狀突起。雌蟲腹部正常無任何突起與棘刺。雄蟲後腿節基半部常彎曲，脛節近端部處有角刺狀突起。腿節膨大程度有個體差異，有些明顯，

有些僅略膨大。雌蟲後腿節由基部至端部漸粗，端部腹面擴展成三角狀，頂端有一細齒。脛節通常為黃色，有時不帶黃色而與體色同。跗節黃色。本種常被誤認為是副巨緣椿象 *Aspilosterna valida* (Hsiao, 1963)，依野外觀察經驗判斷，目前副巨緣椿象與眾多圖片均係黃脛巨緣椿象雌蟲誤認，臺灣應無分布。

生活習性

植食性種類，寄主植物主要為樟科楨楠屬，如大葉楠、紅楠與香楠等。

分布

分布於臺灣與中國；臺灣分布於中、低海拔山區，屬普遍種類，但野外觀察時雄蟲的發現機率較少。

> 備註：本種脛節顏色有個體變異，常被誤認為是脛節黑色的黑脛巨緣椿象 Mictis fuscipes Hsiao, 1963，但黑脛巨緣椿象前胸背板側緣前半凹入後半較平直，且臺灣尚無野外觀察紀錄。

↑ 以仰角表現脛節側扁的特色。

↑ 終齡若蟲。

↑ 雌蟲，後足腿節瘦長且直，跗節黃褐色。

↑ 雄蟲，後足腿節前半彎曲，末端膨大，脛節端部具刺突，謝怡萱攝。

相似種比較

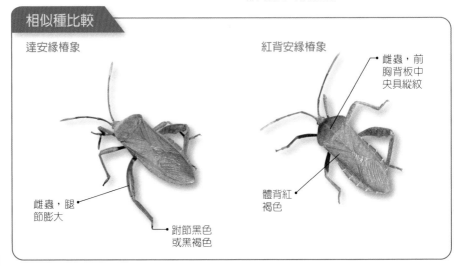

達安緣椿象

雌蟲，腿節膨大

跗節黑色或黑褐色

紅背安緣椿象

雌蟲，前胸背板中央具縱紋

體背紅褐色

陸棲

210

拉緣椿象

Rhamnomia dubia (Hsiao, 1963)

樹棲

↑雄蟲，前胸背板寬廣，後足腿節有一銳齒，脛節呈三角板狀。
←雌蟲，後足腿節後緣有一排細齒，脛節具圓弧狀擴展。

陸棲

形態特徵

　　體暗褐色，被淺褐色細毛。前胸背板寬，遠超出體側，後葉與側角附近有不規則小顆粒，中央有一條縱溝。側角顯著，微向後指。成蟲不論雌雄腹下均無任何刺突或突起。雄蟲後腿節粗大，腿節背面有一列 4 顆瘤突組成的縱線，腹面近端部處有一銳齒，脛節腹面近基部處擴展成三角板狀。雌蟲後腿節背面有一列 4 顆瘤突組成的縱線，腹面有小齒突，近端部處齒較大，脛節腹面近基部處圓弧狀略擴展。

生活習性

　　植食性種類，寄主植物為桂花、小實女真與光蠟樹。

分布

　　分布於臺灣與中國；臺灣分布於中、低海拔山區，局部地區普遍。

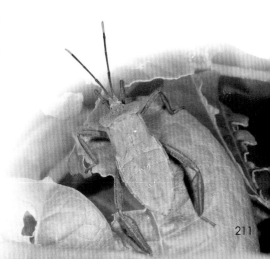

→終齡若蟲，脛節具圓弧狀側扁。

長腹偽巨緣椿象

Pseudomictis distinctus Hsiao, 1963

↑體狹長，雄蟲，後足腿節端部有一刺突，脛節兩面均擴展。

形態特徵

　　體深褐色。雄蟲第 3 腹節兩側各具一長刺，第 3 腹節中央向後極度延伸，幾乎達第 5 節後緣，第 5 腹節後緣中央向外強烈突出。雌蟲第 2 腹板中央稍向後突出，第 3 腹板中央擴展成鈍角形。雄蟲後足腿節粗大，背面隆脊狀擴展；腹面有一列疣狀小齒，近頂端處有一個較大齒突。後足脛節兩面均擴展，背面頂端有一個小突起；腹面近頂端 1 / 3 處有一向下斜指的刺突。雌蟲後足腿節腹面有一列疣狀小齒，近頂端處有一個較大齒突。後足脛節兩面均呈葉片狀擴展。

生活習性

　　植食性種類，寄主植物為烏心石。

↑雌蟲，腿節端部有小齒突。

分布

　　分布於臺灣與中國；臺灣分布於中、低海拔山區，局部地區普遍。

→四齡若蟲，脛節背腹兩面葉片狀側扁。

褐異緣椿象
Derepteryx obscurata Stål, 1863

樹棲

陸棲

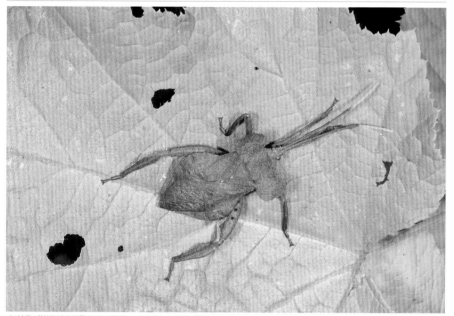

↑前胸背板前側緣齒突明顯，小盾片末端無瘤狀突起。

形態特徵

　　體深褐色。前胸背板側緣具齒，側角後緣凹陷不平但不成齒狀，側角稍向前伸，但不達於複眼後緣。雄蟲後足脛節腹面中部稍呈角狀擴展，雌蟲後足脛節兩面均呈葉片狀擴展。

生活習性

　　植食性種類，寄主植物不詳。

↑前胸背板側角略前伸，不達複眼後緣。

分布

　　分布於韓國、日本、臺灣、中國；臺灣分布於中、高海拔山區，數量稀少不普遍。

相似種比較

月肩奇緣椿象

前胸背板側角前伸超過頭部前緣

小盾片末端有小瘤突

葉足緣椿象

Leptoglossus gonagra (Fabricius, 1775)

別名｜喙緣椿象

樹棲

陸棲

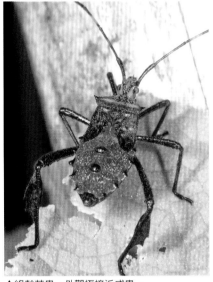

↑終齡若蟲，外觀極接近成蟲。
←後足脛節基半部兩面有葉片狀擴展。

形態特徵

　　體黑褐色，頭長，向前延伸，複眼遠離前胸背板前緣。前胸背板側角刺狀突出，前指、後足腿節背腹兩面均具成列的刺，後足跗節基半部背腹兩面擴展成板葉狀，黑褐色；觸角第2、3節中部與4節端部、頭頂基部兩側與腹面兩側、前胸背板弓形橫紋、小盾片基角及頂角、前翅革片中央小點、側接緣各節基角、後足脛節中央小斑以及身體腹面顯著的斑點均為橙黃色。

生活習性

　　植食性種類，寄主植物以瓜科為主，但有時亦取食木棉與柑橘，而以山苦瓜最為常見。

分布

　　分布於臺灣、中國、印度、馬來群島與大洋洲；臺灣地區普遍分布於中、低海拔山區與平地。

↑二齡若蟲，體背鮮紅，各足黑色，群聚。

黑竹緣椿象
Notobitus meleagris (Fabricius, 1787)

樹棲

↑ 成蟲、若蟲群聚吸食嫩竹汁液。

陸棲

黑竹緣椿象，以體背黑色，棲息竹子的緣椿科而命名。主要發生於 5~10 月。在竹林裡觀察黑竹緣椿象吸食竹莖外，還有機會見到俗稱筍龜的臺灣大象鼻蟲，他們皆取食竹莖部位，至於竹葉上常見密布白色斑點則是另一種竹盲椿象，只吸食葉片。若蟲體色多變，齡期較小的很像螞蟻，有一次筆者曾看到螞蟻跟在若蟲後面，模樣像是在乞食，等待或碰觸尾部分享蜜露。

形態特徵

體型瘦長，深褐色至黑色。觸角 1~3 節黑色，第 4 節兩端、前足及中足脛節、各足跗節褐色。雌雄後足腿節均具數列棘刺，雄蟲後足腿節中央有一細長突出之棘刺。

生活習性

植食性種類，寄主植物為禾本科植物，以竹子為主，但亦取食狼尾草與象草，成蟲、若蟲均具群聚性，成蟲躲藏於土石縫隙或竹籜越冬，5~8 月竹筍產季常有大發生，成蟲、若蟲群集於嫩筍上吸食汁液，卵多產於竹叢附近的植物葉背，呈兩行長條狀八字形排列。

分布

分布於臺灣、中國、緬甸、越南、新加坡與印度；臺灣地區普遍分布於中、低海拔高山與平地。

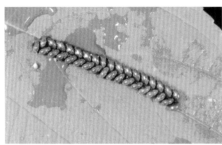

←卵，排成 2 列，長
　條狀彷彿項鍊般。

↑早齡若蟲像螞蟻。
←終齡若蟲顏色較豐富。

↑螞蟻乞食若蟲的蜜露。

←成蟲，後足腿節中央有一根
　細長的刺突（雄蟲）。

↑後足細長，腿節無刺突（雌蟲）。

陸
棲

刺額棘緣椿象
Cletus feanus Distant, 1902

草叢

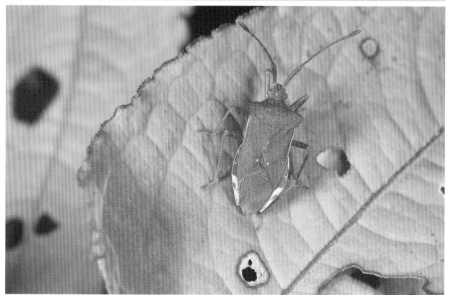

↑體背紅褐色，側角短，中海拔山區較多見。

形態特徵

　　體紅褐色密布黑色細刻點。前胸背板紅褐色，前緣有細密淡色小顆粒，側角褐色略後指，短而不呈針刺狀。側接緣稍外露，第 2~5 節褐色，第 6~7 節除末端褐色外呈黃色。前翅革片紅褐色，頂角白斑明顯。

生活習性

　　植食性種類，寄主植物以蓼科為主，有訪花習性。

分布

　　分布於臺灣與中國；臺灣地區分布於中、低海拔山區與平地，局部地區普遍。

↑四齡若蟲，腹背綠色。

↑與近似種相較，本種側角不呈尖刺狀。

陸棲

217

長肩棘緣椿象
Cletus trigonus (Thunberg, 1783)

草叢

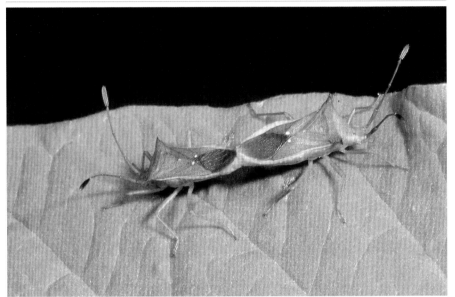

↑側角黑色針刺狀，基部及革片端常有紫紅色分布。

陸棲

形態特徵

　　體黃褐色密布黑褐色細刻點。觸角紅褐色，第 1 節短於或等於第 3 節，第 4 節色較深，常帶黑褐色。前胸背板側緣夾角大於 45 度，前葉兩側近側角處常有紫紅色分布，中部 2 黑斑隱約或消失，側角黑色針刺狀平指。體側黃綠色，前翅革片末端多呈紫紅色，頂角白斑大而顯著，白斑大小極接近複眼直徑。各足黃褐色。側接緣單一色。本種由於具緯度梯度變異，長期被誤描述為寬棘緣椿象 *Cletus rusticus* Stål, 1860，現已由重新檢驗獲得釐清。

生活習性

　　植食性種類，寄主植物以莧科與蓼科為主，亦取食禾本科。但野外觀察多發現族群偏好野莧，禾本科植物上少見。

分布

　　分布於臺灣、中國、菲律賓、斯里蘭卡與孟加拉；臺灣地區分布於中、低海拔山區與平地，與稻棘緣椿象為臺灣分布最廣的棘緣椿屬椿象。

↑終齡若蟲

稻棘緣椿象
Cletus punctiger (Dallas, 1852)

草叢

↑終齡若蟲。

↑常見於禾本科植物上。
←觸角第 1 節長於小盾片長度，側接緣一色。

陸棲

形態特徵

　　體黃褐色密布同色細刻點。觸角紅褐色，第 1 節長於第 3 節。前胸背板側緣夾角小於 45 度，前葉中部 2 黑斑隱約或消失，側角黑色針刺狀平指或稍前指。體側褐色，前翅革片頂角白斑較小甚至消失，但不呈暈散狀。各足黃褐色。側接緣呈淡黃色。本種體色與側角長度隨海拔、緯度而有梯度變異，側角平指的個體曾被認為是不同種，稱為平肩棘緣椿象，現已由檢驗外性器確定為同一種。

生活習性

　　植食性種類，寄主植物以禾本科為主，蓼科與莧科植物未曾發現若蟲。以成蟲躲藏於草叢近地表處縫隙越冬。

分布

　　分布於日本、臺灣與中國；臺灣地區分布於中、低海拔山區與平地，與長肩棘緣椿象為臺灣分布最廣的棘緣椿屬椿象。

相似種比較

菲棘緣椿象

前胸背板前葉側緣有白色小顆粒

側接緣非一色

219

寬棘緣椿象
Cletus schmidti Kiritshenko, 1916

草叢

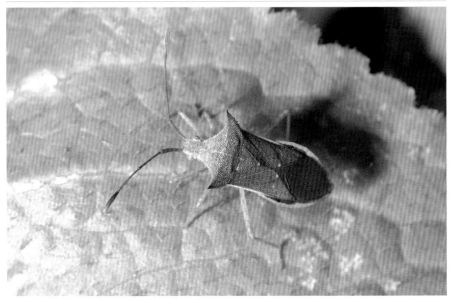

↑前胸背板側角間最寬，後葉呈彎月形。

陸棲

形態特徵

　　體寬，背面暗褐色，腹面污黃色。觸角第一節腹面外側有一列顯著的黑色小顆粒。前胸背板後緣較彎曲，後葉外觀狀如彎月；側角顯著，長而前指，兩側角間的距離大於體長之半。本種由於描述標本上的錯誤，長期將長肩棘緣椿象的另一次異名 *Cletus rusticus* Stål, 1860 描述為本種，現已經由重新檢驗獲得釐清。

生活習性

　　植食性種類，寄主植物以蓼科為主，但亦取食禾本科，本種若蟲自初齡到終齡體側與身體背面均有明顯長棘刺，是本屬椿象中較易區別的。

分布

　　分布於日本、韓國、臺灣、中國；臺灣地區分布於海拔 500 公尺以上山區，局部地區普遍。

→四齡若蟲，體側及背上具刺突。

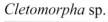
擬棘緣椿象
Cletomorpha sp.

 草叢

↑ 若蟲。

←常見於牛膝屬植物活動，斑紋特別。

陸棲

形態特徵

　　體褐色密布黑色細刻點。頭部淺褐色，中央黃白縱中線明顯。觸角第1~3節黑色，第1節基部與基半內側色黃褐色，第4節橙色。前胸背板前葉淺褐色，後葉褐色，兩側角間有一黃白色橫帶相連。前翅革片中央兩側各有3枚半連續黃白色橫斑，部分個體橫斑完全相連。各足黃白，腿節散布褐斑，脛節有3個褐色環，近端部處色環較不明顯。

生活習性

　　植食性種類，寄主植物為莧科牛膝屬植物，若蟲近似稻棘緣椿象若蟲，但本種寄主植物為牛膝屬，與稻棘緣椿象不同，可以從棲息植株加以分辨。

　　→革質翅左右白斑，相連或分離的個體。

分布

　　分布於臺灣中、低海拔山區與平地，屬普遍種類。

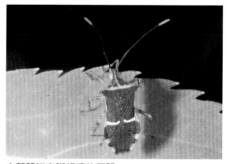

↑ 革質翅白斑相連的個體。

紅紋黛緣椿象

Dasynus coccocinctus (Burmeister, 1834)

草叢

陸棲

↑僅分布於蘭嶼，為少見的緣椿象。

形態特徵

　　體橙紅色，密布細刻點與淡黃色短毛。頭頂前半黑色。前胸背板除邊緣外中央黑色；小盾片基緣中部有三角形黑斑。前翅革片黑色，後緣有橙紅色邊，前翅膜片黑色。側接緣紅黑相間。觸角與各足呈黑色。

生活習性

　　植食性種類，寄主植物為瑞香科的南嶺蕘花，成蟲與若蟲具群聚性。

分布

　　分布於臺灣與菲律賓群島；臺灣地區只分布在蘭嶼。

↑若蟲，體背橙黃色，頭及各足黑色，楚立群攝。

刺副黛緣椿象
Paradasynus spinosus Hsiao, 1963

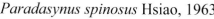

草叢

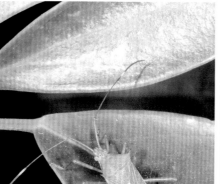

↑若蟲，腹背紅色。
←各足黃綠色，前胸背板側角針刺狀。

陸棲

形態特徵

體呈草黃色，背面略帶紅褐色，刻點淺褐色。觸角褐色，第 4 節基部白色。前胸背板側緣平直，側角突出呈長刺狀，並向前往上翹起。各足黃綠色。本種外觀近似粗副黛緣椿象，但後者體色較深，側接緣與各足紅褐色，側角不呈刺狀突出，且寄主植物為苦楝與桃花心木屬植物。

生活習性

植食性種類，寄主植物廣泛，有樟科肉桂、樟樹與釣樟；芸香科月橘、柑橘；豆科山槐；馬鞭草科金露花，茄科瑪瑙珠；木蘭科玉蘭、洋玉蘭和烏心石。本種與粗副黛緣椿象之 1~2 齡若蟲第 3 節觸角側扁，擴展成圓板狀，造型奇特。此特徵隨齡期逐漸消失，在 3 齡側扁較少，4 齡時依稀可看出側扁，至終齡則完全消失。

分布

分布於臺灣與中國；臺灣地區普遍分布於中、低海拔山區與平地。

↑分布中、高海拔山區的個體，體背鮮豔。

一點同緣椿象

Homoeocerus (*Tliponius*) *unipunctatus* (Thunberg, 1783)

草叢

別名｜中華同緣椿象

陸棲

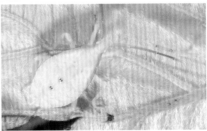

↑若蟲，體背綠色。

↑成蟲，腹側黃褐色，氣孔緣白色。
←成蟲於葉面交尾，雌上雄下。

形態特徵

　　體黃褐色密布黑褐色刻點，外觀黃褐色至黑褐色。觸角端部通常色深，第 1~3 節紅褐色至黑色，第 4 節色略淡，基部常呈淡黃色但不形成明顯深淺色環。前胸背板兩側有黃褐色狹邊。前翅革片部中央有一黑色小斑；側接緣各節前緣狹邊黃白色，其餘密布黑褐色細刻點，外觀黑褐色。各足黃褐色，密布黑褐色細刻點。腹下黃褐色密布黑褐色刻點。本種為同緣椿屬 *Tliponius* 亞屬，與中華同緣椿象 *Homoeocerus* (*Tliponius*) *chinensis* Dallas, 1852 兩者為同物異名。

生活習性

　　植食性種類，寄主植物為豆科，常見棲息於葛藤。本種終齡若蟲羽化時不像一般椿象呈現紅色，而是呈現綠色，且體色穩定的時間長達數小時，乍看到常誤以為是其他物種。

分布

　　分布於臺灣中、低海拔山區與平地，屬普遍種類。

相似種比較

綠腹同緣椿象

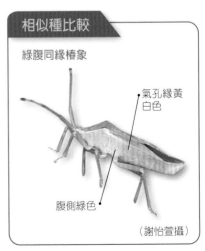

氣孔緣黃白色

腹側綠色

（謝怡萱攝）

斑腹同緣椿象

Homoeocerus (Tliponius) marginiventris Dohrn, 1860

草叢

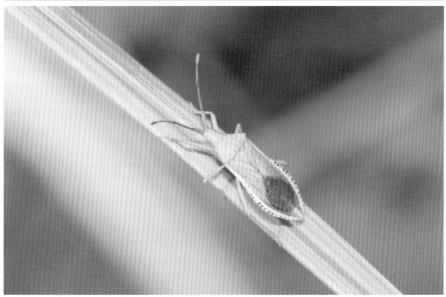

↑體型瘦長，側接緣有黑色小斑，楊月姿攝。

陸棲

形態特徵

　　體呈黃褐色至褐色，密布與體色相同之刻點。觸角紅褐色，第4節褐色。前胸背板有一淡色中線，兩側無淡色狹邊。前翅革片中央黑色小斑隱約，側接緣黃白色，密布黑色小點斑。各足淡黃褐色。本種為同緣椿屬 *Tliponius* 亞屬。

生活習性

　　植食性種類，寄主植物為禾本科植物。

分布

　　分布於日本、韓國、臺灣、中國、緬甸、斯里蘭卡；臺灣目前僅在彭佳嶼和棉花嶼有過紀錄。

相似種比較

一點同緣椿象

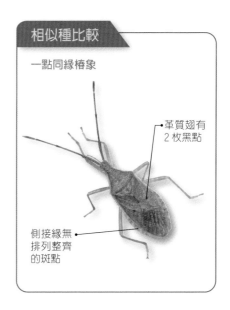

革質翅有
2枚黑點

側接緣無
排列整齊
的斑點

225

紋鬚同緣椿象
Homoeocerus (Anacanthocoris) striicornis Scott, 1874

草叢

陸棲

↑前胸背板與小盾片綠色。

形態特徵

　　體呈黃綠色。觸角淺褐色，第 1~2 節外側有黑色縱紋，第 4 節基半淡黃色，端半褐色。前胸背板側緣有細狹褐色邊，側角略伸出體側，呈褐色，稍尖銳。腹下與各足青綠色。

生活習性

　　植食性種類，寄主植物為芸香科柑橘類、茄科和豆科植物。

分布

　　分布於日本、臺灣、中國、印度與斯里蘭卡；臺灣主要分布於中、低海拔山區與平地，局部地區普遍。

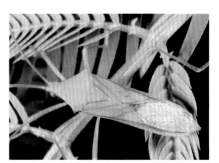

↑側角短，末端尖，呈褐色。

暗黑緣椿象

Hygia (*Hygia*) *opaca* (Uhler, 1860)

別名｜黑緣椿象

草
叢

陸
棲

↑群聚於寄主植物。
←體背暗褐色，革片不具對稱的斑點。

形態特徵

　　本種為黑緣椿屬黑緣椿亞屬，體呈褐色至黑褐色，被黃白色細毛。觸角第4節端半橙黃色，側接緣各節黃褐色。前胸背板前角短鈍狀突出，不超過領的前緣。前翅短，不超過腹部第7腹節之半，前翅膜片上翅脈明顯成網狀。各足除跗節前二節黃褐色外皆呈黑褐色，無任何淡色斑紋或環。喙短，略超過第二腹節前緣。

生活習性

　　植食性種類，寄主植物有豆科葛藤屬、旋花科牽牛花屬、薔薇科懸鉤子屬與桑科榕屬稜果榕。

分布

　　分布於日本、韓國、臺灣、中國；臺灣地區普遍分布於中、低海拔山區與平地。

→終齡若蟲形態近似成蟲。

227

紅紋黑緣椿象
Hygia (Colpura) fasciiger Hsiao, 1964

草叢

陸棲

↑ 各足腿節不具褐色斑點，體形較長，前翅達腹端。

形態特徵

本種為黑緣椿屬溝緣椿亞屬，體呈褐色，被金黃色細毛。觸角具細毛，第 4 節端多為橙黃色，側接緣各節後緣黃色。複眼黑褐色至紅褐色，單眼紅色，複眼後方與前胸背板領前方共有 4 枚淡黃色斑。前胸背板前角短鈍狀突出，但不超過領的前緣。前翅長，幾乎伸達腹部末緣，革片頂緣中央斑點淺色。各足密布細毛，除後足腿節基部有隱約淡色塊斑外同體色。喙不超過第 5 腹節中央。

生活習性

植食性種類，寄主植物不詳。

分布

分布於臺灣與中國；臺灣分布於中、低海拔山區，局部出現，不普遍。

相似種比較

寬腹黑緣椿象

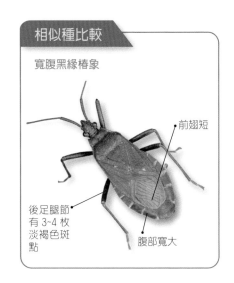

前翅短

後足腿節有 3~4 枚淡褐色斑點

腹部寬大

228

瘤緣椿象

Acanthocoris scaber Linnaeus, 1763

草叢

↑後足粗大，前胸背板與各腿節布滿顆粒狀小瘤突。

陸棲

瘤緣椿象是甘藷田、菜園常見的椿象，外表長得並不出色卻跟人類有密切的關係。農夫叫牠臭腥龜仔，喜歡群聚，遇到騷擾會排放腥臭味並吸食植物汁液，造成葉片捲曲或枯萎。一般人對這種蟲沒有好感，甚至以噴藥去除，但對生態觀察者來說，任何物種都有欣賞的價值。瘤緣椿象若蟲體披白色細毛，形態宛如小綿羊十分可愛，終齡羽化時體色鮮豔；卵呈橢圓形晶瑩剔透。奇怪的是，雌蟲產卵似乎喜歡隨意放置，筆者曾多次在牆角、柵欄和他種植物上看到卵列，以為瘤緣椿象媽媽粗心又不負責任，後來才弄懂，原來這些卵一孵化，若蟲即能四處爬行尋找食物，不用擔心會餓死，也許瘤緣椿象隨地產卵的習性對卵的安全性更有保障吧！

形態特徵

體褐色至黑褐色，布滿顆粒狀小瘤突。頭部至前胸背板中央有一條不明顯的黃褐色縱線，觸角有粗硬毛。前胸背板後緣隆起，側角尖突；小盾片端部尖狹黑色。側接緣各節基部黃褐色，端部同體色。後足腿節膨大，內緣有小齒突，背面布滿顆粒狀小瘤突，脛節近基部有淺色環斑。

生活習性

植食性種類，常見於甘藷、茄子、山煙草、龍葵、牽牛花等植物上集體活動，全年可見。

分布

分布於臺灣中、低海拔山區與平地，屬普遍的種類。

↑瘤緣椿象的卵產於非寄主植物上。

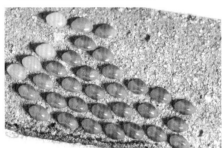

↑若蟲形態像似小綿羊群聚在一起十分可愛。

←卵呈橢圓形晶瑩剔透。

↑剛羽化的成蟲體色鮮豔。
←若蟲體披白色細毛。

↑成蟲交尾。

四刺棒緣椿象

Clavigralloides acantharis (Fabricius, 1803)

草叢

↑前胸背板有 4 枚錐狀短刺，側角尖長，黑色。
←前胸背板與小盾片間有明顯縱紋。

陸棲

形態特徵

　　體紅褐色。觸角黃褐色，第 4 節褐色。前胸背板被黃色短絨毛與稀疏直立毛，中央有一條淡黃色縱紋貫穿直達小盾片末端，此縱紋兩側各有一條黃白色短縱紋，側角向體側伸出，指向前方。背板上中央區域各有 4 枚錐狀刺，前 2 枚較長而顯著，後 2 枚較短鈍。側接緣後角黑色刺狀向後伸出，2~5 側節褐色，後部色略深，第 6 節基半褐色，端半污黃色，第 7 節除基部外大半污黃色。各足污黃色，各腿節端部均膨大，膨大處紅褐色，脛節基部褐色，端部黃色，上有一個褐色環。

生活習性

　　植食性種類，寄主植物以豆科為主，目前記錄到的有曲毛豇豆、田菁以及賽芻豆。

分布

　　分布於臺灣、中國與馬來西亞；臺灣地區分布於中、低海拔山區與平地，局部地區普遍。

相似種比較

小棒緣椿象

前胸背板無錐狀刺

小盾片端白色

231

陸棲

紅背安緣椿象

體長 L22-27mm；W8.5-10.5mm

Anoplocnemis phasianus (Fabricius, 1781)

　　體呈褐色。觸角除第4節黃褐色外其餘呈褐色。腹背紅褐色。前胸背板側緣細齒狀，側角鈍圓。雄蟲第3腹板中部向後延伸形如扇板狀。雄蟲後足腿節粗壯，腹面基部有一錐狀刺，近端部有三角形板狀突。植食性，寄主植物曲毛豇豆與野木蘭。

月肩奇緣椿象

體長 L23-25mm；W12-14mm

Molipteryx lunata (Distant, 1900)

　　深褐色。前胸背板強烈向前延伸，側角尖銳，向前伸出超過頭部前緣；小盾片末端有一明顯瘤狀突起。雄蟲後足腿節較粗，上有顆粒狀突起，後足脛節背面不擴展，腹面略擴展，於中央近段部處擴展成小鈍角狀。雌蟲後足腿節較細，脛節稍擴展而無任何突起。

波赭緣椿象

體長 L20-23mm；W8.5-10mm

Ochrochira potanini (Kiritshenko, 1916)

　　體黑褐色至褐色，有白色短毛。前胸背板前緣具小疣狀細齒，側角圓形向上曲折。後足脛節背面向端部逐漸擴展。側接緣第5~6節側緣略波狀彎曲。近似鏽赭緣椿象，但本種前胸背板後緣有細齒，雄蟲後足腿節中央無大刺，後足脛節中部也無三角狀擴展。

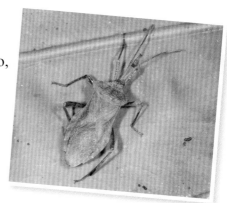

體長 L23-26mm；W 約 15-17mm

臺灣鬚緣椿象

Dalader formosanus Esaki, 1931

　　體紅褐色，被稀疏黃色短毛。觸角黑褐色，第 3 節葉片狀擴展，第 4 節橙色。前胸背板向兩側延伸，腹部兩側擴展大，呈菱形。後足腿節不顯著加粗。本種為緣椿亞科，但體型大，外觀近似巨緣椿亞科，寬大的菱形腹部與觸角第 3 節葉片狀擴展是很顯著的辨識特徵。臺灣特有種。

體長 L13.5-16.5mm；W5-5.5mm

鈍肩普緣椿象

Plinachtus bicoloripes Scott, 1874

　　體黑褐色，被濃密細小深色刻點，腹面橙黃色。觸角、腿節端部、脛節及跗節咖啡色，部分個體足部基節、轉節及腿節基部亦為咖啡色。前胸背板側緣、小盾片頂端與腹板兩側黑色。側接緣黑黃相間。寄主植物為衛矛科衛矛屬植物。

謝怡萱攝

體長 L13.5-14.5mm；W 約 5mm

長角崗緣椿象

Gonocerus longicornis Hsiao, 1964

　　體草黃色。頭頂、觸角前三節、複眼、前胸背板後部兩側及側角、革片內側、爪片以及各足跗節均為紅褐色，觸角第 4 節黃褐色。前胸背板兩側與中央呈縱向的綠色分布，體背及前翅革片刻點黑色；小盾片及前翅外緣綠色，前翅膜片黑褐色，各足細長，黃綠色。

陸棲

體長 L10-12mm；W3.5-4mm

菲棘緣椿象

Cletus bipunctatus (Herrich-Schäffer, 1840)

　　體褐色。觸角呈紅褐色。前胸背板前葉中部有 2 明顯黑斑，前緣有明顯白色顆粒，側角黑色尖刺狀略前指。前翅革片頂角白斑常暈散或分裂甚至消失。各足腿節散布黑色小斑，脛節有 4 個隱約褐色環。寄主植物以蓼科為主。

謝怡萱攝

體長 L17.8-18.8mm；W5-5.5mm

粗副黛緣椿象

Paradasynus longirostris Hsiao, 1965

　　體褐色，刻點褐色。觸角褐色，第 4 節基部白色。前胸背板側角不呈針刺狀。喙長，超過第三腹節後緣，側接緣紅褐色，各足綠褐色至紅褐色。本種近似刺副黛緣椿象，但後者體色偏綠，側接緣與各足黃綠色，側角呈刺狀突出，且寄主植物不同。

體長 L12-15mm；W4-5.5mm

綠腹同緣椿象

Homoeocerus (*Tliponius*) sp.

　　體褐色至黑褐色。觸角第 1~3 節具紅褐色小顆粒，第 4 節基部淡色，端部紅褐色。前胸背板兩側狹邊黃綠色，前翅革片中央小斑黑色，側接緣各節前緣 1／5 黃綠色，後緣 4／5 黑褐色。各足綠褐色，密布褐色點斑。腹下青綠色密布同色刻點。本種與一點同緣椿象近似，但腹下綠色。

謝怡萱攝

陸棲

體長 L9-10.2mm；W2.9-3.1mm

環紋黑緣椿象

Hygia (Copura) lativentris
(Motschulsky, 1866)

　　黑緣椿屬溝緣椿亞屬，體黑褐色，被黃白色細毛。觸角第4節端大半橙黃色，側接緣各節前緣黃褐色。前翅膜片翅脈大略平行，無橫脈相連結。各足全黑褐色，各腿節背面常有淡黃色塊斑，各脛節中央有2枚淡色環。喙達第二腹節後緣。

脛節上方有2枚淡褐色環紋。

體長 L12.5-12.8mm；W4-4.5mm

寬腹黑緣椿象

Hygia (Hygia) pedestris Blöte, 1936

　　體黑褐色，被黃白色細毛。觸角第4節端大半橙黃色。複眼後方與前胸背板領前方共有4枚淡黃色斑。前胸背板前角短鈍狀突出，超過領的前緣。前翅膜片翅脈大略平行，幾無橫脈相連結。各足黑褐色，各腿節背面常有淡黃色塊斑，脛節無明顯淡色環。雌、雄蟲腹部擴展均顯著。

脛節無淡褐色環紋。

陸棲

體長 L7-8mm；W3.2-3.6mm

小棒緣椿象

Gralliclava horrens horrens
(Dohrn, 1860)

　　體紅褐色。觸角紅褐色，第4節褐色。前胸背板有小瘤突而無明顯錐刺，外觀絨布狀，上有3條隱約黃色縱紋，側角平直伸出體側。側接緣後角刺狀向後伸出，各側節後部紅褐色。後足腿節端部膨大，膨大處紅褐色，脛節基部紅褐色，端部污黃色，上有兩個黑色環。

紅肩美姬緣椿象

Jadera haematoloma (Herrich-Schäffer, 1847)

草叢

↑腹側面也是紅色。
←前胸背板兩側紅色，此為命名的由來。

形態特徵

　　體色黑，除前胸背板兩側與複眼紅色外幾乎全黑，全身密被白色短毛，側接緣紅色，隱藏於翅下不外露，身體腹面黑色，有白色毛狀粉被。

生活習性

　　植食性種類，具群集性，寄主植物為倒地鈴與臺灣欒樹，主要取食種子，偶爾亦吸食葉片與花朵汁液，若族群數量過多，在食物缺乏的情況下也有攻擊大紅姬緣椿象與小紅姬緣椿象甚至同類的行為，或者取食棲地附近低矮植株如龍葵之莖葉汁液。卵散產於落葉堆、土礫與樹皮縫隙。本種攻擊性較強，雄蟲會與臺灣另兩種姬緣椿象雜交，其生態習性有待進一步觀察。

分布

　　外來美洲種，於 2012 年首次記錄於高雄，會出現在臺灣可能係經由海運伴隨植物而引進，至本書出版時有紀錄之發現地點有高雄、屏東、臺南、嘉義等地，以其一年至少 2 代的繁殖速率來看，其擴散似可預期。

↑寄主植物為倒地鈴。

陸棲

大紅姬緣椿象
Leptocoris vicinus (Dallas, 1852)

草叢

↑ 體背有明顯 V 字形圖案。

陸棲

大紅姬緣椿象是臺灣欒樹、椰子樹等行道樹上常見的椿象，發生期在 3~5 月，這時樹幹和地面四周會布滿上千隻身體紅色的成蟲和若蟲，雜食性，有些會取食蝸牛和同伴的屍體，但主要以吸食寄主植物的果實和樹液營生。由於族群龐大，有人見了心生恐懼，事實上牠們對人體和植物並無大礙，成蟲壽命約 50 天，過了發生期數量便銳減，部分能以成蟲形態越冬，潛居落葉、樹洞群聚取暖。本屬有 2 種，另一種為小紅姬緣椿象，本種體背有一個黑褐色不明顯的 V 字形斑紋，也可以從小紅姬緣椿象的寄主植物倒地鈴分辨其差異。

形態特徵

體紅色，觸角、足、前翅革片爪片與前翅膜片黑色，體被濃密黃色短毛。頭兩側自觸角基部至單眼間各有一條縱溝。前胸背板胝區極度凹陷，領與胝後部分顯著隆突。喙達於後足基節中央但不超過後胸腹板末緣。腹下紅中帶黑，常具白色粉被。本種近似小紅姬緣椿象，但小紅姬緣椿象體色為橙色，喙較長超過腹背板末緣，外觀並不難區別。

生活習性

植食性種類，寄主植物有臺灣欒樹、椰子、荔枝與龍眼，具群集性，成蟲、若蟲常大量聚集，偶有訪花與雜食之行為，會吸食死去同伴之殘骸與有機液體。

分布

分布於臺灣、中國、菲律賓、印尼、斯里蘭卡與印度；臺灣普遍分布於全島中、低海拔山區與平地，數量眾多。

↑若蟲吸食花蜜具有授粉的作用。

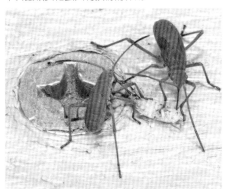

↑剛羽化的成蟲，體背不具 V 字形斑紋。
←2 隻若蟲吸食鼠婦的體液。

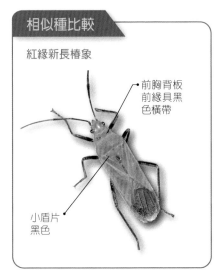

相似種比較

紅緣新長椿象

前胸背板前緣具黑色橫帶

小盾片黑色

↑群聚棕櫚科植物的葉苞吸食汁液。

小紅姬緣椿象
Leptocoris augur (Fabricius, 1781)
別名 | 倒地鈴椿象

草叢

←↑體色橙紅色，常見於倒地鈴植物群聚。

陸棲

小紅姬緣椿象體背鮮豔，外觀很像紅椿科，但翅面不具黑色的斑點。常見於農田、路邊或庭院，只要有倒地鈴的環境就能看到牠們。喜愛吸食種子，據說被吸食後種子的繁殖力更強，這樣看來昆蟲與植物都獲取好處。若蟲搬運果實的姿態彷彿馬戲團玩球特技的小丑，吸著果實往上拉，果實都不會掉下來，可見口器構造很特別。成蟲有長翅和短翅兩型，常見不同斑型個體交尾，在倒地鈴上行集體婚禮，若蟲則忙著搬運果實，看起來牠們每天都玩得很開心。

形態特徵

　　體呈橙紅色，各足與前翅膜片為黑色。觸角第 1 節黑色，但常帶有橙紅色，第 2~4 節均黑色。喙長，超過後胸腹板末緣。小盾片與前胸背板間有隆起縱脊，腹下橙紅色，粉被少而無黑色成分。常具短翅型個體，前翅膜片極短，緊鄰前翅革片後呈小條狀，外觀狀似八字鬍。本種近似大紅姬緣椿象，但大紅姬緣椿象體呈紅色，前翅有 V 字形黑紋路，喙較短只達後足基節中部，外觀並不難區別。

生活習性

　　植食性種類，寄主植物有臺灣欒樹與倒地鈴，但以倒地鈴上較常發現，具群集性，成蟲、若蟲常大量聚集，偶有雜食行為，會吸食死去同伴之殘骸。

分布

　　分布於臺灣、中國、馬來半島、印尼、孟加拉與印度；臺灣普遍分布於全島中、低海拔山區與平地，數量眾多。

239

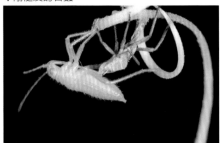

←若蟲搬運果實的模樣很可愛。
↓剛褪皮的若蟲。

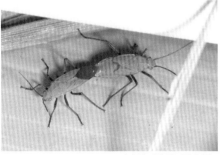

↑長翅與短翅型交尾。
→長翅型交尾。

相似種比較

大紅姬緣椿象

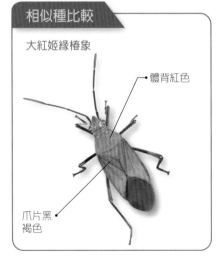

體背紅色

爪片黑
褐色

↑短翅型交尾。

體長 L 約 6-9.5mm；W2.1-2.7mm

褐伊緣椿象
Rhopalus sapporensis (Matsumura, 1905)

　　體呈黃綠色，有時略帶赭褐色，體密布淡色毛。觸角黃褐色，密布黑色斑點，第 5 節基部與端部黃褐色，中央黑色。除頭的腹面及腹下外全身具細小濃密的黑色刻點。前胸背板前端橫溝前無光滑的橫帶，溝的兩端通常彎曲形如半島狀。前翅有散生黑色碎斑，除基部、前緣、翅脈及革片頂角外完全透明。腹部背面黑色，背板第 5 節後半中央、第 6 節後緣與中部兩個斑點和第 7 節 2 條縱帶黃色。側接緣黃色，各節後部常具黑色斑點。足黃褐色具黑色斑點。

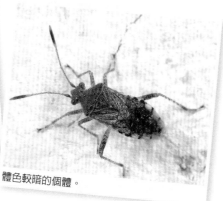

體色較暗的個體。

體長 L 約 6-6.5mm；W 約 2.5mm

粟緣椿象
Liorhyssus hyalinus (Fabricius, 1794)

　　體色與斑紋變異大，赭紅色至草黃色，密布淺黃色細毛。頭頂後葉到小盾片間有淡黃色縱中線；小盾片側緣常有黃色斜縱斑。前翅革片翅脈顯著，端角常深色。前翅膜片透明，翅脈明顯多達 10 條以上，彼此平行從前緣直達末緣。觸角及足密布黑色小點；腹背黑色，第 4 背板中央兩側與第 5 背板中央有黃斑，第 6 背板前緣中央有黃色帶紋；側接緣各節端部黑色。寄主金午時花與大飛揚草等植物。

晴書攝

陸棲

241

扁緣椿象
Daclera levana Distant, 1918

別名 | 頭扁蛛椿象

草叢

陸棲

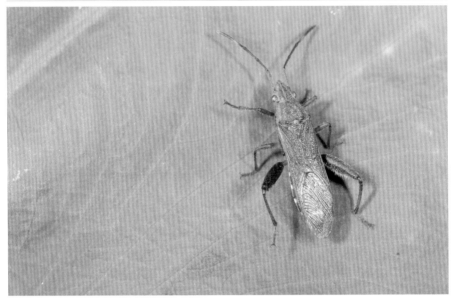

↑頭三角形，身體粗壯，後足腿節膨大。

形態特徵

　　身體扁平粗壯，褐色至黑褐色。頭三角形，與前胸背板約等長，頭胸從背面觀近似長三角形。後足腿節膨大，觸角4節，第1~3節褐色，第4節基半淡黃白色，端半紅褐色。

生活習性

　　植食性種類，寄主植物已知有菊科的香澤蘭。

↑終齡若蟲，具翅芽，腹背有3枚白色圓斑。

分布

　　分布於臺灣與中國；臺灣普遍分布於中、低海拔山區與平地。

→各足呈綠色的個體。

條蜂緣椿象
Riptortus linearis (Fabricius, 1775)

草叢

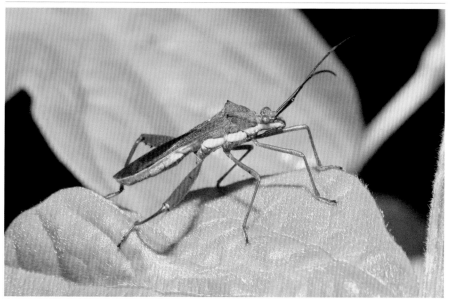

↑ 頭胸兩側黃斑連續呈條狀。

條蜂緣椿象分類於蛛緣椿科，本科記錄 7 種，共同特徵是身體狹長束腰狀。其中條蜂緣椿象和點蜂緣椿象外觀近似，拍照時要聚焦在側面特徵；條蜂緣椿象頭胸部側緣的斑呈條狀排列，而點蜂緣椿象側緣呈點狀排列或消失，有些雌蟲甚至沒有斑點。若蟲形態像螞蟻，可從觸角分別，螞蟻觸角膝狀，椿象則是鞭節狀。成蟲於 3~12 月可見，常出現於豆科植物，習性敏感。若蟲常在地面爬行，兩種蜂緣椿象會混棲。

形態特徵

　　體黃褐色至黑褐色，頭胸兩側之光滑黃色紋連續呈條狀，但部分雌蟲的黃色斑塊隱約，有時甚至消失。前胸背板有黑色小瘤突，側角黑色，末端小刺狀上翹。本種近似點蜂緣椿象，兩者習性相近，常混棲於共同的寄主植物上，成蟲可依照前胸背板黑色瘤突之有無、側角長短、觸角第一節顏色與頭胸兩側黃斑外觀加以區別，若蟲則甚難從外觀區分。

生活習性

　　植食性種類，寄主植物廣泛，主要以豆科為主，但亦會棲息於禾本科植物。

分布

　　分布於臺灣、中國、泰國、緬甸、菲律賓、馬來西亞、印度與斯里蘭卡；臺灣普遍分布於全島中、低海拔山區與平地，數量眾多。

陸棲

243

↑身體束腰狀，後足細長。

←常見於豆科植物上交尾，身體狹長。

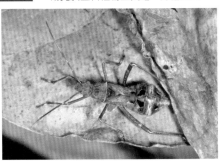

←↑若蟲形態像螞蟻。

相似種比較

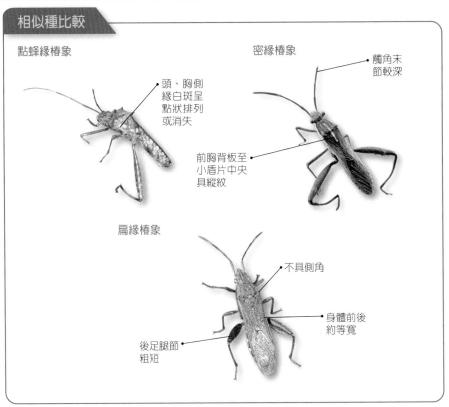

點蜂緣椿象

頭、胸側緣白斑呈點狀排列或消失

密緣椿象

觸角末節較深

前胸背板至小盾片中央具縱紋

扁緣椿象

不具側角

身體前後約等寬

後足腿節粗短

禾蛛緣椿象

Leptocorisa acuta (Thunberg, 1783)

別名│稻緣椿象、異稻緣椿象

草叢

↑體色變異大，觸角第一節端部黑色。

陸棲

禾蛛緣椿象是草叢上常見的椿象，身體和足細長很像蜘蛛，喜歡吸食禾本科植物，故有禾蛛緣椿象的名號。2007 午 6 月筆者在土城路邊的草叢發現好多若蟲，用逆光的技巧拍了很多以點線構成的「藝術照」，這些唯美抽象的畫面至今難忘。一直以為禾蛛緣椿象寄主禾本科，後來發現牠也棲息蕨類、羊紫荊等植物，2008 年 5 月還在天祥拍到一隻體色鮮黃的個體。本種外觀近似大稻緣椿象，其觸角第一節端部沒有黑色斑，而是褐色。

形態特徵

體細瘦，綠色至褐色。頭側葉長於中葉。觸角第 1 節端部黑色，第 2~3 節基部淡黃褐色，端大半黑色，第 4 節基部黃褐色，端大半紅褐色。前胸背板褐色或綠色，密布同色刻點。各足腿節綠色至黃褐色，端部色較深，脛節黃褐色，跗節黃褐色最末節黑色；小盾片黃綠色。前翅革片黃褐色。前翅膜片灰褐色。腹下綠色至黃綠色。

生活習性

植食性種類，寄主植物為禾本科，以成蟲越冬，越冬時具群聚性，集體棲息於靠近地表的植株，白天多見於寄主植物上取食，夜晚則往下爬行至靠近地表處群聚。

分布

廣泛分布於遠東地區水稻產地；臺灣分布於中、低海拔山區與平地，數量眾多極為普遍。

↑ 6 月在基隆暖東所拍的若蟲。

相似種比較

大稻緣椿象

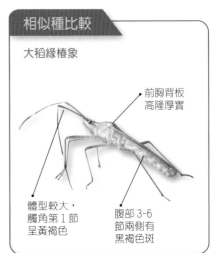

前胸背板
高隆厚實

體型較大，
觸角第 1 節
呈黃褐色

腹部 3~6
節兩側有
黑褐色斑

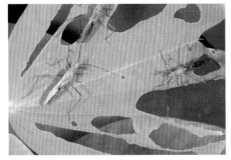

← 11 月在臺南甲仙，成蟲群聚於洋紫荊葉面。
↓ 2008 年 5 月在天祥拍到橙黃色的鮮豔個體。

陸
棲

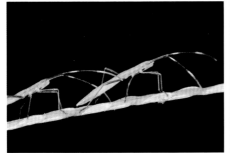

↑ 可愛的若蟲。

→ 表現鮮豔透明
的豐富色彩。

備註：禾蛛緣椿象與稻緣椿象 *Leptocorisa varicornis* (Fabricius, 1783) 為同物異名，體色變化較大，又因其越冬時棲息地點靠近地表陰暗處，野外觀察時常誤以為是不同習性的兩種椿象。

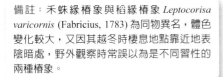

體長 L9-12mm；W1.8-2mm

密緣椿象
Melanacanthus sp.

　　體褐色，複眼黑褐色，頭頂從單眼後方各有一條黑褐色短縱帶直達頭部末緣。觸角4節，第1~3節褐色，第4節黑褐色。前胸背板褐色，中央有隱約淡黃白色縱紋，此淡色縱紋兩側各有隱約黑褐色縱紋2條，側角略尖但不顯著突出；小盾片中央有一淡黃白縱紋直達末端。前中足腿節褐色，端部黑色，後足腿節黑褐色。各足脛節基端黑色。腹部黃褐色，喙達於中足基節，臭腺溝短瘤突狀。寄主植物為豆科，分布於低海拔山區與平地，局部地區普遍，以南部較多

 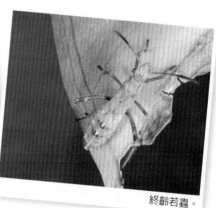

終齡若蟲。

陸棲

體長 L13.5-17mm；W4-4.8mm

點蜂緣椿象
Riptortus pedestris (Fabricius, 1775)

　　體黃褐色至黑褐色，頭胸兩側之光滑黃色紋呈破碎斑，部分雌蟲此黃色斑塊會消失。前胸背板有黑色小瘤突，側角黑色，末端稍成片狀往斜後方上翹。本種近似條蜂緣椿象，兩者習性相近，常混棲於共同的寄主植物上，成蟲可依照前胸背板黑色瘤突之有無、側角長短、觸角第一節顏色與頭胸兩側黃斑外觀加以區別，若蟲則甚難從外觀區分。

體長 L17-18.5mm；W2.5-2.7mm

大稻緣椿象
Leptocorisa oratorius (Fabricius, 1794)

體綠褐色。頭綠色。觸角第 1 節淡褐色，第 2~4 節基部淡黃褐色，端大半黑色。前胸背板前葉綠色，後葉黃褐色，密布同色刻點。各腿節綠色，端部黃褐色，脛節黃褐色；小盾片黃綠色。前翅革片黃褐色密布同色刻點。前翅膜片灰褐色。腹下黃白色，兩側綠色，第 3~6 腹節兩邊有褐色斑。

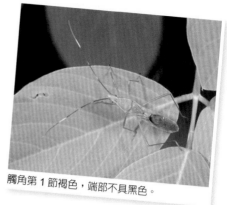
觸角第 1 節褐色，端部不具黑色。

小盾片端有 1 枚黑色的刺突。
謝怡萱攝

體長 L 約 18mm；W 約 2.4mm

錘緣椿象
Marcius sp.

頭黃綠色，無刻點，複眼紅褐色。觸角第 1 節褐色，第 4 節基部 1／4 橙黃色。前胸背板前葉兩側有黑色短突，側角短鈍；小盾片黃綠色，近末端處有一長刺。前翅橙褐色，各足腿節黃綠色，端部橙褐色，脛節與跗節橙褐色。目前僅在屏東雙流中、低海拔山區有過紀錄。

體長 L 約 18mm；W 約 1.6mm

毛椎緣椿象
Acestra sinica Dallas, 1852

體草黃色，頭、觸角及足具長毛。頭中葉長，前端呈錐形。觸角第 1 節端部加粗。前胸背板稍短於頭長，前後葉約等寬。前翅不達腹部末端。植食性種類，寄主植物已知為杜鵑花。

分布於臺灣、中國與斯里蘭卡；臺灣目前僅分布於北部平地。

余素芳攝

陸棲

淡邊狹椿象
Dicranoce phaluslateralis (Signoret, 1879)

草叢

↑ 終齡若蟲。

← 頭前葉長形，身體狹長，翅緣具黃褐色縱帶。

陸棲

形態特徵

　　體黃褐色密布黑褐色刻點，頭密布黑色刻點，側葉狹長前伸，中縱線無刻點，黃白色。觸角第 1 節黑色，第 2 節黃白色，端部與第 3 節黑色，基部黃白色，第 4 節灰褐色，基部 2 / 5 白色。前胸背板黑褐色，前葉刻點較密，後葉刻點較稀疏；小盾片末端淡色。前翅革片黑褐色，外緣黃白色，下半部內側緣有 2 枚白色點狀斑；前翅膜片黑褐色。側接緣黃白色散布若干黑色小斑，各節端角黑色。各足黃褐色密布黑褐色點斑，各足脛節端部黑色，後足腿節端半黑色，各足跗節第 1 節黃白色，2~3 節黑褐色。

生活習性

　　狹椿科為緣椿總科下的一個小科，體形狹長，觸角與腿節常帶有黑色與白色斑紋，外觀類似部分地長椿科椿象。純植食性，寄主植物為豆科與禾本科，也取食金午時花，習性隱蔽，具地棲性，常棲居於寄主植物近根系處。

分布

　　分布於臺灣低海拔山區與平地草叢，局部地區普遍。

簡足棒姬椿象
Arbela simplicipes (Poppius, 1915)

 樹棲
 草叢

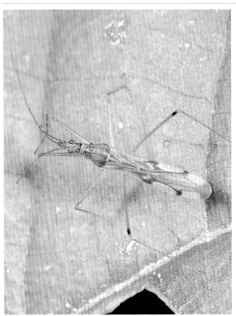

↑前胸背板前葉有 2 條不明顯的黑色縱斑。
←體型修長，後足腿節端部黑色。

形態特徵

　　體黃褐色，被細毛。前胸背板領顯著，前葉光滑，中央有 2 條黑色縱斑，縱斑兩側有黑色細橫紋，後葉刻點密集，褐色，有 3 條不明顯黑褐色縱帶。兩個單眼極靠近。頭長，眼前部分約為複眼長的 2 倍；小盾片中部有淡黃色 Y 字形隆脊。各足淺綠色，後足腿節端部黑色。

生活習性

　　捕食性種類，捕食蚜蟲、粉蝨。

分布

　　分布於臺灣與日本；臺灣主要分布於低海拔山區，目前僅在新竹、南投、屏東與花蓮有過記錄，不普遍。

相似種比較

細棒姬椿象

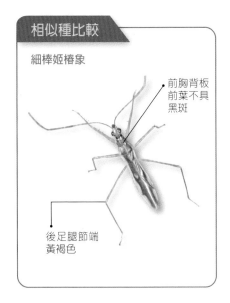

前胸背板前葉不具黑斑

後足腿節端黃褐色

陸棲

日本高姬椿象

Gorpis (Gorpis) japonicus Kerzhner, 1968

樹棲

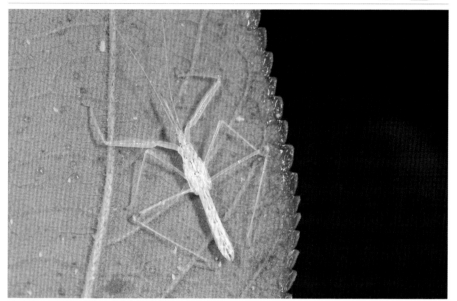

↑若蟲，體背淡黃色，中央有橙色縱斑。

陸棲

形態特徵

　　體呈淡橙褐色。前胸背板前葉兩側有白色細邊，後葉兩側色略深；小盾片末端隆突；前翅革片中央有由兩側向內逐漸加長的黑色短縱紋，形成寬十字般的圖案，圖案外緣有紅橙色細帶，前翅膜片淡褐色半透明。各足細長略透明，後足腿節端部與脛節基部有紅橙色斑，整體色彩鮮豔。

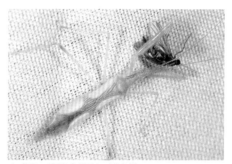

↑成蟲，夜晚會趨光，捕食性。

生活習性

　　捕食性種類，常發現棲息於野桐、山黃麻、構樹、山芙蓉等葉背毛絨之植物上，夜晚會趨光。

分布

　　分布於日本、臺灣與中國；臺灣多分布於中、低海拔山區，不普遍。

↑若蟲棲息山黃麻葉背，以木蝨的若蟲為食。

251

平帶花姬椿象
Prostemma fasciatum (Stål, 1873)

草叢

↑前胸背板前半黑色，後半橙紅色，前翅的帶狀白斑平直。

陸棲

形態特徵

　　身上有黑色長毛與細柔毛。頭部黑色。前胸背板前葉黑色，後葉橙紅色；小盾片橙紅色。前翅革片基半部橙紅色，中央橫帶與端角斑塊白色至黃褐色。前翅膜片末端半圓形斑白色至淡黃色。各足淡黃褐色，腿節基部與脛節腹面和端部黑色。

生活習性

　　捕食性種類，不善飛行而爬行速度極快，棲息於地表植被下，尤以禾本科草叢常見，捕食如螞蟻、白蟻、地長椿科若蟲等小型昆蟲。

分布

　　分布於日本、臺灣與中國；臺灣分布低海拔平地與山區，局部地區普遍。

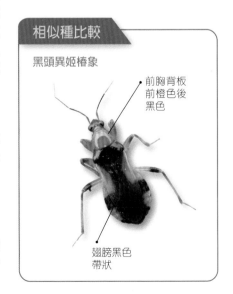

相似種比較

黑頭異姬椿象

前胸背板前橙色後黑色

翅膀黑色帶狀

體長 L 約 8mm；W 約 1.5mm

細棒姬椿象
Arbela tabida (Uhler, 1896)

體黃褐色，被細毛。前胸背板領顯著，前葉光滑，呈綠褐色，後葉褐色，刻點密集，兩側緣淡褐色。兩個單眼極靠近。頭長，眼前部分約為複眼長的 2 倍。小盾片中部有 Y 形隆脊，隆脊下端淡黃色。各足淺綠色。捕食性種類，捕食蚜蟲、粉蝨。

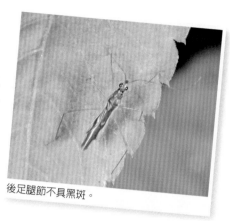
後足腿節不具黑斑。

體長 L 約 9.8mm；W 約 2.0mm

山高姬椿象
Gorpis (*Oronabis*) sp.

來自海洋攝

陸棲

體呈淡黃白色。複眼紅色，頭頂中央有 2 道褐色縱紋。前胸背板前後葉分界清楚，前葉有 2 個淡黑褐色斑，後葉有 4 條隱約寬縱帶；小盾片短，兩側有小黑斑，中央有一小黑點。側接緣呈淡黃白色。前翅膜片透明。各足淡黃白色，各腿節近端部處有隱約黑環，前足腿節粗壯，各足跗節淡紅褐色。

體長 L4.7-6mm；W2.2-2.5mm

黑頭異姬椿象
Alloeorhynchus vinulus Stål, 1864

體呈橙色至橙紅色，身上有淡黃褐色毛。頭部黑色，前胸背板前葉橙色，後葉黑色；小盾片黑色。前翅革片內角與端角黑色，側接緣第 3 節端半與第 4 節基半黑色，第 6 節黑色，其餘橙色。各足除後足腿節端部黑色外均為橙色。

體長 L6.8-10mm；W1.7-2mm

金氏姬椿象
Nabis kinbergii Reuter, 1872

　　體褐色，被細短毛。前胸背板領較寬，中央有一條黑縱斑，前葉短於後葉。前葉中央有 2 條黑縱斑，後葉除中央一條黑縱斑外，兩側有不明顯黑褐色縱斑各 3 條；小盾片黑色，中央有 V 形乳白色隆起。前翅革片翅脈明顯脊起；前翅膜片灰褐色，略透明。各足淡黃褐色，前足腿節外側有 10 餘個褐色斑。

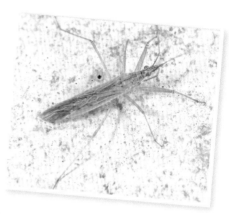

各足具黑色斑點。

體長 L 約 7mm；W 約 1.8mm

脛狹姬椿象
Stenonabis tibialis (Distant, 1904)

　　體褐色，被細短毛。觸角第 1~2 節黑褐相間。前胸背板中央有一條黑色縱帶，兩側各有二條較不明顯的縱帶；小盾片黑色，爪片接合縫長於小盾片長度，乳白色。各足腿節端部黑色，散布褐色環，脛節褐色環紋明顯，前足脛節 3 個，中足 4 個，後足 7 個。側接緣黃褐色，向上翹折，第 4~7 節後角黑色。

體長 L 約 8mm；W 約 3.2mm

斯姬椿象
Himacerus (*Stalia*) sp.

　　體淡黃褐色，頭頂至小盾片有一條黑褐色縱斑。小盾片有二個彎月形白色脊起。前翅革片左右各有 3~4 枚黑褐色斑點排成縱列；前翅膜片透明。各足腿節散布黑褐色小斑。捕食性種類，棲息於草叢土表，捕食蚜蟲，具趨光性。

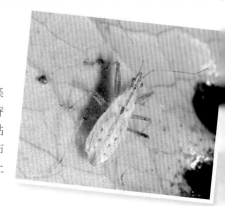

體長 L3.5-4.5mm；W2-2.2mm

黃頭異姬椿象
Alloeorhynchus notatus Distant, 1919

　　體橙褐色，身上有淡黃褐色毛。頭部橙褐色。前胸背板前葉橙褐色，中央有黑色橫斑，後葉黑色；小盾片黑色。前翅革片基部橙褐色，內角黑色，端角橙褐色，整個前翅革片中央有一橙褐色細斜紋，側接緣各節端角狹窄呈黑色，第 5 節基半黑色，其餘橙色。各足除後足腿節端部黑色外均為淡褐色。捕食性，捕食跳蟲等小昆蟲。

陸棲

體長 L 約 8mm；W 約 2mm

薩氏姬椿象
Nabis sauteri (Poppius, 1915)

　　體黃褐色，被細短毛。前胸背板領不明顯，中央有一條黑縱斑，前葉短於後葉，領：前葉：後葉約為 1：3：2。前葉中央有一條黑縱斑，後葉除中央一條黑縱斑外，兩側有不明顯黑褐色縱斑各一條。小盾片黑色，中央有 V 形乳白色隆起。前翅革片翅脈明顯脊起，形成三個室，內角一個近五邊形，外緣兩個長三角形；前翅膜片黃褐色，略透明，翅脈明顯。各足淡黃褐色，已知分布於蘭嶼。

豔紅獵椿象
Cydnocoris russatus Stål, 1867

草叢

陸棲

↑身體大部分為紅色，捕食象鼻蟲。

形態特徵

　　體紅色。觸角、複眼，頭部橫縊、前翅膜片、喙第三節與各足黑色。體被細密直立短毛，觸角基後方有明顯棘狀刺，體腹面紅色，白色毛被顯著，散布大型黑色橫紋。本種與層斑紅獵椿象同屬，外型近似，但本種身體無明顯黑斑。

↑卵，附著葉背，前端有一個蓋子。

生活習性

　　捕食性種類，若蟲習性較隱密，通常棲息於植被茂密的地表，捕食葉蟬、螞蟻、白蟻與鱗翅目幼蟲，成蟲則活躍善飛，常於花叢間覓食，捕食象鼻蟲、金花蟲與鱗翅目幼蟲。

分布

　　分布於日本、臺灣、中國與越南；臺灣普遍分布於中、低海拔山區與平地。

↑終齡若蟲。

輪刺獵椿象
Scipinia horrida (Stål, 1843)

草叢

↑前足腿節膨大，上有長毛與小齒。

輪刺獵椿象，前足腿節粗黑如輪軸，上面布滿短刺。2005 年 3 月筆者第一次在南仁山看到若蟲，腿節像抹上柏油般的烏黑，讓人印象深刻。隔年 6 月又在臺東大武山遇見，好像南部較常見，直到第三年才在北部拍到，且出現於 1 月，看到交尾的個體，顯然牠們會以成蟲越冬。體色褐色至黑褐色，形態枯枝狀具良好的保護色。外觀近似的種類不少，初學者不容易區分，建議可從前足腿節、前胸背板側角、前胸背後緣及腹背板斑紋等特徵比對。

形態特徵

　　體赭褐色。頭背面頸部黑色，頭頂前緣、複眼與單眼內側共具 6 枚刺。觸角淡褐色。前胸背板前葉有 4 枚齒突，後 2 枚頂端成二岔狀；後葉中央略凹陷，兩側略鼓起形成 2 淡色縱脊。側角為大於 90 度角狀；小盾片末端舌狀上翹。側接緣 5~6 節間色斑與第 7 節基部色斑黑褐色。前足腿節粗壯，有 5 個環狀節結，節結上有齒狀刺與細長毛，中後足腿節節結狀較弱。

生活習性

　　捕食性種類，常隱匿於花叢或嫩葉處，捕食路過的其他昆蟲，野外觀察發現其捕食種類廣泛，從鱗翅目幼蟲、金花蟲、蠅、蜂到小長椿象與龜椿象都是捕食對象。

分布

　　分布於臺灣、中國、緬甸、菲律賓、斯里蘭卡；臺灣普遍分布於中、低海拔山區與平地。

陸棲

↑三齡若蟲，前足腿節粗黑具刺突。

↑終齡若蟲，已長出翅芽。

↑成蟲，前足腿節黑色不見了。

↑頭、胸背板具細小的刺突。

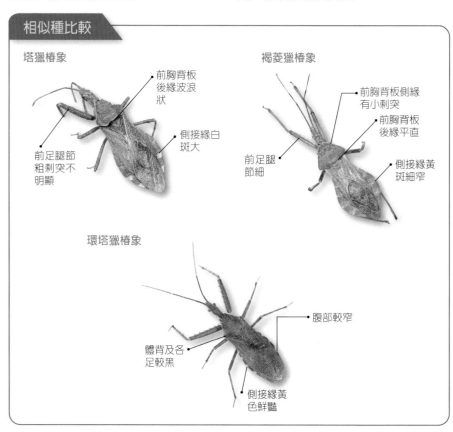

相似種比較

塔獵椿象

前胸背板
後緣波浪
狀

側接緣白
斑大

前足腿節
粗刺突不
明顯

褐菱獵椿象

前胸背板側緣
有小刺突

前胸背板
後緣平直

前足腿
節細

側接緣黃
斑細窄

環塔獵椿象

腹部較窄

體背及各
足較黑

側接緣黃
色鮮豔

陸棲

齒緣刺獵椿象
Sclomina erinacea Stål, 1861

草叢

↑全身是刺，腹部兩側鋸齒狀。

齒緣刺獵椿象以腹緣具鋸齒而命名，這種椿象全身布滿大小棘刺，讓天敵不敢輕舉妄動。成蟲全年可見，曾在 2、10、12 月拍到雌、雄交尾，通常側交，細長的足和棘刺像一堆枯枝，讓人聯想到同樣體背都是刺的鐵甲蟲交尾，上下相疊互刺身體，而齒緣刺獵椿象顯然聰明多了，牠們用側身的姿態交尾避免刺傷身體。若蟲綠色，常見躲在咬人貓葉上，受到「焮毛」保護也許更安全吧！好幾次為了拍若蟲用另一隻手去抓葉子而被「咬」，那種灼熱疼痛的經驗至今難忘。

形態特徵

體黃褐色。頭部前端有 2 枚短刺，觸角後方每邊有 3 枚長刺。前胸背板前葉有 10 枚刺，後葉有 4 枚長刺。腹部第 3 節端角成刺狀，其他各節葉齒狀。觸角與各足密布細刺，各足腿節有褐色環，端部白色。

生活習性

捕食性種類，成蟲及若蟲常駐足於咬人貓及蠍子草葉面捕食小昆蟲。

分布

分布於臺灣與中國；臺灣普遍分布於中、高海拔山區，局部地區普遍。

↑齒緣刺獵椿象，以腹緣具鋸齒而得名。

陸棲

259

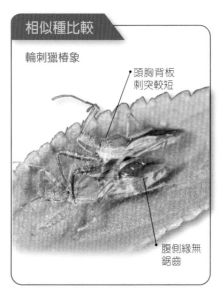

相似種比較

輪刺獵椿象

頭胸背板
刺突較短

腹側緣無
鋸齒

↑終齡若蟲身體綠色，腹緣已長出短刺。

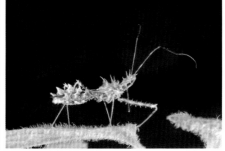

↑若蟲，以刺吸式口器捕食螞蟻。

↑爬行的姿態也很壯觀，是攝影的最好題材。

↑雌、雄側身交尾，遠看像一堆枯枝。

縱斑彩獵椿象
Euagorus plagiatus (Burmeister, 1834)

別名｜彩紋獵椿象

草叢

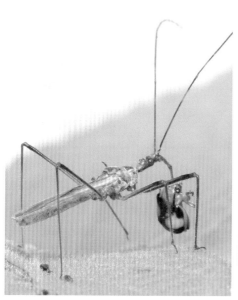

↑頭及前胸背板紅褐色，各足關節黑色。
←身體瘦長，具細長口器捕食金花蟲。

陸棲

形態特徵

　　體呈淡黃褐色至赭紅色。觸角暗褐色有赭紅寬環。頭、前胸背板、小盾片紅赭色。前胸背板中央縱斑、側角刺、前翅前緣黑色。前胸背板前葉鼓起，中央有橫陷溝，側角刺細長，斜上伸向兩側；小盾片末端頂角尖銳。

生活習性

　　捕食性種類，若蟲習性較隱密，通常棲息於植被茂密的地表，成蟲則活躍善飛行，常於花叢間覓食，捕食鱗翅目與鞘翅目昆蟲。

分布

　　分布於臺灣、中國、越南、緬甸、印尼、菲律賓、印度、斯里蘭卡；臺灣普遍分布於中、低海拔山區與平地。

相似種比較

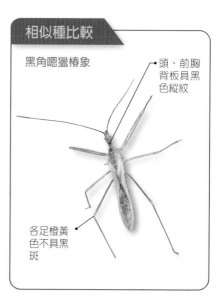

黑角嗯獵椿象

頭、前胸背板具黑色縱紋

各足橙黃色不具黑斑

史氏塞獵椿象
Serendiba staliana (Horváth, 1879)
別名 ｜ 史氏嗯獵椿象

樹棲

陸棲

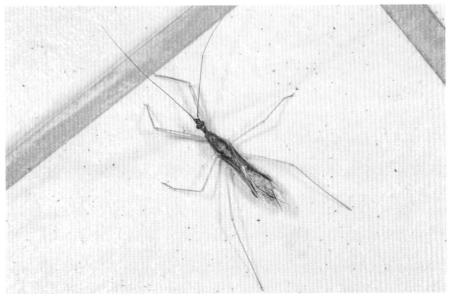

↑體背斑紋鮮豔，各足黃色細長，夜晚會趨光。

形態特徵

體狹長，呈紅褐色。觸角長，基部黑色呈瘤狀漸至端部為黃褐色，觸角基後方短刺黑色；頭前葉中部與複眼內側黃色。前胸背板後葉中央與兩側有黃色至橙褐色縱帶，寬度向後漸增，側角細針狀平直伸出；小盾片中央 Y 形脊黃色。前翅革片紅褐色，爪片與革片黑褐色，最末端黃色。各足黃至黃褐色，脛節色略深。

生活習性

捕食性種類，成蟲與若蟲皆捕食鱗翅目與鞘翅目幼蟲，也捕食蚜蟲與粉蝨，習性近於夜行，白天常隱伏，傍晚才出來活動，常可在闊葉林與竹林的植物葉背發現其蹤影。

分布

分布於日本與臺灣；臺灣分布於中、低海拔山區，局部地區普遍。

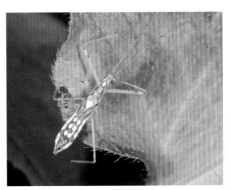

↑終齡若蟲，體背的斑紋很漂亮。

黑角嗯獵椿象

Endochus nigricornis Stål, 1859

樹棲

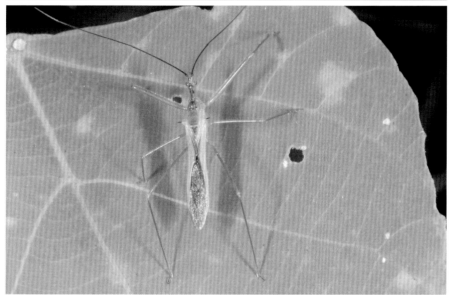

↑身體瘦長，橙黃色，各足關節不具黑斑。

陸棲

形態特徵

　　本種色斑常有變異，但通常體呈橙色。小盾片黑色，頭前葉由全橙至有 2 條黑縱紋到全黑，頭後葉中央有 2 條黑縱紋；前胸背板前葉由斷續黑斑至不規則黑紋到全黑，後葉中央橙色至橙褐色到方形黑斑。體腹橙色，兩側常有黑斑，或黑斑消失。

生活習性

　　捕食性種類，成蟲與若蟲皆捕食多種小型昆蟲，成蟲善飛，以若蟲狀態越冬。

分布

　　分布於臺灣、中國、馬來西亞、菲律賓、印尼、爪哇、印度、蘇門答臘；臺灣布於中、低海拔山區，局部地區普遍。

↑頭至前胸背板具黑色縱紋。

↑卵，扇面狀排列。

263

多變嗯獵椿象
Endochus cingalensis Stål, 1861

樹棲

陸棲

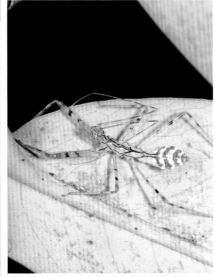

↑若蟲，腹背具橙色的橫向斑紋。
←前胸背板後緣只有 2 枚刺突（雌蟲）。

形態特徵

　　本種體色變異大，雌蟲黃褐色至黑褐色，身體各部色澤較深的位置為頭、前胸背板、側角刺、各足腿節近端部的環、前翅膜片、側接緣各節端半、觸角第 1~2 節兩端與第 3~4 節。雄蟲黃褐色至紅褐色或黑褐色，各腿節顏色黑色或同體色，或前腿節同體色而中後腿節全黑。應注意的是本種前胸背板除了側角刺以外無其他任何刺或突起，可與素獵椿屬中央有二刺作區別。

生活習性

　　捕食性種類，成蟲與若蟲皆捕食多種小型昆蟲，成蟲善飛，以若蟲狀態越冬，越冬若蟲的齡期極長，從 11 月中旬至翌年 3 月方變為成蟲，各齡期天數如下：初齡 9 天，二齡 15 天，三齡 13 天，四齡 45 天，終齡 40 天。

分布

　　分布於臺灣與中國；臺灣分布於中、低海拔山區，局部地區普遍。

↑變異，前胸背板及前足橙紅色（雄蟲）。

六刺素獵椿象

Epidaus sexspinus Hsiao, 1979

別 名｜白斑素獵椿象

樹棲

↑ 前胸背板後葉有 4 枚刺突排列，體背常有白色點斑。

六刺素獵椿象過去被視為白斑素獵椿象，後經鑑定該學名有誤，*Epidaus famulus* 目前只發現於馬祖，其前胸背板與前翅革片是醒目的霜斑，而非本種的細小斑點，中國稱「霜斑素獵椿象」。本種數量很多，於 2 月可見若蟲，成蟲至 12 月都有。卵形態似奶瓶。成蟲普遍分布於低海拔山區，也曾於鴛鴦湖、鎮西堡神木區等 1600 公尺高山見過。這隻俗稱白斑素獵椿象的近似種很多，可從前胸背板後葉的 4 枚刺突排列分辨，看清楚特徵就不會認錯了！欣賞椿象最美妙的地方不僅是成蟲、若蟲體背鮮豔，像番茄奶瓶形狀的卵也很可愛，有機會別忘了多拍幾張。

形態特徵

　　體黃色至黃褐色，密布黃白色短毛，短毛常形成密集小毛斑，頭前葉黃褐色，後葉黑色。前胸背板前葉有印紋，後葉側角刺與中部兩刺黑色，此 4 刺之間部分個體會有黑橫帶相連；小盾片黃褐色至黑褐色，末端黃白色。臺灣大部分個體前翅革片密生短毛，常形成規則的小白斑，少數個體則光滑不被白斑。側接緣第 3 節全部、第 4 節基半，第 5 節端半、第 6 節基半與第 7 節端大半深色，尤以第 5~6 節間為黑色常形成明顯大黑斑。雌蟲腹部稍擴展，雄蟲腹部不擴展。

生活習性

　　捕食性種類，成蟲與若蟲皆捕食多種鱗翅目幼蟲與金花蟲等小型昆蟲，成蟲善飛，進食時間外常隱蔽於植物葉背，以若蟲狀態越冬。

陸棲

分布

分布於日本、臺灣、中國；臺灣普遍分布於各海拔山區。

→卵像裝了番茄汁的奶瓶疊在一起。
↓若蟲的攝影，這種角度很特別。

陸棲

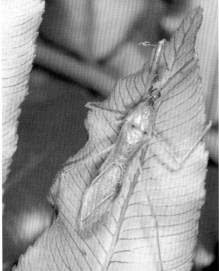

↑若蟲體背鮮豔。
←剛羽化的成蟲，體色較淡。

↑雌、雄蟲於 12 月以前進行交尾。

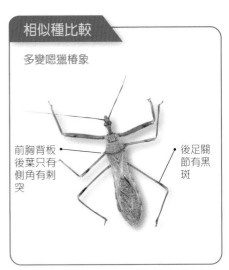

相似種比較

多變嗯獵椿象

前胸背板
後葉只有
側角有刺
突

後足關
節有黑
斑

266

小犀獵椿象
Sycanus minor Hsiao, 1979

草叢

↑前胸背板後葉大多紅色，中央黑色。

陸棲

小犀獵椿象，頭部及各足黑色修長，胸及腹背鮮紅，形態很壯觀。主要分布中部以南山區，尤其墾丁數量穩定，在筆者的檔案裡 4 月和 10 月有多筆記錄，其他記錄在臺南和知本。若蟲也很漂亮，體背有著鮮豔的琉璃光澤，斑紋如同樹皮，保護色甚佳。2013 年 3 月在臺南山區又見若蟲棲息木製的牆角，木板上有 2 個已經孵化的卵塊，約 50 粒，上方截平，橙色的卵聚集呈塊狀。這是第一次看到小犀獵椿象的卵，在非人工飼養下，有時需要長久的自然觀察才能紀錄到完整的生活史，雖效率不高卻充滿驚喜。

形態特徵

體被白色直毛與捲毛，頭黑色，頸部細長。觸角黑褐色，第一節具 2 個淡黃色環。前胸背板前葉黑褐色，後葉可分為三種色型，全黑、全紅或者紅色而中央黑色。各足黑褐色，基節紅色；小盾片黑色，上有長刺，長刺頂端分岔。側接緣紅黑二色。

生活習性

捕食性種類，成蟲與若蟲均棲息低矮的草叢或竹林、樹幹與岩石表面，捕食多種昆蟲，包含雙翅目、鱗翅目、鞘翅目與膜翅目等，具趨光性，也常夜晚爬行於牆壁上捕食趨光而來的其他昆蟲。卵塊產於隱蔽處，類似六刺素獵椿象卵，但直立狀，卵蓋均朝上，且卵蓋不呈奶嘴狀。

分布

分布於臺灣與中國；臺灣分布於中、低海拔山區與平地，局部地區普遍。

↑早齡若蟲像螞蟻。

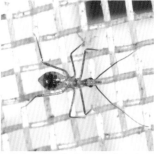
↑齡期漸大，腹背有黑色的斑紋。

↑木板上發現已經孵化的卵塊。

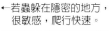
↑終齡若蟲，斑紋如樹皮具刺吸式口器。

←若蟲躲在隱密的地方，很敏感，爬行快速。

↑小盾片黑色，上方有一枚黑色端部分岔的長刺。

陸棲

體長 L12.5-15mm；W4-4.5mm　　赤獵椿屬　獵椿科

二色赤獵椿象

Haematoloecha nigrorufa (Stål, 1866)

別名｜黑紅赤獵椿象

草叢

↑前翅革片的黑斑方形，不與膜質翅的黑色相連。

陸棲

形態特徵

觸角 8 節，黑褐色。前胸背板圓鼓，橫縊深，前後葉均有深陷溝，兩葉之深陷溝彼此相連，由前葉前緣延伸至後葉中部。側接緣紅黑相間，雄蟲第 2~6 節端部黑色，雌蟲 2~7 節端部黑色；小盾片末端兩端突近平行。前翅膜片黑褐色。體色分為黑頭與紅頭二型，兩種色型臺灣都有分布，但以紅頭型較普遍。

生活習性

捕食性種類，成蟲與若蟲都棲息於地表草叢處，或枯枝落葉以及樹幹和石塊縫隙，捕食多種小昆蟲與節肢動物，如馬陸、鼠婦、白蟻。

分布

分布於日本、韓國、臺灣、中國與越南；臺灣分布於中、低海拔山區，局部地區普遍。

↑變異，頭部及足黑色，革質翅的黑斑向後延伸。

↑近似種，頭部及足紅色，革質翅的黑斑縮窄。

269

緣斑光獵椿象

Ectrychotes comottoi Lethierry, 1883

別名 | 赤獵椿象

草
叢

↑ 短翅型雌蟲，翅短，黑色，腹部寬扁具黑色橫紋。

← 體背紅色，革質翅的黑斑與膜質翅的黑色相連。

陸
棲

形態特徵

　　體紅褐色至暗褐色，明顯光亮。觸角 8 節，黑褐色，密生褐色剛毛。頭與前胸背板紅褐色。各足紅褐色，各腿節中央與脛節端部略深色，呈暗褐色；小盾片前緣黑褐色，其餘紅褐色，後緣兩端突短，兩端突間有小突起，上具細毛。前翅革片紅色，中央有一枚五邊形黑斑，前翅膜片灰褐色。側接緣各節端半黑褐色。

生活習性

　　捕食性種類，成蟲與若蟲都棲息於地表草叢處或枯枝落葉與石塊縫隙，捕食多種小昆蟲與節肢動物。

分布

　　分布於日本、臺灣、中國、緬甸與越南；臺灣分布於中、低海拔山區，局部地區普遍。

相似種比較

二色赤獵椿象

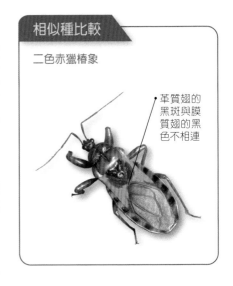

革質翅的黑斑與膜質翅的黑色不相連

黑光獵椿象

Ectrychotes andreae (Thunberg, 1784)

 草叢

↑ 終齡若蟲，來自海洋攝。

←腿節基部紅色，側接緣有黑色斑。

形態特徵

　　體黑色具藍色光澤。頭黑色，背面圓鼓。觸角 8 節，密布直立細毛。前胸背板圓鼓，橫縊顯著，中央縱溝從前葉伸達後葉中部；小盾片端部二側有微彎曲之端突，端突間又有一小突起。各足黑色，腿節基部紅色。側接緣淡黃褐色至橙紅色，第 3~6 節末端帶黑褐色，前翅革片黑色，基部淡橙黃色。腹下紅色，第 5~6 節兩端與第 7 節黑色。本種外觀近似沖繩斯獵椿象，但可從腿節基部與側接緣色澤迅速區別。

生活習性

　　捕食性種類，成蟲與若蟲都棲息於地表草叢處或枯枝落葉與石塊縫隙，捕食多種小昆蟲與節肢動物，習性相當隱密，終其一生幾乎都在地面活動，但其實是分布很廣泛的種類，平地植被茂密的草叢幾乎都有分布。

分布

　　分布於日本、韓國、臺灣、中國；臺灣普遍分布於中、低海拔山區與平地，尤以平地最普遍。

相似種比較

沖繩斯獵椿象

各足基部黑色

側接緣不帶黑色

毛達獵椿象
Tamaonia pilosa China, 1940

陸
棲

↑體背大部分黑色，體側紅色 (鞍馬山)。

形態特徵

　　體大部分呈黑褐色具灰白色軟毛。頭黑色，複眼紅褐色，單眼紅色。觸角 8 節，密布直立細毛。前胸背板黑色，前葉黑色，遠短於後葉，後葉兩側有寬闊橙紅色邊；小盾片二端突間有一小中突。各足腿節與脛節黑色，脛節基部密生黃毛，跗節淺黃褐色。側接緣皆呈橙紅色。

生活習性

　　捕食性種類，成蟲與若蟲都棲息於地表草叢處或枯枝落葉與石塊縫隙，捕食多種小昆蟲與節肢動物。

分布

　　分布於臺灣與中國；臺灣分布於中、低海拔山區，數量少不普遍，目前只在宜蘭與新北市九份、土城、臺中鞍馬山有過紀錄。

→分布於新北市土城山
　區的個體。

272

三節蚊獵椿象 特有種
Ademula aemula Redei, 2005

草叢

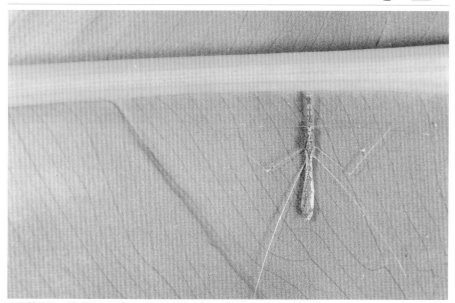

↑身體狹長，體背具褐色碎斑，休息時前足向頭部伸直。

陸棲

形態特徵

　　體淺黃褐色。前胸背板黃褐色，前葉圓鼓雜生長柔毛，後葉中央有2列黃白色縱斑，翅狹長，前細後寬，翅面底色黃褐色密布淺褐色至褐色塊狀斑，翅脈黃褐色線狀突起，中後足絲狀細長，中足腿節有2枚黑色斑。

分布

　　分布於中、低海拔山區，於臺東有記錄，數量不多，習性隱蔽不容易發現。

生活習性

　　捕食性種類，白天多隱伏於葉背與樹皮等陰暗環境，夜晚活躍，捕食蜘蛛，可爬行於蛛網上，並以前足輕觸蛛絲，造成獵物入網的震動以引誘蜘蛛靠近再予以捕食，但常有被蜘蛛反噬的現象，除捕食蜘蛛外也取食蛛網中之殘骸。

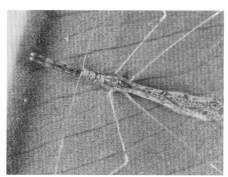

↑前足腿節有4枚黑褐色的環紋，中後足白色線狀。

273

臺灣柄胸蚊獵椿象

 特有種

 草叢

Stenolemus alikakay Redei & Tsai, 2010

↑身體布滿捲曲密毛，前胸背板前後葉間具細頸，程志中攝。

形態特徵

　　體淡黃色有褐色花紋，密布捲毛。頭褐色，背面中央、前葉兩側與後葉靠近複眼處淡黃色。觸角淡黃色，第 1 節從基部到端部共有 5 枚淡褐色至黑褐色的環紋。前胸背板淡褐色，前葉兩側與中央淡白色，前後葉間有一柱狀胸柄，後葉兩側各有 1 枚斜上的齒突。前翅淡黃色，有深褐色斑紋，翅面上之深色部分位於爪片附近、前翅膜片前緣、中部與後緣。各足淡黃色密布捲毛，各腿節與脛節有 3 枚淡褐色環斑。

生活習性

　　捕食性種類，多隱伏於葉背與樹皮縫隙等陰暗環境，捕食蜘蛛，可爬行於蛛網上，並以前足輕觸蛛絲，造成獵物入網的震動以引誘蜘蛛靠近再予以捕食。

分布

　　分布於中、低海拔山區，數量不多且習性隱蔽並不容易發現。

↑各足細長披毛，於惠蓀林場夜晚拍攝。

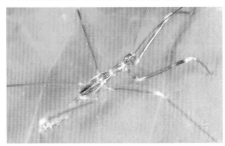

↑短翅型或若蟲，各足關節具白斑。

陸棲

二星哎獵椿象
Ectomocoris biguttulus Stål, 1870

草叢

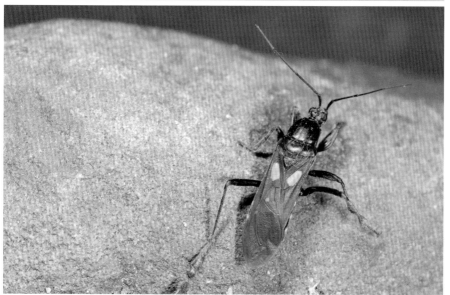

↑體型狹長，黑色，前翅膜片有一對長橢圓形黃斑。

形態特徵

　　體黑褐色至黑色，具光澤。前胸背板前葉遠長於後葉。各足黑褐色，跗節黃褐色。前翅革片黑色，革片前部有長橢圓形黃斑；前翅膜片基部有隱約小黃斑，此黃斑有時消失。側接緣黑褐色，各節端部淡黃白色。

生活習性

　　捕食性種類，成蟲與若蟲都棲息於地表草叢處或枯枝落葉與石塊縫隙，爬行迅速，捕食多種昆蟲與節肢動物。本種分類於盜獵椿亞科，習性隱蔽，野外觀察時不易發現；爬行速度快，若不細看常以為是蟑螂。

分布

　　分布於臺灣、中國與菲律賓；臺灣分布於低海拔山區，數量稀少不普遍，目前僅在臺東縣知本山區有過紀錄。

↑前足腿節和口器發達。

陸棲

紅足荊獵椿象 特有種
Acanthaspis immodesta Bergroth, 1914

草叢

↑若蟲體沾砂石碎屑，掩蔽良好，來自海洋攝。

↑終齡若蟲，剛完成蛻殼不久，尚未背負掩蔽物，來自海洋攝。
←前翅有 4 枚黃斑，側角橙黃色，謝怡萱攝。

形態特徵

　　體黑色。前胸背板側角、革片前緣與後部斑黃色；小盾片末端長刺狀伸出，橙紅色。側接緣各節端半部橙紅色。足紅色，各足腿節中央有寬闊黑色環。

生活習性

　　捕食性種類，多棲息於枯木縫隙中，以捕食螞蟻、白蟻為主，若蟲有背負殘骸碎屑的習性，野外觀察其背負的物體以砂土為主，且背負物常覆蓋全身，只露出複眼與觸角，這種背負行為似乎以掩蔽為主要目的。

分布

　　臺灣地區分布於臺東與墾丁中、低海拔山區，數量稀少不普遍。

相似種比較

臺灣腹獵椿象

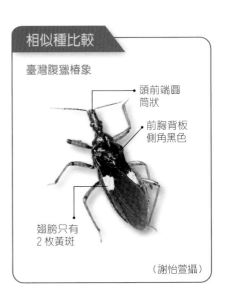

頭前端圓筒狀

前胸背板側角黑色

翅膀只有 2 枚黃斑

（謝怡萱攝）

陸棲

黃革荊獵椿象

Acanthaspis westermanni Reuter, 1881

草叢

↑若蟲，身體背著螞蟻的空殼。

↑扛著幾十隻螞蟻的空殼在地面爬行。
←前胸背板褐色，前翅革片污黃色。

陸棲

黃革荊獵椿象，成蟲具褐、黑、黃三色，若蟲淡褐色，腹背節間有細窄的線紋，但在野外通常看不到牠們的廬山真面目。若蟲 2~6 月可見，2004 筆者首次在臺北土城山區拍到一隻背負螞蟻的椿象，之後又在臺東、花蓮看到，小小身體能背數十隻螞蟻的空殼，這些都是捕食留下來的戰利品。有次取下其背上物再拿棍子過去，沒想到牠能快速的扛上去並倉皇逃離，可見背上的偽裝對牠們是很重要的。偽裝是共同的行為，但取材及背負的東西具有個體差異，蚜獅也有這種行為，若背上無遮掩牠們會沒有安全感。

形態特徵

　　體褐色，被細毛。前胸背板橙褐色，前葉有鼓起花紋，後葉有不明顯橫皺褶；小盾片黑色，末端長刺狀伸出。前翅革片長形斑淡黃色。側接緣各節基部淺黃褐色。各足腿節黑色雜以不規則黃褐色斑，各足脛節端部與基部黑色，中央環黑色。

生活習性

　　捕食性種類，多棲息於地表土石與枯木縫隙中，以捕食螞蟻、白蟻為主，若蟲自初齡起即有背負沙土以偽裝之習性，自二齡起則背負所獵捕之昆蟲殘骸，雜以一些落葉碎屑，背負物多僅覆蓋背面，這種背負行為除了有隱蔽效果，尚可藉由獵物殘骸迷惑獵物，讓白蟻與螞蟻誤以為是同伴屍骸，欲趨前搬移時輒予捕獵。成蟲善飛，惟飛行速度甚緩。人為飼養時曾觀察到若蟲生性兇猛，並不逐一捕食，而是連續刺死 6~7 隻白蟻，並堆積於身畔，再逐一吸食。食量大，平均一次可吸食約 7 隻白蟻。

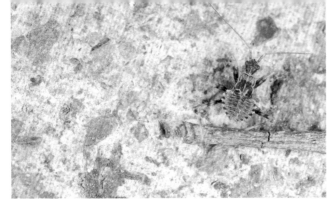

分布

　　分布於臺灣與中國；臺灣普遍分布於中、低海拔山區與平地。唯習性隱蔽不易發現。

↑以後足勾住棍子。

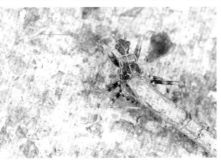

←將棍子往身上推。

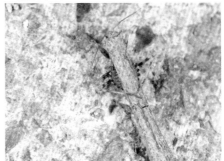

↑整根棍子背到身體上了。

←取下背上物，可見三齡若蟲的斑紋。

相似行為比較

紅足荊獵椿象

↑若蟲，背負砂土覆蓋全身，來自海洋攝。

蚜獅（草蛉幼蟲）

↑背負枯枝葉或捕食蚜蟲的空殼

紅平腹獵椿象
Tapeinus fuscipennis (Stål, 1874)

草叢

陸棲

↑體背除翅膀外具鮮紅的革質肌理，十分漂亮。

形態特徵

　　體紅色，複眼黑色，前翅革片除
前段紅色外均黑色。前足腿節明顯粗
大，腹面有細密短硬毛，便於捕捉與
固定獵物。前胸背板中央有一縱溝，
此縱溝不達背板前緣與後緣；橫縊明
顯，前葉短於後葉，後葉末緣圓弧狀
寬隆；小盾片紅色，末端長刺狀伸出。

↑四齡若蟲，棲息枯木的隙縫裡。

生活習性

　　捕食性種類，多棲息於枯木縫隙
中，以捕食馬陸為主。

分布

　　分布於臺灣與中國；臺灣分布於
中、低海拔山區，唯習性隱蔽不易發
現。

↑腿節粗壯具細齒。

279

環紋盲獵椿象
Polytoxus annulipes Miyamoto & Lee, 1966

草叢

↑各足腿節端部黑褐色，脛節近基部有小環紋。

形態特徵

　　體呈淡黃褐色，頭灰褐色無單眼。前胸背板光亮，中央黃褐色至褐色，兩側有黑褐色縱帶，側緣淡黃褐色；側角刺灰黃色。前翅灰褐色，翅脈黃褐色，兩側具細狹的黃褐色邊。各足灰黃色，腿節端部黑褐色，脛節兩端與近基部處黑褐色。腹下黑褐色，中央有淡色縱紋。

生活習性

　　捕食性種類，棲息於地表草叢，晝伏夜出，捕食葉蟬、白蟻等小型昆蟲。

分布

　　分布於日本、韓國、臺灣、越南；臺灣分布於中、低海拔山區草叢，局部地區普遍。

↑短翅型，雌蟲。

↑終齡若蟲。

陸棲

嬌梭獵椿象
Sastrapada baerensprungi (Stål, 1859)

地棲　草叢

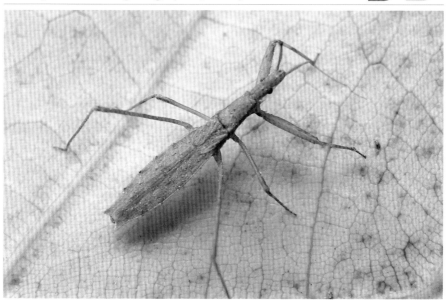

↑短翅型成蟲，觸角第一節約與頭等長。

陸棲

形態特徵

　　體草黃褐色，體型粗壯。觸角第一節較粗，略短於頭長，但明顯比頭眼前部分長。前胸背板前角突出，前緣內凹，前葉兩側有細黑褐邊，後葉側角圓形往上突起。成蟲有長翅與短翅型兩種，臺灣常見為短翅型，長翅型之前翅膜片中央有一較隱約黑斑。各足草黃色，前腿節腹面有兩列刺。各足脛節基部與中部有黑色環。腹下淡褐色，中央有一條褐色縱線。外觀近似壯梭獵椿象，但壯梭獵椿象觸角第一節短，前胸背板較狹長，且腹部淡色。

生活習性

　　捕食性種類，棲息於地表草叢或矮灌叢，具趨光性。

分布

　　分布於臺灣、中國、馬來西亞、印度、斯里蘭卡與南非；臺灣普遍分布於中、低海拔山區與平地。

↑長翅型成蟲，但翅膀仍不及腹端。

短斑普獵椿象
Oncocephalus annulipes Stål, 1855

陸棲

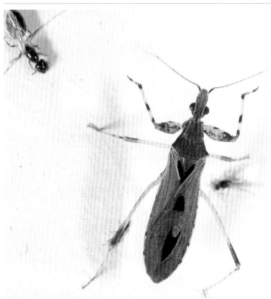

↑觸角第一節短於頭前葉寬，中後足腿節除端部外均為淡色（雄蟲）。

形態特徵

　　體褐黃色，具褐色斑紋，腹面有白色捲毛。頭頂後方一個斑點、頭兩側眼的後方、小盾片、前翅中室、膜片外室內的斑點均為顯著的黑褐色。側接緣各節端部黑褐色。前胸背板前角成短刺狀向外突出，前葉側緣有一列小顆粒，顆粒頂端有短毛，側角尖銳，超過前翅前緣；小盾片向上鼓起，端刺粗鈍，向上彎曲。前翅膜片外室內黑斑短，約占翅室中部的 1 / 3。

生活習性

　　捕食性種類，棲息於地表草叢、低矮灌叢、石縫與落葉堆，多取食白蟻、葉蟬、雙翅目與鱗翅目幼蟲，具趨光性。

分布

　　分布於臺灣與中國；臺灣分布於低海拔山區，不普遍。

相似種比較

黑斑褐獵椿象

小盾片邊緣有 2 枚黑色斜斑（雌蟲）

羽獵椿象 特有種
Ptilocerus kanoi Esaki, 1931

樹棲

陸棲

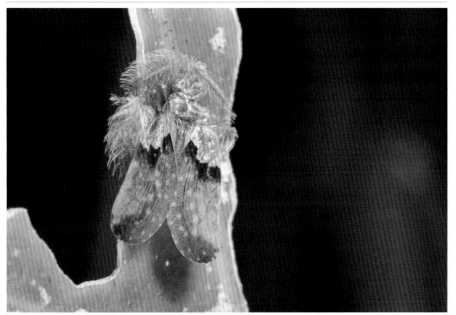

↑ 觸角與後足有羽狀長毛，長相奇特。

形態特徵

　　體呈黃褐色。複眼深褐色，單眼深紅色。觸角密生長剛毛，呈羽毛狀。前胸背板側緣、後足腿節端部色較深；小盾片深褐色，中央具淡褐色縱走帶紋。體腹面稍暗。頭短，長約等於兩眼之間的距離。眼小，顯著；前胸背板短，中央有線狀縱溝，側葉呈葉狀，側緣前部 2 ／ 3 處細縮；小盾片短，後緣具剛毛。前翅黃褐色，長而寬，革片很短，膜片外側黃褐色，內側暗褐色，具幾個淡黃色斑，縱脈顯著。後足脛節的剛毛發達。

生活習性

　　捕食性種類，腹下有叢毛，可分泌液體引誘螞蟻，待螞蟻接近後再予以捕食。棲息於樹洞、樹皮縫隙等環境。

分布

　　分布於中、低海拔山區，為稀有的種類。

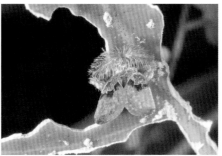

↑ 發現於臺南關山，棲息隱密的枝葉。

備註：除了羽獵椿象外，本屬椿象在臺灣還有另一種 *Ptilocerus immitis* Uhler, 1896，兩者外觀近似，但後者前翅革片較大，膜片上沒有淡黃色斑點。

橫帶椎獵椿象
Triatoma rubrofasciata (De Geer, 1773)

別名｜廣椎獵椿象

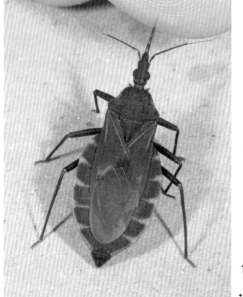

↑若蟲，褐色，體背中央有一條不明顯的淺色縱線。

←臺灣唯一會吸食人血的少見獵椿象。

形態特徵

　　體深黑褐色，頭與前胸背板密布小顆粒。頭前葉長於後葉。前胸背板前角刺狀前伸；小盾片末端頂角尖削。前翅革片基部縱紋與端部中央斑、側接緣各節前後緣與觸角第 3~4 節黃褐色。

生活習性

　　除了熱帶臭蟲外，橫帶椎獵椿象是臺灣唯一專吸食高等哺乳動物血液的獵椿象，除了牧場草堆或建物縫隙可能發現外，就只零星紀錄於民宅，其唾液具有麻醉性，除剛吸血時的刺痛外其痛感不強，若侵入民宅，常於夜晚爬行至身體臉面比較柔軟的嘴唇、眼皮、鼻與耳朵吸血，且大多吸刺嘴唇，故又被稱為接吻蟲，吸血時

間可長達十數分鐘，被吸血後會出現強烈腫脹痛癢。

分布

　　分布於世界各地熱帶與亞熱帶地區，臺灣地區分布狀況不詳，主要出現在牧場、住家，零星出現極為少見。

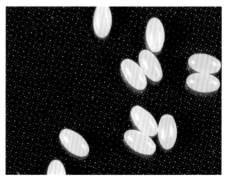

↑卵白色，橢圓形，體表光滑無斑。

陸棲

體長 L12.5-14.2mm；W3.3-3.9mm

紅彩真獵椿象
Rhynocoris fuscipes (Fabricius, 1787)

體紅色被淺色短毛。觸角與喙黑色，各足基節紅色其餘黑色。頭前半中央與後半眼後兩側紅色，其餘黑色。前胸背板前葉前緣與中央陷紋基半黑色，橫縊與後葉前半黑色；小盾片末端紅色。前翅黑色，側接緣紅色，各側節前端黑色。捕食性種類，主要以鱗翅目幼蟲為食。

謝怡萱攝

體長 L8-11mm；W3-3.5mm

棘獵椿象
Polididus armatissimus (Stål, 1859)

體淡紅褐色，具毛被與棘刺，頭胸處毛被常形成花紋，膜片翅脈深褐色，腹下兩側黑褐色。觸角基後方具長刺。小盾片末端長刺狀，基部中央具 2 個直刺。側接緣各節端角細刺狀伸出，前翅達腹部末端，前足腿節與脛節具許多長刺，中後足刺較短。

陸棲

體長 L14-16mm；W 約 3mm

李氏腹刺獵椿象
Nagustoides lii Zhao, Cai & Ren, 2006

體型狹長，被細密短毛與直立毛，褐色。觸角基後方有短棘刺，第 1~2 節紅褐色，第 2 節中部有淡黃色環，第 3~5 節黑褐色。頭部黑褐色，前胸背板褐色，側角刺短，針尖狀伸出；小盾片末端鈍圓略上翹。各足黃褐色，腿節有隱約褐色環。雌蟲腹部第 6~7 節呈翼狀擴展。

體長 L11-13mm；W4.4-6mm

塔獵椿象

Tapirocoris limbatus Miller, 1954

　　體褐色，腹下淺黃褐色，頭、前胸背板、小盾片大部分褐色。前胸背板側緣有黑色狹邊，側角向上成瘤突狀突出。前足腿節腹面刺淡褐色，兩側各有 5 刺，其間尚有若干小刺；前足脛節腹面兩側刺，約 4~6 枚，少數個體無刺。中後足脛節兩端黑色，中央有 2 個隱約褐色環。

體長 L23-25mm；W7.0-7.5mm

褐菱獵椿象

Isyndus obscurus (Dallas, 1850)

　　體褐色，被淡黃色毛。觸角第 1 節黑色，第 2 節基部橙色，第 3~4 節橙色，中央略帶橙褐色。各足腿節褐色，脛節與跗節橙褐色。前胸背板前葉瘤突狀，瘤突間密生黃色短毛，前葉側緣末端有一齒狀突起；後葉中部鼓起。小盾片中部向上突起。側接緣褐色，各側節縫淡色。

體長 L14-16mm；W4.6-5.4mm

層斑紅獵椿象

Cydnocoris tabularis Distant, 1903

　　體紅色被細密直立短毛。觸角、複眼，頭部橫縊、頭部後葉中央與兩側斑塊、前胸背板前葉前緣、後葉中央與兩側斑塊、小盾片中央小斑、前翅膜片與各足黑色。本種外觀近似雙斑紅獵椿象 *Cydnocoris binotatus* Hsiao, 1979，但後者頭部與小盾片中央無黑斑，且臺灣尚未曾發現過。

陸棲

體長 L7.5-9.5mm；W2.8-3.2mm

黑尾土獵椿象
Coranus spiniscutis Reuter, 1881

體黑色，被細密短毛與長毛，觸角 5 節，第 1 節最短。頭黑色，橫隘後部中央有一條淡黃色縱紋。前胸背板前葉中央凹陷，兩側有縱皺伸達後葉前端；後葉向上鼓起，側角圓形，後角顯著，後緣圓弧狀；小盾片黑色，中央呈脊狀上翹，頂端具細長毛。側接緣黃褐色，各節端部 1／3 黑色。腹部背面前部紅色後部黑色。前翅革片大多為黃褐色，端角附近常帶淡紅褐色，前翅膜片黑褐色。腹下橙褐色至紅色，毛被顯著，中央與兩側共有 3 條縱走黑紋，各腹節散布淡黃褐色光滑斑。各足黑色，腿節背面有若干顯著黃褐色碎斑，脛節基部黑色，近基部處有一黃色環。棲息草叢近地表處，捕食白蟻、葉蟬與鱗翅目幼蟲。

終齡若蟲。

體長 L10-11mm；W3.4-4.6mm

環塔獵椿象
Tapirocoris annulatus Hsiao & Ren, 1981

體黑褐色，腹下黃褐色，頭、前胸背板、小盾片大部分為黑色。前胸背板前角錐狀突出，後葉中央具微弱橫皺紋，側角略突出，後緣凹陷，後角顯著。前足腿節腹面刺黑色，外側有 6 刺，內側具 5 刺，其間尚有若干小刺；前足脛節腹面兩側各具 4 刺，中後足脛節兩端與中央共有 4 個明顯黑褐色環。膜片具皺紋，內室極小，狹長形。腹部兩側成弧形擴展。

陸棲

體長 L18-21mm；W3.3-5.8mm

霜斑素獵椿象
Epidaus famulus (Stål, 1863)

體黃褐色至紅褐色，密布淡色短毛，胸腹間有明顯白色蠟質粉被，尤以前翅革片端角處的大圓白斑最顯眼。側接緣鮮黃色，第 5 節端部與第 6 節基部黑色，形成明顯黑斑。分布於臺灣、中國、印度與緬甸。目前僅在馬祖南竿有過一筆紀錄。

何季耕攝

體長 L10-13mm；W2.6-3.6mm

小壯獵椿象
Biasticus flavinotum
(Matsumura, 1913)

體黑色，光亮。觸角、頭、小盾片與前胸背板前葉黑色，前胸背板後葉淡黃色至橙黃色。腹下淡黃白色，各節間有黑斑。本種與黃壯獵椿象 *Biasticus flavus* 外觀幾乎一樣，但小壯獵椿象觸角第 2 節短於第 3 節，黃壯獵椿象則長於第 3 節。

體長 L12.5-14.0mm；W4.3-5.9mm

黑脂獵椿象
Velinus nodipes (Uhler, 1860)

體黑色，光亮。觸角黑色，第一節中部有兩個白環。頭黑色。小盾片黑色，末端黃白色。各足腿節明顯結節狀，腿節有 2 白環。各足脛節略彎曲，亦呈明顯結節狀，脛節近末端有一白環，但此環有時消失。側接緣向兩側大幅突出，端部有白斑。

終齡若蟲。
水晶攝

體長 L20-25mm；W7.9-10.7mm

度氏暴獵椿象
Agriosphodrus dohrni (Stål, 1862)

　　體黑色，光亮，具黑褐色剛毛。頭黑色，長度約等於前胸背板長度。各足黑色，基節顏色變化大，全為黑色或全為紅色或僅前足基節紅色。前胸背板前葉圓鼓，中央後部深凹，後葉中部淺凹，側角鈍圓。前翅超過腹部末端。腹下兩側各節中部有一白斑，兩側擴展，側緣波浪狀，側接緣各節端半以及5~7節外緣淡黃白色。

楚立群攝

終齡若蟲。

陸棲

體長 L9-9.3mm；W2.2-2.4mm

島猛獵椿象
Sphedanolestes albipilosus
Ishikawa, Cai & Tomokuni, 2007

來自海洋攝

　　體褐色至黑褐色，觸角黑褐色，第4節色略淡，長於第3節。頭黑褐色，被短粗毛，單眼間有一淡色斑，前胸背板前葉圓鼓，大部分區域光滑，有毛的部分則形成對稱的斑紋，後葉有褐色短粗毛，中央寬凹陷，側緣扁平，黃褐色。各足腿節紅褐色，上隱約有兩個褐色環，端部黑褐色，脛節黑褐色。側接緣各節基部與端大半黃褐色，其餘部分黑褐色。

體長 L16-18mm；W3.4-5.2mm

環斑猛獵椿象

Sphedanolestes impressicollis (Stål, 1861)

　　體背及翅面黑色，頭部小具細頸，觸角細長，第一節有兩個細窄隱約淺色環紋，前胸背板中央有一條縱溝，腹背板外露，側緣具白、黑橫向斑紋，各腿節黑色，基部鮮黃色，近端部有一白色環。各脛節黑色，近基部處有一白色環，此環有時消失。

終齡若蟲。

體長 L8.9-9.5mm；W2.2-2.6mm

紅小獵椿象

Vesbius purpureus (Thunberg, 1784)

　　體紅色，光亮，頭部圓鼓，黑色，後葉末端強烈束縮。腿節明顯結節狀，若蟲各足除基節、轉節與腿節基部紅色外均黑色，成蟲僅基節黑色。腹部背面紅色，成蟲第5節後為黑色，若蟲僅最末節黑色。腹下紅色，成蟲具翅，前翅黑褐色。捕食性，捕食螞蟻。

體長 L20-25mm；W7-10mm

環足健獵椿象

Neozirta eidmanni (Taeuber, 1930)

　　體黑褐色至黑色，明顯光亮。頭、前胸背板、小盾片，觸角呈黑色。各足黑色，腿節與脛節中央有淡黃白色至淡黃色寬環。側接緣第2節黑色，第3~4節兩端黑色，第5節雌蟲全黑，雄蟲端部黑色，第6~7節雌蟲端大半黑色，雄蟲僅第6節端部黑色。

賴惠三攝

陸棲

體長 L10.5-11.5mm；W3.8-4.5mm

副斯獵椿象

Parascadra sp.

　　體紅色，光亮，頭紅色，頭頂圓鼓。觸角 8 節，黑褐色。前胸背板橫縊深，前後葉均有深陷溝，兩陷溝不相連接。小盾片紅色，末端有兩端突，外觀狀似 X 字。前翅革片爪片與端半黑褐色，前翅膜片黑褐色。各足腿節紅色，各足脛節黑褐色，近端部有一黃褐色環，跗節黃褐色。側接緣呈紅色。

各足脛節黑色，基部有一枚白色環紋。　　　謝怡萱攝

體長 L12-15mm；W3.8-4.9mm

沖繩斯獵椿象

Scadra okinawensis (Matsumura, 1906)

　　體黑色具光澤。頭黑色，複眼紅褐色，觸角 8 節，密布直立細毛。前胸背板圓鼓，橫縊顯著；小盾片二端突間無小突起。各足黑色。側接緣淡黃褐色至橙紅色。前翅革片基部與前側緣淡黃色。腹下紅色，兩側與末緣有黑色斑。

體長 L9-11mm；W0.8-1.2mm

短胸蚊獵椿象

Gardena muscicapa (Bergroth, 1906)

　　體深黑褐色，前胸背板前葉棍棒狀，後葉圓弧狀高隆，前後兩葉間有橫向縱凹。前足為捕捉式，基節甚長，腿節黑褐色，腹面有大小不等的刺突；脛節黑褐色，部分個體脛節背面黃白色。中後足褐色，腿節端部與脛節基部黑色，黑色間有白色環紋。

前足腿節一色黑無環紋。

體長 L12-16mm；W0.8-1.1mm

環足蚊獵椿象
Gardena albiannulata Ishikawa, 2005

體黑褐色至黑色，前胸背板前葉棍棒狀，後葉梯形漸上隆。前足為捕捉式，基節甚長，腿節腹面有若干大小不等的刺，近端部處有一明顯淡白色環紋。中後足黃褐色，腿節近端部處有黑褐色寬環，端部白色；脛節基部白色環紋後方有一小黑環。

前足腿節端部具白色環紋。

體長 L16-23mm；W0.5-0.8mm

臺灣脩獵椿象
Schidium confine Wygodzinsky, 1966

體黑褐色雜以灰黃色雜斑，前、中、後胸背板分界明顯，中胸與後胸背板約等長。前足腿節灰褐色雜有灰黃色斑，中央有一大刺，沿端部方向密生諸多小刺，中後足腿節有 4 枚隱約灰黃色環紋。本種成蟲多為無翅型，野外觀察尚未發現有翅個體。

體長 L5-7mm；W0.7-0.9mm

紅痣蚊獵椿象
Empicoris rubromaculatus (Blackburn, 1889)

頭黑褐色，複眼紅褐色，前胸背板前葉黑褐色，後葉黃褐色有三條黑褐色縱帶。前翅褐色，翅脈淡黃白色，翅痣橙紅色。前足黑褐色，基節有 2 枚黑環，腿節近端部有 2 枚白斑，脛節近端部有 1 枚白斑。中後足黃白色具黑色環斑。

前翅近端部具明顯的橙紅色翅痣。　余素芳攝

陸棲

隸獵椿象

體長 L14-16mm；W3.5-4.5mm

Lestomerus sp.

　　體黑褐色至黑色。前胸背板前葉略長於後葉。各足黃褐色，腿節端部黑褐色，腹面有一排細齒，脛節端部與跗節淺褐色。前翅革片黑色，爪片端半淺黃褐色，與爪片相鄰之革片上有半圓形淺黃褐斑。側接緣褐色，各節基部黑褐色。

謝怡萱攝

臺灣腹獵椿象

體長 L17.6-20.7mm；W5.5-7.1mm

Tiarodes pictus Cai & Tomokuni, 2001

　　體黑色光亮，頭暗紅褐色，呈圓柱狀前伸。前胸背板前葉暗紅褐色，後葉黑色，前後葉間有一縱凹溝。前翅革片黑色，側接緣一黑褐色。各足紅色，腿節與脛節兩端黑色。捕食性，棲息於枯木縫隙中，捕食馬陸、鼠婦與蠼螋。為臺灣特有種，稀少不普遍。

陸棲

橘紅背獵椿象

體長 L17-19mm；W5-6mm

Reduvius humeralis (Scott, 1874)

　　體黑色，複眼紅褐色。前胸背板中央具凹陷的溝紋；前葉圓鼓，後葉橙紅色，但有些個體後葉為黑色或黑褐色；小盾片與前翅黑色，各足細長黑色。捕食性種類，成蟲多捕食鞘翅目如金花蟲等小甲蟲。分布於中、低海拔山區，數量少不普遍。

體長 L5-6mm；W0.8-1mm

小紅盲獵椿象

Polytoxus eumorphus Miller, 1941

　　體密布直立或半直立柔毛，頭橙紅色，複眼黑色。前胸背板前葉中央隆起，橙褐色至橙紅色，後葉中央有一黑褐色縱斑；側角刺黃白色，刺頂端黑。小盾片黑色，末端刺直立，黃褐色。前翅翅面中央有一明顯灰褐色縱帶。各足黃褐色，腿節端部紅色或淡紅褐色，脛節基部紅色或淡紅褐色。

體長 L9-12mm；W0.9-1.4mm

紅脈盲獵椿象

Polytoxus rufinervis ardens
Ishikawa & Yano, 2002

　　頭、前胸背板後葉兩側、小盾片的基部及端部、前翅革片基部紅色。前胸背板前葉、前翅兩側、各足、前胸背板側角刺及小盾片刺的基部、身體腹面中央均為黃色。各足腿節中央與端部有一黑褐色環，前足脛節常彎曲。

前胸背板側緣黑色，各足關節紅色。

體長 L6-8.5mm；W1.2-1.6mm

中褐盲獵椿象

Polytoxus fuscovittatus (Stål, 1860)

　　頭紅色，中央略帶黑褐色暈，複眼黑色。前胸背板前葉中央隆起，黑色，兩側紅色；後葉黑色，兩側脊狀隆起，紅色；側角刺灰黃色，端部黑色；小盾片黑色，末端刺灰黃色，端部黑色。前翅膜片灰褐色，兩側黃色。各足灰黃色，腿節端大半灰褐色。腹下黃色，中央有黑褐色縱帶。

前胸背板側緣紅色，各足不帶紅色。

陸棲

體長 L11-13mm；W1.3-1.5mm

江崎氏盲獵椿象

Polytoxus esakii Ishikawa & Yano, 1999

　　體呈黃褐色，頭黃褐色，複眼黑色，前胸背板光亮，前葉中央隆起，黃褐色至褐色，後葉灰白色，中央有一黑褐色縱斑；側角刺灰黃色，刺頂端黑。小盾片黑色，末端刺黃褐色。前翅灰白色，翅面散布黑色塊斑。各足黃褐色，腿節腹面有一列小鋸齒。

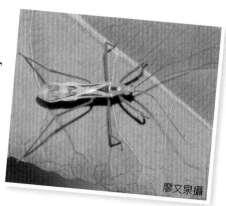

廖文泉攝

體長 L11.2-14.2mm；W4-4.5mm

晦紋劍獵椿象

Lisarda rhypara Stål, 1859

　　體黑褐色，頭前端刺狀前伸。觸角黃褐色。前胸背板前葉黑色，凹凸不平具皺褶，後葉褐色具淺橫皺；側角短刺狀。側接緣褐色，端部帶黑褐色；小盾片黑色，末端刺狀突起。各足腿節近端部腹面有一黑刺，前足脛節黑色，基部帶黃斑，中後足脛節兩端黑褐色。

陸棲

體長 L13.5-17.5mm；W3-3.5mm

污刺胸獵椿象

Pygolampis foeda Stål, 1859

　　體褐色。觸角淡褐色，第一節較粗，且長於頭長。頭褐色，複眼黑色。前翅膜片褐色，翅室內有 2 淡色小斑。各足黃褐色，腿節背面淡黃色點斑常形成排列整齊的點列；脛節有褐色環。本種近似雙刺胸獵椿象，但雙刺胸獵椿象觸角第一節明顯短於頭長。

長翅型，前翅膜片有 2 枚白斑，上下排列。

體長 L 約 8.8mm；W 約 2.7mm

新舟獵椿象

Neostaccia plebeja Stål, 1866

　　體褐色，前胸背板前角與側角圓形突起，前翅端部與膜片內室基部翅脈褐色，頭眼後兩側，前胸背板兩側褐色。各足腿節淡褐色，前足腿節粗大，腹面有一排較大的刺，脛節淡褐色，兩端與中部環隱約，褐色。棲息於地表草叢、低矮灌叢、石縫與落葉堆，多取食白蟻。

體型較粗壯。

體長 L15-16mm；W3-3.5mm

壯梭獵椿象

Sastrapada robusta Hsiao, 1973

　　體草黃褐色，體型粗壯。觸角第一節較粗，明顯短於頭長。前胸背板後葉末緣兩端與中央有 3 個黑斑。前翅膜片中央有一較大黑色小斑。前足腿節粗壯，近端部腹面有一枚小黑斑，各足脛節淡色，兩端與中央有黑色環，跗節黑褐色。腹下褐色，有一條淡色縱線。

體長 L11-18mm；W2.5mm

石紋梭獵椿象

Sastrapada marmorata Villiers, 1960

　　體草黃褐色，瘦長，頭、胸有明顯淡色小顆粒與縱皺紋。前胸背板後葉向後稍隆起。觸角第一節略短於頭長。各足轉節黑色，前足腿節背面有 4~5 枚黑褐色縱斑，內側褐色縱帶顯著。腹下淡褐色，各腹節中央有大黑斑，由一條褐色縱線連接。

體型較瘦長。

體長 L 約 17mm；W 約 3.5mm

尾突梭獵椿象
Sastrapada sp.

　　體淡黃褐色。觸角第一節較粗。前胸背板有 2 條淡色縱線；前葉兩側縱紋與中部小點斑黑褐色，後葉後部有 6 條淡褐色縱斑；小盾片有淡褐色縱紋，末端黑色。前翅膜片中央有一較大黑色小斑。各足淡色，中足腿節近端部有顯著黑色環。腹部末節強烈延伸如叉狀。

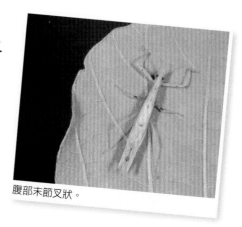

腹部末節叉狀。

體長 L15-17mm；W4.1-5mm

雙環普獵椿象
Oncocephalus breviscutum Reuter, 1882

　　體黑褐色，具不規則深色與淡色斑。頭前葉長於後葉。前胸背板後葉近末緣處有 2 枚淡色橫斑，前翅中室有黑斑，前翅膜片後室有黑色彎紋。各足脛節淡黃色，兩端黑色，中央有兩個黑環，後足脛節黑環較隱約。

陸棲

前翅只有 1 枚黑斑。

體長 L 約 10mm；W 約 3.6mm

錐絨獵椿象
Opistoplatys sorex Horváth, 1879

　　體褐色，密布黃褐色絨毛。觸角黃褐色。頭前端向前延伸成錐狀，但唇基並不延伸成刺狀。前胸背板前葉具黑褐色印紋 ，中部凹陷，兩側圓鼓，後葉中央縱脊兩側微凹陷，側角圓鼓。前翅革片黑褐色，除基部、端部與翅脈上有毛外其他地方均不具毛。前翅膜片黑褐色。

體長 L13-20mm；W3.4-4.5mm

毛眼普獵椿象

Oncocephalus pudicus Hsiao, 1977

　　褐色至黑褐色，頭前葉與兩側各有一條淡色縱帶。複眼上有短剛毛。前胸背板前葉中央有 2 條淡黃色縱帶延伸到後葉，兩淡色縱帶間有細小淡縱線 2 條；小盾片黑褐色，末端淡黃白色，短刺狀向上彎曲，刺頂不尖銳。前足腿節中央黑褐色雲斑，脛節兩端與中部黑褐色，中後足淡色部分明顯黃色。雌蟲多為短翅型。

雄，長翅型。前翅上列黑斑鑲黃白色邊框。

雄蟲。

體長 L15-17mm；W3.8-4.5mm

黑斑褐獵椿象

Oncocephalus assimilis Reuter, 1882

　　雌雄二型。雄蟲褐色，頭前葉與兩側各有一條淡色縱帶。前胸背板前葉中央有兩條淡黃色縱帶延伸到後葉，兩淡色縱帶間有細小淡縱線 2 條；小盾片褐色，末端短刺狀後延。前足腿節背面有二條連續黑褐色縱線。雌蟲黃綠色，前翅中室全黑色；外室除上緣有窄淡斑外全為黑色。

體長 L19-24mm；W7.5-8.3mm

橫脊新獵椿象

Neocentrocnemis stali (Reuter, 1881)

　　體淡褐黃色。頭橫縊與頸部兩側縱紋黑色。前胸背板側角刺顯著，後葉有 2 斜下縱脊與 2 橫脊；小盾片頂端向上翹起。腹部側接緣各節邊緣有刺突。本種 TaiBNET 原登錄為臺灣特有種之臺灣新獵椿象，已於 2011 年由蔡經甫博士檢驗了各模式標本獲得釐清。

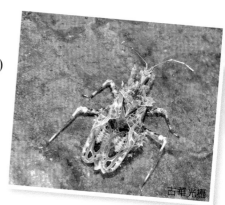

古華光攝

陸棲

體長 L 16-17mm；W 5-7mm

半黃足獵椿象
Sirthenea dimidiata Horvath, 1911

　　體型狹長，頭部及前胸背板黑色，前胸背板前葉具多條縱稜，前胸背板後葉具刻點，小楯板黑色，前翅革質翅前半黃色，後半黑色，膜質翅黑色，各腳黃褐色至淡褐色，前腳腿節粗壯。分類於盜獵椿亞科，黃足獵椿屬，林試所標本館有陳列，採集地宜蘭福山，本圖攝於新竹縣五峰鄉，稀少。

許佳玲攝

陸棲

陳柳枝攝

體長 L 16-18mm；W 6-7mm

黃足獵椿象
Sirthenea flavipes (Stål, 1855)

　　體型狹長，頭部及前胸背板黃褐色，前胸背板前葉有 4 條黑色縱紋，中間 2 條上下端交會呈長橢圓形，兩側的縱紋較短，前胸背板後葉黑色，小楯板黑色，前翅革質翅近基部黃褐色，小楯板黑色，小楯板下方有 1 枚黃褐色圓斑，其餘黑色，膜質翅黑色，末端黃褐色，各腳黃褐色。

體長 L9.5-12mm；W5-6.4mm

臺灣菱瘤椿象

Amblythyreus taiwanus Sonan, 1935

　　雌雄蟲體色略有差異。雄蟲觸角第 1 節背面、第 4 節端半黑褐色，其餘黃褐色。頭頂黑褐色，頭部兩側與前緣草黃色。前胸背板前葉草黃色，後葉大多褐色，前葉中央與後葉側角帶黑褐色；小盾片黃綠色，前緣中央半圓形隆起，兩端各有一半圓形黑褐斑。前翅黑褐色。腹背黃綠色，最寬處位於 3~4 節間，側接緣第 3、4、5 與第 7 節帶黑褐色。

　　雌蟲觸角第 1 節背面黑色，第 2~3 與第 4 節基部黃褐色，第 4 節端部淺黃褐色。前胸背板前葉除中央短縱斑外黃綠色，側接緣同雄蟲，但第 7 節無黑褐色且端部帶紅褐色。各足腿節黃綠色，脛節端大半與跗節褐色。捕食性，喜躲藏於花朵間，採守株待兔的方式以特化之捕捉足伏擊獵物。

雄蟲。　　　　　　謝怡萱攝

雌蟲，腹部擴張更大。　　謝怡萱攝

體長 L 約 9.5mm；W 約 3.2mm

天目螳瘤椿象

Cnizocoris dimorphus Maa & Lin, 1956

　　頭紅褐色，有白色小刻點，複眼後方縱帶暗褐色。前胸背板前葉大多暗褐色，前部有白色小刻點，前葉紅褐色，側緣近側角處與中央縱斑黑褐色，密布白色小刻點，側角銳角狀向後方突出；小盾片紅褐色，前緣中央半圓形隆起。前翅革片紅褐色，兩側黃綠色，前翅膜片灰褐色，略透明。腹部側接緣黃綠色，雄蟲第 4 節黑褐色。

江聰德（青竿）攝

黑紋透翅花椿象

Montandoniola moraguesi (Puton, 1896)

草叢

陸棲

↑體光亮，前翅革片有 2 枚長橢圓形黃白斑。

形態特徵

　　體黑褐色具光澤，頭、前胸背板
與小盾片黑色，複眼暗紅色，單眼位
於複眼內側。觸角第 1~2 節黑色，3~4
節黃褐色。前翅革片大多為黑色，爪
片與革片中央黃白色；前翅膜片黃白
色，中央縱斑黑色，末端黑色，各足
黑色，前中足脛節與跗節黃褐色。

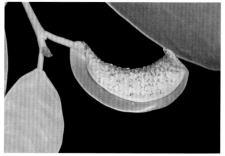

↑潛入榕葉的蟲癭裡捕食榕薊馬的若蟲或卵。

生活習性

　　捕食性種類，捕食薊馬，多發現
於豆類、果樹與由薊馬造成的植物癭
內，尤以榕樹上最常發現。

分布

　　分布於日本、臺灣、中國與印度；
臺灣普遍分布於低海拔山區與平地。

↑圖中為外觀近似之榕薊馬，呈黑色，身體瘦長。

301

體長 L1-2.5mm；W0.7-0.9mm

南方小花椿象

Orius strigicollis (Poppius, 1915)

　　體小型，頭、前胸背板與小盾片黑色，複眼暗紅褐色，觸角黃褐色。前翅革片黃褐色，末端黑色；前翅膜片淺灰褐色，各足黃褐色。可捕食蚜蟲、小型盲椿象、薊馬、粉蝨、葉蟬，並取食多種蛾卵，也會吸食多種植物之汁液和花粉，通常以捕食為主，由於捕食種類廣泛，常用於生物防治。

體長 L1.1-1.3mm；W0.6-0.7mm

小鐮花椿象

Cardiastethus exiguus Poppius, 1913

　　體黑褐色具光澤。頭褐色。前胸背板與小盾片黑色，觸角淡黃褐色。前翅革片黑色，革片中央有時略淺帶褐色；前翅膜片灰褐色。各足黃褐色。捕食性種類，捕食蚜蟲、薊馬與小型盲椿科若蟲，常發現於血桐花絮內，大發生時數量眾多。

體長 L 約 3.6mm；W 約 0.9mm

宮本原花椿象

Anthocoris miyamotoi Hiura, 1959

　　體狹長，頭、前胸背板與小盾片黑褐色，觸角褐色。前翅革片大半灰黃色，爪片接合縫後端兩側黑褐色，革片外觀為兩端黑褐色，中間有一黑褐色橫帶，前翅膜片灰褐色，前端與中央兩側白色。各足褐色。本種近似中國產之橫帶原花椿象，但後者觸角第 2 節白色，前翅膜片中央有一白色橫帶。

陸棲

熱帶臭蟲
Cimex hemipterus (Fabricius, 1803)

別名│床蝨、印度臭蟲

↑前翅退化僅剩下翅基，前胸背板後部圓弧。

陸棲

形態特徵

　　體扁平，密生短毛，頭小，觸角4節。前胸背板前緣內凹，側緣與後緣圓弧；前翅退化為翅基，無後翅。雌蟲腹末圓弧，雄蟲尖窄。

生活習性

　　本科一屬 2 種，均以高等脊椎動物血液為食，除吸食人血外也吸食鳥、兔、鼠、蝙蝠等小型動物血液。常棲息住家，白天藏身於床架、床墊、牆壁、櫥櫃等隙縫，夜間出沒，被吸血後皮膚會產生紅腫癢痛等不適感。成蟲與若蟲耐饑力極強，若蟲可耐饑 150~160 天，成蟲可耐饑 200 天以上。雌蟲需吸血後方會產卵，一次產下 7~9 粒卵，一生可產約 400 粒，壽命達 300 天以上，繁殖能力驚人。若蟲五齡，需吸血後方能蛻殼進入下一齡期。本屬另一種為溫帶臭蟲，習性相近，但本種無冬眠期，溫帶臭蟲則於低溫下會進入冬眠期。一年可以發生 4~6 代。

分布

　　廣布於全世界熱帶地區，臺灣由於衛生環境良好，現已很難發現其蹤跡。

303

赤光背奇椿象
Stenopirates yami (Esaki, 1935)

地棲

陸棲

↑頭部向前延伸，眼後方呈球狀隆突，前翅緣及各足紅色。

本種分類於奇椿科，本書記錄 3 種。這種椿象體型弱小，頭部前伸尖長，翅緣具紅色邊紋，主要分布於中海拔。筆者在觀霧、翠峰、明池見過，棲息陰暗的林道裡，晨、昏會群集飛舞。走在林中，牠們會飛到衣服上，有時會撞進眼睛裡，身體雖小但很敏感，不會在枝葉上停留太久，要拍照還不容易呢！本種有兩型，曾在同一個環境拍到頸紅色和黑色個體。2012 年在烏來山區的石下翻到一隻無翅型的雌蟲，當時已至 10 月，之前幾乎都在 7 月拍的，也許牠們會以成蟲型態度冬。

形態特徵

　　體暗褐色，自頭部沿前胸背板到小盾片顏色漸淡。頭在眼後部急速收縮又急速擴展，在眼後形成一個縱橢圓形。觸角 4 節，上生密短毛。前葉黑色，後葉紅至黑色。前胸背板橫隘顯著，將其分成前中後三部分。各足除腿節基部外皆呈紅至紅褐色。前翅全為膜質，除頂端與側緣紅色外其餘暗褐色。側接緣呈紅色，腹下各腹節後半紅色，形成紅黑交錯的橫帶紋。

生活習性

　　捕食性種類，棲息於潮濕地表，捕食跳蟲與螞蟻或白蟻。雌蟲常為短翅型或無翅，有群飛習性。

分布

　　臺灣普遍分布於中、低海拔山區，棲息環境為森林潮濕落葉堆底層、溪流邊潮濕石礫或苔蘚上。

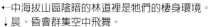
←中海拔山區陰暗的林道裡是牠們的棲身環境。
↓晨、昏會群集空中飛舞。

↑ 10 月棲息地下，為無翅型的雌蟲。
→側視，身體扁平狹長。

陸
棲

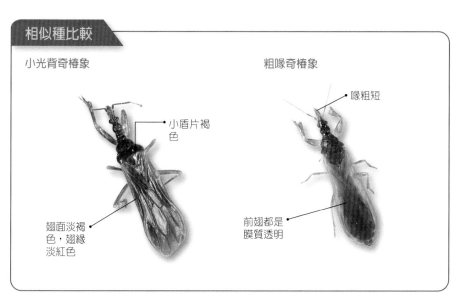

相似種比較

小光背奇椿象

小盾片褐色

翅面淡褐色，翅緣淡紅色

粗喙奇椿象

喙粗短

前翅都是膜質透明

體長 L2.4-3.1mm；W0.6-0.8mm

粗喙奇椿象

Henschiella saigusai Miyamoto, 1965

　　體暗褐色，自頭部沿前胸背板到小盾片顏色漸淡。頭在眼後部急速收縮又急速擴展，在眼後形成一個橫橢圓形，單眼著生於複眼稍內後側，單眼間距離較遠。觸角 4 節，第 1~2 節較粗，顏色較深，第 3~4 節顏色淡。喙粗短，前翅全為膜質，透明。捕食性種類，棲息於潮濕地表，捕食跳蟲、螞蟻或白蟻。

體長 L4.5-5.5mm；W1-1.2mm

小光背奇椿象

陸棲

Stenopirates chipon (Esaki, 1935)

　　體暗褐色，自頭部沿前胸背板到小盾片顏色漸加深。頭在眼後部急速收縮又急速擴展，在眼後形成一個圓球形，頭的眼前部分短於頭的眼後部分。觸角 4 節，第 1~2 節顏色較深，第 3~4 節顏色淡。前翅全為膜質，黑褐色，略透明。腹下各節後緣橙褐色，兩側有光滑狀黑色圓斑。各足腿節端大半與脛節基部紅褐色。

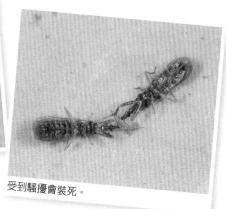

受到騷擾會裝死。

褐角肩網椿象
Uhlerites debilis (Uhler, 1896)

樹棲

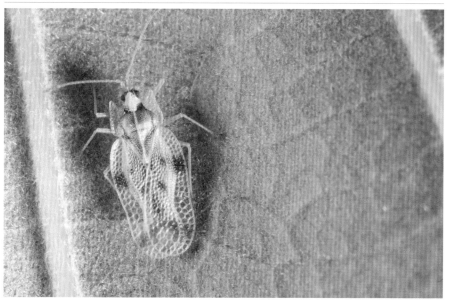

↑前胸側板角狀尖突，前翅中央有隱約 X 形褐斑。

陸棲

形態特徵

　　長橢圓形，黃褐色，前翅有深褐色斑。黃褐色頭部大部分被頭兜遮蓋，僅露出複眼部分。觸角淡褐黃色，上有平伏短毛，第 4 節褐色，端半有半直立長毛。前胸背板褐色，胝區深褐色，頭兜、側背板及三角突的端角黃白色，背面具深而大的刻點，至三角突刻點變大，頭兜向前擴展呈寬角狀，前緣略平直，伸達頭的前端，中縱脊直立。側背板外緣中部略向內彎曲，前角長，稍伸過眼的中部。前翅寬橢圓形，背面觀自中部至端部有一褐色 X 形斑紋，外側透明，小室連續如網格狀。

生活習性

　　植食性種類，寄主植物以殼斗科

櫟屬為主，如椆樹、圓果青剛櫟與白背櫟等。

分布

　　分布於日本、韓國、臺灣、中國與西伯利亞；臺灣分布於中、低海拔山區，局部地區分布，不普遍。

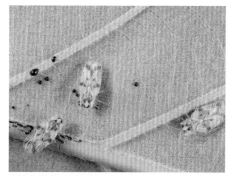

↑棲息葉背，群聚性。

杜鵑冠網椿象
Stephanitis pyrioides (Scott, 1874)

別名｜杜鵑軍配蟲

樹棲

↑前胸背板縱脊三條，翅面 X 形黑斑明顯。

陸棲

杜鵑冠網椿象俗稱杜鵑軍配蟲，以翅脈網狀及造型像日本古代的軍配扇而命名。本科記錄 15 種，本種主要寄主杜鵑花，2~5 月可在葉背找到牠們。若蟲和成蟲群聚吸食汁液，這時葉子上會密布灰白色的斑點，但對花期影響不大。杜鵑冠網椿象身體透明具光澤，頭部膨大像盔甲，前胸側板像盾片，外觀十分奇特，但僅有 3.5mm，因此很不容易拍照，沒拍到細節的話要與他種分辨就比較困難，不過可從寄主追蹤種別，譬如香蕉冠網椿象寄主香蕉，繡球冠網椿象寄主繡球花，明脊冠網椿象以樟楠類植物寄主。

形態特徵

頭呈褐色，頭中葉向前較為突出。觸角淺黃褐色，第 3 節較細，第 4 節略向內彎並被半直立毛。前胸背板暗黃褐色，密布刻點，三角突無刻點而有面積向後逐漸增大的網室，頭兜寬大，長橢圓形，除複眼外緣外，頭全部為頭兜所覆蓋，前端呈較短的銳角，伸出略超過觸角第 1 節的前端，中間一條縱脈粗且暗深褐色。中縱脊的高度及長度與頭兜的高度及長度略等，二側脊長度為中縱脊長度的 1／4，後端略向外分歧。側背板較窄長，後端圓形突出稍向內彎。前翅較寬大而長，前線自基部至中部呈圓弧狀彎曲，端部略向外分歧，X 形褐斑明顯。

生活習性

植食性種類，寄主植物為杜鵑花科的馬醉木屬與杜鵑屬，以吸食葉片汁液為生。

分布

　　分布於韓國、臺灣、中國、德國、英國、荷蘭、阿根廷、摩洛哥、美國與澳洲。普遍分布於臺灣全島中、低海拔山區與平地。

→杜鵑冠網椿象寄主杜鵑花，葉面出現許多灰白色的斑點。

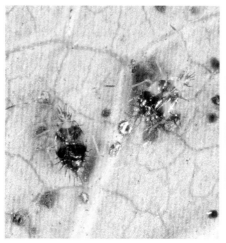

↑翅面具網狀的花紋，頭兜向前延伸呈盔甲狀隆突，胸側板翼狀扁平。

←若蟲體背密生棘刺。

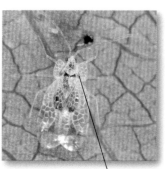

陸棲

相似種比較

明脊冠網椿象

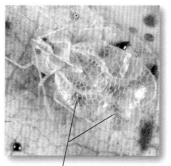

左右翅有2條淡褐色橫帶，下列斜向

香蕉冠網椿象

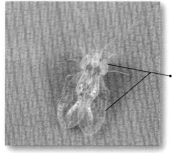

繡球冠網椿象

前胸側板基部有一枚褐色斑

通體透明，前胸側板及翅膀橫脈明顯平直

墨里尼方翅網椿象
Corythucha morrilli

樹棲　草叢

陸棲

↑ 頭兜明顯，翅面矩形。

形態特徵

　　體呈淡黃褐色，頭兜大，除複眼部分外露外覆蓋頭全部。前胸背板與三角突暗褐色，上有 3 條縱脊，2 側脊寬扁，沿三角突邊緣往下而與中縱脊交會於三角突末端；胸側板寬圓形，邊緣有細密鋸齒。前翅窄縮，於後胸側板處圓弧直角狀平伸，再圓弧直角狀往下延伸，整個翅面狀似方形。翅緣均密布細密鋸齒。

↑ 若蟲與成蟲群聚臭杏葉上。

生活習性

　　植食性種類，寄主植物以菊科為主，加拿大蓬、昭和草、南國小薊、蘄艾等草本菊科植物上均曾發現。

分布

　　本種為美洲種，現已普遍分布於臺灣中、低海拔山區與平地，可能隨進口花卉移入。

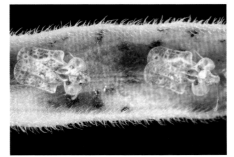

↑ 身體各部側緣有齒狀突排列。

泡殼背網椿象

Cochlochila bullita (Stål, 1873)

草叢

↑側背板翻捲呈貝殼狀，翅緣具黑色橫脈。

陸棲

形態特徵

　　體呈暗褐黃色，前胸背板中部黑亮，側背板外緣與三角突深黑色，側背板極發達，向上翻捲形成貝殼狀。前緣域透明，具一列小室，室橫脈黑色；腹下黑；足黃褐色，跗節末端黑色。觸角淺黃褐色：第 4 節端部黑。

生活習性

　　植食性種類，寄主植物以唇形花科的蘿勒屬為主，九層塔、毛葉蘿勒上均曾發現。

分布

　　分布於臺灣、中國、印尼、菲律賓、印度、斯里蘭卡、南非、肯亞、烏干達、坦桑尼亞、剛果，普遍分布於臺灣中、低海拔山區與平地。

↑前胸背板側緣隆突，弧圓狀。

↑若蟲，體背黑褐色具棘刺。

體長 L 4.2-4.3mm；W 1.7-2mm

費氏折板網椿象

Physatocheila fieberi Scott, 1874

　　體大而寬。頭黑褐色，觸角基部及複眼間有白粉被。觸角基部瘤狀，呈黃褐色，第4節黑色。前胸背板淺黃褐色，上有3條淡黃白縱脊，縱脊端部前方有褐色條斑，頭兜從背面觀呈三角形。側背板全部向背面翻折，外緣靠近中縱脊但並不相接觸。二側脊前半被側背板所覆蓋，後半裸出，並逐漸向外分歧。前翅遠長於腹部末端，前側緣呈大波浪狀，最寬處位於三角突頂端之外側，中部及端部各有一深褐色橫帶，最寬處位於相當三角突之外側。腹下黑褐。植食性種類，寄主植物為山葡萄。分布於臺灣、中國與緬甸；臺灣地區普遍分布於中、低海拔山區與平地，局部地區數量眾多。

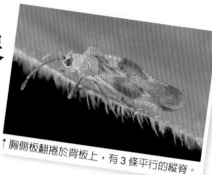

↑胸側板翻捲於背板上，有3條平行的縱脊。

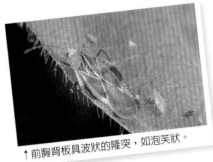

↑前胸背板具波狀的隆突，如泡芙狀。

↑胸側板翻捲於背板上，邊緣極靠近中縱脊，體色以黑色為主。

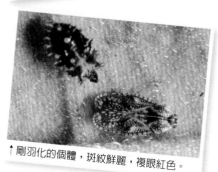

↑剛羽化的個體，斑紋鮮麗，複眼紅色。

體長 L 約 2.6mm；W 約 1.1 mm

明無孔網椿象

Dictyla evidens (Drake, 1927)

　　體粗壯。頭及身體腹面呈黑色，足及觸角淺黃褐色，觸角第4節略膨大，端大半黑褐色。側背板白，部分室脈褐色。前胸背板前半窄，中部明顯橫寬且鼓起，側背板翻轉完全平貼於背板上，外緣與中縱脊幾乎緊鄰。中縱脊明顯舉起，具一列小室；二側脊短，後端向外分歧。三角突黑褐色，小室多為白色，不透明。前翅明顯長於腹部末端。植食性種類，寄主植物為破布子、假酸漿與恆春厚殼樹。分布於日本、臺灣與菲律賓；臺灣地區普遍分布於中、低海拔山區與平地。

陸棲

體長 L 約 5.45mm；W 約 5mm

短脊網椿象

Tanytingis takahashii Drake, 1939

　　頭黑色，背面鼓起，複眼黑色，略橫向伸出。觸角褐色，第 4 節大部分黑色。足黃褐色，中後足的腿節略呈紅色。前胸背板黑色，具深而粗刻點，側背板很窄，褐色，三角突末端圓弧狀，上有黑色刻點；小盾片灰白色，露出部分形成明顯銳角三角狀。

謝怡萱攝

體長 L5.7-6.5mm；W3.4-4.2mm

栗碩扁網椿象

Ammianus toi (Drake, 1938)

　　頭黑褐色，複眼後緣顏色較淡。觸角黑褐色。前胸背板黑褐色，領前緣及三角突端角黃褐色，三角突有圓形刻點狀小室。頭兜基部與胝區四周有白色粉被。側背板黑褐色，上有輪形黃褐色斑，向側前方擴展狀如鱉腳。前翅有橙褐色帶，小室翅脈褐色，末側黑色。體腹被白色薄粉被。

李雪攝

陸棲

體長 L 約 4.7mm；W 約 2.9mm

臺灣寬翅網椿象

Lepturga chinai Takeya, 1962

　　體淡黃褐色，頭後緣兩側各有一小紅褐色縱斑。觸角紅褐色，第 4 節黑褐色。頭兜下側緣有白色粉被，粉被中央有彎月形黑褐色斑各 1。前胸背板中區紅褐色，三角突上有三條縱脊。側背板黃褐色，外緣紅褐色。前翅有細密短毛布滿方格狀小室。停棲時不互相交疊，各足紅褐色。

來自海洋攝

體長 L 約 4.7mm；W 約 2.9mm

香蕉冠網椿象

Stephanitis typica (Distant, 1903)

　　體纖弱。觸角細長，淺黃白色。前胸背板淺褐色，被稀疏小刻點及稀疏短毛；頭兜白色，半透明，鴨梨形，除複眼露出外幾乎覆蓋頭的全部。前翅玻璃狀透明，有彩色閃光，無任何色斑。各足細長、淺黃渴，脛節端及跗節色較深。

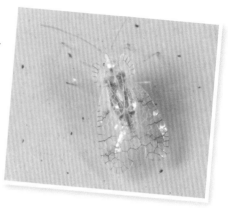

體長 L 約 4.1mm；W 約 2.1mm

繡球冠網椿象

Stephanitis hydrangeae Drake & Maa, 1955

　　頭褐色，除複眼外露，有一半被頭兜覆蓋。觸角黃褐色，細長被短毛。前胸背板，有三縱脊，中縱脊強烈上舉，二側脊前端幾乎達頭兜後緣，稍向上舉，側背板後端有褐色暈斑。側背板外緣及前翅前緣具細齒。

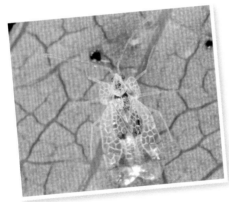

體長 L 約 3.6mm；W 約 2mm

明脊冠網椿象

Stephanitis esakii Takeya, 1931

　　頭兜伸過頭的前端。中縱脊具 2 列小室；側背板多為 3 列小室。觸角細長，黃褐色。前翅寬，靜止時端部分歧；前緣域最寬處為 4 列小室；亞前緣域為 2 列小室；中域不達前翅的中部，最寬處為 3 列小室。喙伸達中足基節間。體腹面黑褐色。

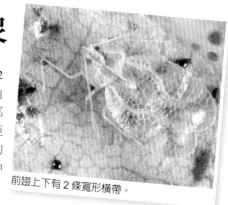

前翅上下有 2 條寬形橫帶。

體長 L 約 3.2mm；W 約 1.1mm

斑脊冠網椿象

Stephanitis aperta Horváth, 1912

　　體細長，頭兜球形，前端尖，寬度略小於頭的寬度，稍突出於頭中葉之前，後端伸至側背板中央。體腹面黑褐色，側背板及前翅上具淡黃帶斑。頭頂橙褐色，小頰及觸角基淡黃色，觸角黃褐色。前翅淡黃，透明，有明顯 X 形暗褐斑，前緣域及中域的室橫脈色深。各足黃褐色。

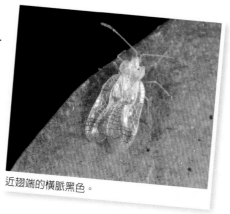

近翅端的橫脈黑色。

體長 L 約 3mm；W 約 0.8mm

臺高冠網椿象

Baeochila scitula Drake, 1948

　　頭黑褐色，觸角黃褐色，第 1 及第 2 節粗短。前胸背板，有 3 條平行縱脊，頭兜長而高，中縱脊高於頭部，側背板翻摺平貼於前胸背板背面，邊緣幾乎接觸側縱脊。體腹面黑褐色。本種外形接近高冠網椿象，但本種前翅前緣域具一列窄長小室，而高冠網椿象則不具小室呈脊狀。

陸棲

體長 L 約 2.8mm；W 約 1.3mm

破無孔網椿象

Dictyla sauteri (Drake, 1923)

　　觸角黃褐色，第 4 節多為褐色。足黃褐色，跗節褐色。頭黑，頭刺黃褐色。前胸背板黑色，被粗刻點，側背板黃褐色，小室白。前翅大部為褐色，其上小室白。體較粗壯。中縱脊長，具一排小室；二側脊短。側背板窄，其外緣不與中縱脊相接近。身體腹面黑色。

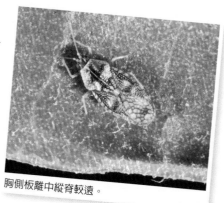

胸側板離中縱脊較遠。

體長 L 4.7-5.0mm；W 2.1-2.3mm

黑腿冠網椿象

Stephanitis gallarum Horvath, 1916

　　頭部、觸角、前胸背板上的 X
型斑與各足均為深褐色到黑褐色，頭
兜、觸角、各足與前翅網室脈上有短
柔毛，寄主植物為樟科槇楠數與樺木
科赤楊屬，以吸食葉片汁液為生。分
布於中低海拔山區與平地，數量少並
不普遍。

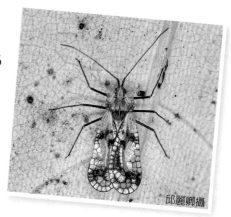

邱麗卿攝

陸棲

熊盛志攝

體長 L 4-4.5mm；W 2-3mm

怪網椿象

Xenotingis horni Drake, 1923

　　體色黑褐色，前胸背板寬大，側
緣膨大弧狀彎曲，蜂窩狀，兩邊幾乎
相連，中央形成一個圓形凹洞，前翅
具網狀紋，兩翅相疊，側緣透空斑紋
蜂窩狀，各腳淡褐色。為臺灣特有種，
稀少。

體長 L 3-4mm；W 2-3mm

楊柳網椿象

Metasalis populi (Takeya, 1932)

　　長橢圓形，褐色，前胸背板有 3
條縱向的稜脊，小盾片內有 2 枚黑色
斑，前翅革質合翅時呈不明顯的 X 型
黑褐色斑紋，近前緣端各有 1 枚深色
的縱斑。分布於平地至低海拔山區，
成蟲、幼蟲以楊柳樹寄主，棲息葉背
吸食汁液。

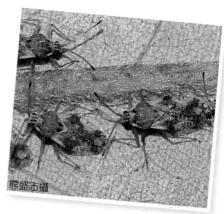

熊盛志攝

美麗毛盾盲椿象
Onomaus lautus (Uhler, 1896)

草叢

↑紅綠色調交織，色彩豔麗，來自海洋攝。

陸棲

形態特徵

　　體青綠色，頭深褐色。觸角黑色，第 1 節紅色，第 3 節基半白色。前胸背板褐色，兩側黑褐色，前半中央有一枚黑色圓斑；小盾片隆突飽滿，黑色，中央有青綠色斑；前翅革片青綠色，爪片前半黑色，後半紅色；革片中央紅斑五角形，後部楔片前緣黑褐色。膜片前緣寬帶黑褐色，翅室翅脈黑褐色，翅室下方兩側斑白色。各足腿節紅色，基部青綠色，脛節褐色至深褐色。

生活習性

　　植食性，寄主植物廣泛，包含菊科、禾本科、豆科與百合科多種植物，臺灣則多發現於百合科沿階草屬植物上。

分布

　　分布於臺灣、中國與日本；臺灣分布於中、低海拔山區，局部地區普遍。

相似種比較

紅紋透翅盲椿象

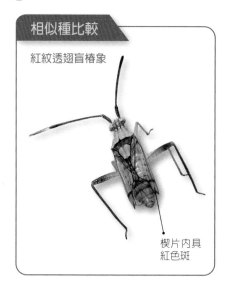

楔片內具紅色斑

刺角透翅盲椿象

Hyalopeplus spinosus Distant, 1904

  草叢

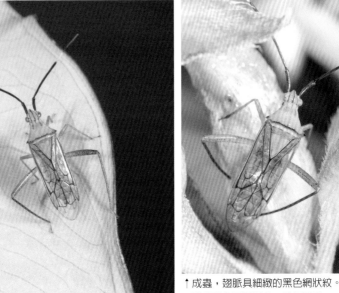

↑成蟲，翅脈具細緻的黑色網狀紋。
←體背綠色至褐綠色，前翅透明。

形態特徵

　　頭青綠色，頭頂中央與複眼內側共有 3 條黑色縱帶，中央一條延伸至前胸背板前端。觸角褐色，第 3 節基部大部分白色。前胸背板綠色，後緣黑褐色；小盾片綠色，兩側與中央有隱約褐色縱帶；前翅全部透明，翅脈褐色。各足腿節綠褐色，基部淡色，脛節與跗節紅褐色。本種近似紅紋透翅盲椿象，但後者前翅楔片紅褐色，可輕易區辨。

生活習性

　　植食性，寄主植物廣泛，包含禾本科、薑科、豆科、杜鵑花科、茶科等多種植物，臺灣多發現於茶樹、颱風草、閉鞘薑、杜鵑花與海桐等植物上。

分布

　　分布於臺灣、中國、印度與越南，臺灣分布於中、低海拔山區，局部地區普遍。

↑若蟲，觸角近末節具白斑，體背綠色，謝怡萱攝。

陸棲

邵氏薩盲椿象
Sabactus sauteri (Poppius, 1912)

草叢

陸棲

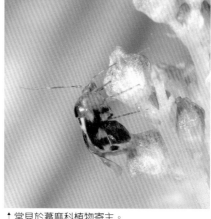

↑常見於蕁麻科植物寄主。
←具強光澤，小盾片黃白色，基部中央有末端鈍圓的黑斑。

形態特徵

體被金黃色硬短毛，頭橙色。前胸背板黃褐色至淺黑褐色，常帶橙色，領與領後部分橙色。觸角第 1 節黃白色，端部有淺褐色環，第 2 節黑褐色，靠近基部淡黃褐色環約為該節長度 1 / 5~3 / 5，第 3~4 節黑褐色，第 3 節基部黃白色。小盾片黃白色，基部中央有末端鈍圓之黑斑。雌蟲前翅大部分亮橙色，僅爪片內側後端與革片中央及端部斜斑黑褐色；雄蟲前翅爪片端半黑褐色，革片中央與末端黑褐色，楔片內常有一淡橙褐色斑。各足黃白色，腿節有紅褐色至紅色環，脛節散布黑褐色點狀斑。

生活習性

雜食性，通常以蕁麻科為寄主植物，但亦取食鳥糞與沫蟬遺骸等有機殘渣遺骸。

分布

分布於臺灣與中國；普遍分布於臺灣中、低海拔山區。

↑也會取食鳥糞等有機殘渣。

319

竹盲椿象
Mecistoscelis scirtetoides Reuter, 1891
別名 | 竹蚊仔、青蚊

樹棲　草叢

陸棲

↑形態像蚊子，前翅中央褐色，外圍綠色。

竹盲椿象，分類於盲椿科，無單眼，棲息於竹葉，故稱竹盲椿象，但仍有複眼視力。外觀酷似蚊子，俗稱「竹蚊仔」，成蟲、若蟲群聚葉背吸食竹液，幾乎有竹就能看到竹葉殘留的白色斑點，食痕放大看其實是條狀聚呈方格子。不過要看到竹盲椿象也不容易，因為農民為了採收竹筍會噴灑農藥，而只有在不噴藥的竹林才有機會看到牠。觀察竹盲椿象還可以看到同樣寄主竹的竹葉扁蚜、竹捲葉蛾、臺灣大象鼻蟲、果實蠅等，而草蛉幼蟲獵食竹葉扁蚜，所以成蟲也常到竹葉上產卵。這些都是攝影的題材，有幾會到竹林要多留意跟竹葉有關的生態世界。

形態特徵

頭綠褐色，後緣中央斑褐色，複眼暗紅色至褐色。觸角黑褐色。前胸背板綠色，後葉中央有 2 道褐色縱斑；小盾片綠色；前翅革片綠色；爪片褐色，前端淺黃色；革片內緣褐色，外緣淺黃色，膜片褐色。各足黃褐色，腿節基半綠色。

生活習性

植食性，寄主植物為禾本科，主要以竹類為主，取食葉片並造成竹葉上產生長方形白色條斑。

分布

分布於臺灣、中國、印尼、緬甸與印度；臺灣分布於中、低海拔山區與平地，尤以竹林常見，數量眾多。

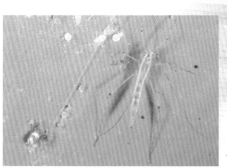

↑被竹盲椿象吸食後的斑紋。

←終齡若蟲，與竹葉扁蚜共棲。

↑草蛉也是竹葉上的常客。

↑竹葉扁蚜群聚葉背。

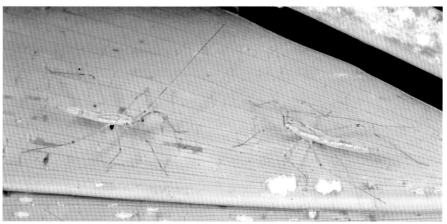

↑群聚的竹盲椿象若蟲。

←成蟲翅膀狹長，胸背板有成對的縱斑。

321

長角紋唇盲椿象
Charagochilus longicornis Reuter, 1885

草叢

陸棲

↑體長只有 3mm，停棲菁芳草，微距鏡下看起來仍很壯觀。

形態特徵

　　頭黑色，被直立長毛與銀白色短毛，銀白色短毛常聚合成小白斑狀。觸角黑色，第 2 節基部 3／5 黃褐色。前胸背板黑色，中部兩側有 2 枚光滑黑斑；小盾片黑色，具細密短毛，末端黃白色，前方之中胸小盾片有三枚黑斑。前翅革片黑色，散布銀白色短毛聚合成之小白斑，革片中部兩側無毛處為黑色圓斑，楔片上下緣黃白色。膜片黑褐色，翅脈淡色。各足黑色，脛節端部黃褐色，約占總長3／5。

生活習性

　　植食性，寄主植物為禾本科與菊科，常發現於大花咸豐草、颱風草聚生之草叢。

分布

　　分布於日本、臺灣、中國、印尼、印度；臺灣普遍分布於中、低海拔山區與平地。

→中胸小盾片上有三枚黑斑，小盾片末端黃白色，前翅楔片上下緣黃白色，體毛較顯著，體色斑駁。

泛泰盲椿象

Taylorilygus apicalis (Fieber, 1861)

別名 | 麗盲椿象

草叢

↑常見於菊科的花上群聚，習性敏感，善飛行。

陸棲

形態特徵

體淺黃褐色至綠色。觸角第 1 節同體色，第 2~4 節褐色。前胸背板光滑具光澤，上有 4 條隱約褐色寬縱斑，中間兩條較短；小盾片同體色，被白色平伏毛，前緣與兩側常帶褐色，中央兩條短縱斑褐色；前翅密被白色平伏毛，前翅革片同體色；爪片末端褐色，革片前部與中央斜上之條斑褐色。各足同體色，後足腿節近端部有 2 枚褐色細環，脛節具淡黃白色剛毛狀刺，跗節黃褐色。

生活習性

植食性，寄主植物廣泛，菊科如加拿大蓬、昭和草與咸豐草；莧科如刺莧、野莧等植物上常可發現其蹤跡，夜晚趨光。

分布

分布於臺灣、中國、日本、澳洲、非洲、美洲與歐洲，臺灣普遍分布於各海拔山區與平地。

←小盾片前緣褐色，前翅具不明顯的褐色斜斑。

323

臺灣猥盲椿象
Tinginotum formosanum Poppius, 1915

樹棲

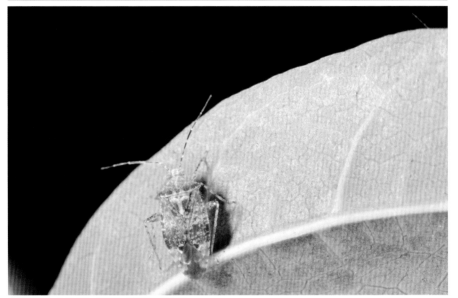

↑體多毛，無光澤，斑駁，觸角節間白色。

形態特徵

　　體被白色密短毛，頭與前胸背板淺灰褐色，有褐色密刻點。觸角第一節兩端黑色，中央黃白色，其餘各節黑褐色，基部白色。小盾片黑褐色，中央縱線呈淡色，末端黃白色。前翅革片具不規則密黑褐色斑紋，外觀斑駁，楔片黃白色，上下 2 條橫斑深色；前翅膜片黑褐色。各足黃白色，有黑褐色塊斑。本種近似帶胸猥盲椿象，但後者觸角一色，且前胸背板中央有 2 條褐色縱帶，可據此分辨。

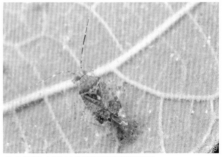

↑小盾片中央 Y 字形斑紋粗細變異。

生活習性

　　植食性，寄主植物為構樹。

分布

　　分布於臺灣與中國；普遍分布於臺灣中、低海拔山區與平地。

↑若蟲，棲息構樹葉背。

黑點芋盲椿象

Ernestinus pallidiscutum (Poppius, 1915)

別 名｜淡盾芋盲椿象

  草叢

↑ 身體透明，革片中央的斑黑點狀。

陸棲

形態特徵

　　頭黑色，前胸背板黑色，刻點細密。觸角第一節淺黃白色，2~4 節黑色。小盾片黑色，端半褐色。前翅革片淺黃白色，爪片黑色，前翅革片中央斑黑褐色，楔片端部黑褐色。前翅膜片基半黑褐色。各足淺黃白色，脛節與跗節色澤稍深。本種外觀近似黑胸芋盲椿象，但後者前翅革片中央黑斑大，橫貫革片。

生活習性

　　植食性，寄主植物為天南星科海芋屬，野外觀察常發現群聚於姑婆芋葉背。

分布

　　分布於日本、臺灣、中國；臺灣分布於中、低海拔山區，而以低海拔較多，相當常見。

↑ 若蟲，棲息姑婆芋葉背，通體白色，複眼紅色。

325

琉球愛蕨盲椿象

Felisacus okinawanus Miyamoto, 1965

別名｜琉球菲盲椿象

草叢

↑前翅革片有工字形黑紋，棲息於蕨類。

形態特徵

　　頭褐色，頸部長。觸角具短毛，第 1 節與第 2 節基大多呈橙褐色，其餘黑褐色。前胸背板褐色，前後葉分明，後半帶黑褐色；小盾片褐色；前翅革片淡青色。爪片褐色，革片中央有工字形黑色斑紋，前翅膜片黑褐色，末端淡青色。各足灰褐色，腿節基半淡青色。

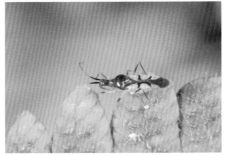

↑搭配綠色背景更加鮮豔。

生活習性

　　植食性，寄主植物為蕨類。

分布

　　分布於臺灣與日本，臺灣普遍分布於低海拔山區。

↑常見於蕨類葉背棲息。

陸棲

326

紅楔頸盲椿象 特有種

Pachypeltis corallina Poppius, 1915

草叢

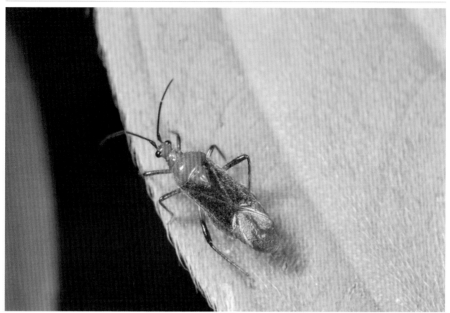

↑紅黑分明，前胸背板後葉光亮。

形態特徵

　　體橙褐色至紅色，頭、前胸背板與小盾片同體色。觸角基部淡色，第1節有個體差異，全部黑色或基部同體色或全部同體色，2~4節黑色。前翅革片大半黑色隱約帶有紅色，楔片橙褐色至紅色；前翅膜片翅室脈紅色。各足黑色，腿節基半同體色。少數個體足呈紅色。本種外觀近似真頸盲椿屬，但前胸背板後葉光亮，革片中部處腹側外露。

↑各足紅色的個體，來自海洋攝。

生活習性

　　植食性，寄主植物不詳。

分布

　　分布於臺灣中南部中、低海拔山區，局部地區普遍。

↑終齡若蟲，通體紅色，謝怡萱攝。

陸棲

327

奎寧角盲椿象
Helopeltis cinchonae Mann, 1907

別名｜金雞納角盲椿象

草叢

↑體型狹長，前胸背板不帶黃色橫帶。

陸棲

奎寧角盲椿象是茶樹常見的椿象，喜歡吸食茶嫩葉和枝條的汁液，多食性，在蕨類、龍葵、昭和草、大花咸豐草等多種植物可見。這種椿象身體瘦長，棲息時各足緊貼身體，觸角往後平放在背上，乍看像是隨意堆放的枯枝。若蟲在 1 月可見，能以成蟲越冬。2004 年 12 月在一個寒流來襲的日子，筆者曾在蕨類上發現一隻雌蟲產卵，前後、上下搖擺使勁的將產卵管插進葉柄裡達十幾分鐘，產卵後體力耗盡的雌蟲爬到旁邊休息。雖然是一隻普通的小蟲，但其付出母愛的畫面相當感人。本種雌、雄異色，與同屬的茶角盲椿象近似，可從前胸背板是否為黃色來區分。

形態特徵

體褐色至黑褐色，雄蟲常為黑褐色，雌蟲為褐色。觸角第 1 節短於頭與前胸背板之和。前胸背板後葉不帶黃色；中胸小盾片中央有杆狀突起，突起末端圓球狀膨大。前翅楔片內緣紅褐色。各足紅褐色至黑褐色，腿節呈瘤狀隆起，中央有隱約淡色環。

生活習性

植食性，寄主植物廣泛，茶樹、蕨類、龍葵、昭和草、大花咸豐草等多種植物均可取食。

分布

分布於臺灣、中國、泰國、越南、緬甸、馬來西亞、印尼、印度、不丹；臺灣普遍分布於中、低海拔山區與平地。

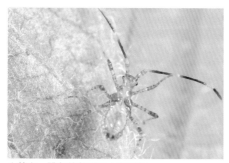
↑若蟲，體色黃色透明十分可愛。

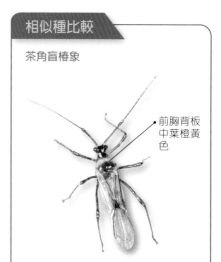

相似種比較

茶角盲椿象

前胸背板
中葉橙黃
色

←雌雄交尾，體色各異，雄蟲黑色。

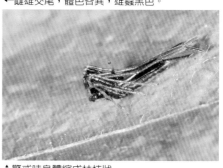

↑警戒時身體縮成枯枝狀。
←雌蟲於蕨葉柄上產卵。

陸
棲

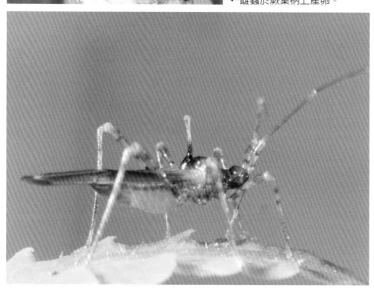

←雌蟲，頭、
胸背板紅褐
色，小盾片
上有一根長
杆狀突起，
末端球狀。

臺灣束盲椿象
Pilophorus formosanus Poppius, 1915

別名 | 臺灣瓢簞盲椿象

樹棲

陸棲

↑腹部束腰狀，背部共有9枚白色斑。

形態特徵

　　體褐色。觸角第1節黑褐色，第2節橙褐色，端部與基部黑褐色，越近端部成棍棒狀膨大，第3~4節細，黑褐色，基部白色。前胸背板褐色至黑褐色，中央強烈鼓起，小盾片黑褐色，有三枚白色毛簇狀斑位於各端角。前翅革片具鱗狀毛，前2／3褐色，中央散布黃色橫紋，並有6枚毛簇形成的白斑；後1／3深黑褐色，光滑。各足黑褐色，脛節端半與跗節黃褐色。

生活習性

　　雜食性種類，寄主植物有血桐、野桐、柳樹等多種木本植物，也會捕食葉蟬、蚜蟲，擬態螞蟻，多棲息於葉背，爬行迅速。

分布

　　分布於臺灣與中國海南島；臺灣分布於中、低海拔山區與平地，局部地區普遍。

→外觀擬態螞蟻。

體長 L9-9.3mm；W2.3-2.5mm

紅紋透翅盲椿象

Hyalopeplus lineifer (Walker, 1873)

　　頭黃綠色，頭頂中央與複眼內側共有 3 條紅褐色縱帶。觸角第 1~2 節紅褐色，端部黑色，第 3 節基部白色。前胸背板綠色；小盾片前緣與後端褐色，中央綠色隆鼓而有淺褐色中線；前翅除楔片紅褐色外全部透明，翅脈褐色。本種近似刺角透翅盲椿象，但後者前翅除翅脈外全部透明。

體長 L7-8mm；W2.3-2.7mm

明翅盲椿象

Isabel ravana (Körby, 1894)

　　頭黃白色，中央短縱斑與兩側長縱斑褐色。觸角褐色，第 3 節基部白色。前胸背板黃褐色，散布褐色斑點，中央縱線與兩側縱線黃白色；小盾片褐色，中央與兩側黃白色；前翅大部透明，爪片外側緣細狹呈紅褐色，楔片褐色不透明。各足黃白色，散布褐色碎斑。

陸棲

體長 L4.4-6mm；W2.2-2.7mm

馬來喙盲椿象

Proboscidocoris malayus Reuter, 1908

　　頭黑色，被平伏銀白細短毛。觸角黑色，第 2 節除基部與端部黑色外黃褐色，第 3 節基部白色。前胸背板黑色，上有密短毛聚合之白色細碎斑；小盾片黑色。前翅革片黑色，散布細短毛聚合而成之小白斑；前翅膜片黑褐色。各足黑色，脛節端部 3 / 5 黃褐色。

體長 L5.5-6.5mm；W2.7-3mm

臺灣厚盲椿象
Eurystylus sauteri Poppius, 1915

體呈土黃色密布褐色碎斑。觸角第 1 節褐色，第 2 節基半黑褐色，端半黑色，第 3~4 節黑褐色，基部白色。前胸背板土黃色，中部兩側小斑黑褐色，後緣光滑大斑褐色；小盾片與前翅革片土黃色，密布褐色斑。前翅膜片翅脈黑色。各足黃白色，腿節端半、脛節基半與跗節褐色。

謝怡萱攝

體長 L4.5-6mm；W2.1-2.5mm

琉球厚盲椿象
Eurystylus ryukyus Yasunaga, Nakatani&Chérot, 2017

體背密布絲狀平伏毛，常形成易脫落島狀小毛斑，體色因毛斑脫落而有差異。觸角第 1 節寬扁，第 2 節長，棍棒狀。前胸背板褐色；小盾片淺色，中央縱線褐色，前半清晰後半漸不明顯。前翅革片黑褐色，密布細碎小毛斑。各足同體色，腿節有若干深色不規則斑，脛節中央有淡色環。

體長 L 約 6mm；W 約 1.9mm

臺灣麗盲椿象
Lygocoris taivanus (Poppius, 1915)

體具光澤，頭翠綠色，複眼暗褐色。觸角綠褐色，向後各節色漸深。前胸背板黃綠色，後半色澤較深；小盾片黃綠色，兩側略帶黃褐色。前翅革片翠綠色，爪片與兩側黃綠色。各足黃綠色，脛節端半與跗節黃褐色。臺灣特有種，分布於中海拔山區，數量稀少不普遍。

體長 L 約 4.5mm；W 約 2mm

臺灣后麗盲椿象

Apolygus kosempoensis (Poppius, 1915)

　　體綠色，具光澤。觸角第 1 節與第 2 節基半黃綠色，其餘各節黑褐色。前胸背板綠色；小盾片黃綠色。前翅革片綠色，爪片內緣褐色，革片中央橫斑褐色，外觀上呈寬扁 W 形。各足黃綠色，後足腿節近端部有 2 枚綠褐色細環。寄主植物為莧科。

體長 L4-5mm；W1.6-1.8mm

紋條曙麗盲椿象

Eolygus vittatus Poppius, 1915

　　體橙色，有黑色大斑。觸角 4 節黑色，後 2 節較淡。前胸背板橙黃色，前葉胝區黑色，後葉有 4 枚黑斑，中間 2 枚寬大，有時延長至前葉後緣；小盾片橙褐色至黑褐色，兩側光滑常淺色。前翅爪片內緣斜帶黑色，革片黑色，中央斜帶橙色，楔片橙色，中央有一枚黑色大斑。

陸棲

體長 L6.7-7.3mm；W2.1-2.3mm

雙點淡盲椿象

Creontiades bipunctatus Poppius, 1915

　　體淺黃褐色至綠色。觸角淺黃褐色。前胸背板後緣黑褐色小斑密集，常形成橫帶狀；小盾片中線前方兩側與後緣小斑褐色。前翅革片散布若干黑褐色小斑，楔片內黑褐色小斑明顯。中後足腿節近端部有密集褐色刻點，脛節細刺淺黃褐色。

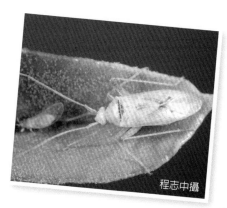

程志中攝

333

盲椿科

體長 L6.7-7.1mm；W2.1-2.3mm

花肢淡盲椿象

Creontiades coloripes Hsiao, 1963

　　體修長，淺黃綠色帶紅褐色。觸角淺黃褐色。前胸背板淺紅褐色，後緣深紅褐色；小盾片黑褐色。前翅革片黃綠色，爪片紅褐色，前端色較深，楔片頂角有紅褐色斑。各足淺黃褐色，後足腿節端半褐色。

陸棲

體長 L6.7-7.1mm；W2.1-2.3mm

黃緣烏毛盲椿象

Cheilocapsus miyamotoi Yasunaga, 1998

　　體型狹長。觸角第 1~2 節紅褐色，具黑色短毛，第 2 節端半黑褐色，第 3~4 節黑褐色，第 3 節基半白色，頭淺綠褐色。前胸背板褐綠色；前葉中央有一小褐斑；前翅革片黑褐色，兩側細邊黃綠色，楔片黃綠色，末端黑褐色，前翅膜片褐色，各足黃褐色。

體長 L7-8mm；W2.4-2.6mm

植盲椿象

Phytocoris sp.

　　體綠色至褐綠色，頭小，複眼褐色。觸角第 1 節褐綠色有黃白色碎斑，2~4 節黑色，基部白色。前胸背板灰黃色至綠褐色，兩側黑褐色。前翅革片底色黃白色，散布綠褐色不規則碎斑，革片中央兩側斑黑褐色，前翅膜片灰褐色。各足腿節末端綠褐色，脛節淡黃白色，具三枚黑環。植食性，寄主植物松、柏，夜晚趨光。

體長 L4.8-5.3mm；W1.6-1.8mm

帶胸猥盲椿象
Tinginotum perlatum Linnavuori, 1961

體被白色密短毛。前胸背板淺灰褐色，兩側淺褐色，中央有2條褐色寬縱帶；小盾片黑褐色，中央縱線淡色。前翅革片具不規則黑褐色斑紋，外觀斑駁，楔片黃白色至灰褐色。各足黃白色，有黑褐環斑。本種近似臺灣猥盲椿象，但後者觸角各節端部有白色分布。

體長 L2.6-3mm；W0.8-0.9mm

小赤鬚盲椿象
Trigonotylus tenuis Reuter, 1893

體狹長，綠色。觸角紅褐色，第一節較粗，其他各節細長。頭部尖，複眼黑色，前胸背板至小盾片中央有一條不明顯的縱紋。前翅革片綠色，前翅膜片淺褐色。各足淺綠色，跗節紅褐色。植食性，寄主植物為小型禾本科

陸棲

體長 L6.4-6.8mm；W1.5-1.6mm

斑紋毛盲椿象
Lasiomiris picturatus Zheng, 1986

體狹長，除觸角3~4節、複眼與前翅膜片外，全體被細長毛。頭褐色，前葉2條縱斑與後葉1條縱斑黃白色。前胸背板上有三條清晰黃白色縱斑。觸角淺褐色；小盾片暗褐色，有三條黃白色縱斑。各足黃白色。本種外觀近似完帶毛盲椿象，但後者爪片與膜片一色暗棕，可明顯區別。

體長 L5.2-6.5mm；W1.3-1.5mm

完帶毛盲椿象

Lasiomiris albopilosus (Lethierry, 1888)

　　體狹長，頭暗褐色。觸角褐色，第一節粗。前胸背板暗褐色，上有三條清晰黃白色細縱線；小盾片暗褐色，中縱線黃白色；前翅爪片暗褐色。革片兩側深色邊緣呈缺刻狀。各足褐色。外觀近似斑紋毛盲椿象，但後者觸角色較淺，爪片有黃白色斜紋，膜片翅室翅脈白色。

前胸背板有 3 條縱紋。

體長 L 約 9mm；W 約 1.8mm

深色狹盲椿象

Stenodema elegans (Reuter, 1904)

　　體深褐色，狹長。觸角紅褐色，具細毛。頭深褐色，前胸背板兩側具寬闊黃白邊，中央縱線黃白色；小盾片深褐色，中縱線黃白色；前翅除革片外側與楔片黃白色外均為褐色。各足淺黃褐色，腿節端布有黑褐色點斑。本種外觀近似紅褐狹盲椿象，但後者體側淡黃白色邊極細窄，可明顯區別。

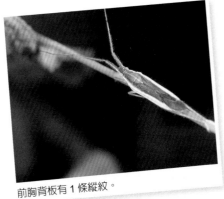
前胸背板有 1 條縱紋。

體長 L 約 9mm；W 約 1.8mm

紅褐狹盲椿象

Stenodema longicolle Poppius, 1915

　　體黃褐色至紅褐色，狹長。複眼內側細縱帶黑褐色。前胸背板中線黃白色，側緣淡黃白邊內側 2 條寬縱帶與體色同。前翅革片同體色，爪片全部與革片後半色較深，楔片紅褐色。各足淺黃褐色。外觀近似深色狹盲椿象，但後者體側黃白色邊較寬，可明顯區別。

陸棲

體長 L3.4-3.6mm；W 約 1.4-1.7mm

黑胸芋盲椿象
Ernestinus nigriscutum Lin, 2001

　　頭黑色。觸角第一節灰褐色，第 2 節黑色，3~4 節淺褐色。前胸背板黑色，刻點細密；小盾片黑色，端半褐色。前翅革片淺黃白色，爪片黑色，前翅革片中央斑寬闊，黑褐色，楔片淺黃白色，末端黑褐色。各足淺黃白色。本種近似黑點芋盲椿象，但後者前翅革片中央黑斑小。

余素芳攝

體長 L4-4.5mm；W 約 1.5-1.8mm

黃唇蕉盲椿象
Prodromus clypeatus Distant, 1904

　　體淡黃白微帶綠色，複眼暗紅色。觸角第 1 節淡黃白色，端部黃褐色，第 2 節褐色，端部黃褐色略帶青色。前胸背板淡黃白色，後半色澤較深，有時黃褐色；小盾片淡黃白色至深黃褐色。前翅革片透明，淺黃白色略帶綠色，楔片長而彎曲，末端幾達膜片後緣。各足淺黃白色。

陸棲

體長 L2.16-2.24mm；W1.7-1.8mm

蕨薇盲椿象
Monalocoris filicis (Linnaeus, 1758)

　　頭橙褐色，複眼暗褐色。觸角具短毛，第 1 節與第 2 節基部大部分橙褐色，其餘黑褐色。前胸背板橙褐色，後半帶黑褐色；小盾片橙褐色。前翅革片除側緣窄邊外大部分黑褐色，楔片與膜片淺褐色，半透明。各足橙褐色，跗節末端黑褐色。寄主植物為蕨類，多發現於金星蕨科毛蕨屬植株上。

體長 L4-4.5mm；W1.3-1.4mm

黃頭蕨盲椿象

Bryocoris (Cobalorrhynchus) flaviceps
Zheng & Liu, 1992

　　體具細毛，頭褐色，領黑色。觸角第 1 節與第 2 節基半為黃褐色，其餘黑褐色。前胸背板黑褐色，中部圓隆飽滿；小盾片黑褐色。前翅革片除外緣淡黃褐邊外均呈黑褐色；前翅膜片褐色。各足淺褐色，腿節端半淡黃褐色。植食性，寄主植物為蕨類。

體長 L5-6mm；W1.6-1.7mm

巨真頸盲椿象

Eupachypeltis immanis Lin, 2000

　　體被直立毛，頭橙褐色，複眼褐色。觸角基部褐色，第 1 節黑色，少數個體第 1 節橙褐色，第 2~4 節黑褐色，基半有時橙褐色。前胸背板橙褐色，前葉兩側稍深色，後葉中部圓鼓；小盾片中央常形成心狀斑；前翅具均勻半直立毛。各足黃褐色，腿節端部褐色。寄主植物山葡萄。

體長 L6.5-6.8mm；W1.6-1.8m

詩凡曼盲椿象

Mansoniella shihfanae Lin, 2000

　　體被細短毛，頭淡黃褐色，額區黑色，頸黑褐色，有時僅兩側黑褐色。前胸背板前葉紅褐色，前緣與後緣黑褐色，後葉褐色，側區有兩個橢圓形黑褐斑；小盾片黃白色；前翅淡黃色，略透明，爪片暗紅褐色，革片端部暗紅褐色，楔片黃白色，末端斑淺珊瑚紅。各足淡黃白，腿節端部黃褐色。寄主樟樹。

陸棲

體長 L3.5-3.8mm；W0.4-0.6mm

菸盲椿象
Nesidiocoris tenuis (Reuter, 1895)

　　身體與頭部灰綠色，頸部黑褐色，複眼暗褐色。觸角灰褐色，第 1節端部白色。前胸背板灰綠色，前葉色澤較深；中胸小盾片發達，灰綠色到黃褐色，前翅灰綠色，爪片有時深色，革片末端與楔片末端小斑黑褐色。後足腿節端部小斑黑褐色。寄主南美假櫻桃。

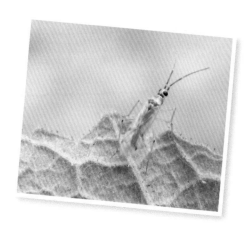

體長 L6.2-7.8mm；W1.1-1.3mm

茶角盲椿象
Helopeltis fasciaticollis Poppius, 1915

　　體褐色至黑褐色。觸角第 1 節長於頭與前胸背板之和。前胸背板後葉黃色，中胸小盾片黃色或黑褐色，中央有杆狀突起，突起末端圓球狀膨大。各足黑褐色，腿節呈瘤狀隆起。寄主植物廣泛，茶樹、龍葵、昭和草、大花咸豐草等多種植物均可取食。

陸棲

體長 L3.2-3.3mm；W1.2-1.4mm

臺灣平盲椿象
Zanchius formosanus Lin, 2005

　　體淺黃綠色。觸角淺黃白色，第1 節略帶紅褐色，第 2 節中央有淺褐色環。前胸背板後緣中央有一淡白斑；小盾片三個頂端有白色斑。前翅革片淺黃綠色，略透明，內角處小斑褐色；前翅膜片、翅室灰褐色，外側後端有一褐色小斑。各足黃綠色。

體長 L3.3-3.4mm；W1.1-1.2mm

綠斑平盲椿象

Zanchius marmoratus Zou, 1987

體淺黃綠色。觸角淺黃白色，第1節腹面與端部黑色，第2節中央有兩個黑色環斑，環斑長度與第1節約等長，第3節基部黑色。頭、前胸背板與小盾片淺黃色。前胸背板略帶綠色。前翅革片淺黃色帶綠色斑，略透明。前翅膜片淺黃色，翅室綠色。

體長 L 約 3.2mm；W 約 1.2mm

無斑平盲椿象

Zanchius innotatus Liu & Zheng, 1999

體黃綠色。觸角第 1~2 節黃色，3~4 節淡灰黃色，複眼白色。前胸背板黃色至淡黃綠色；前翅黃綠色，前翅膜片淺灰褐色，各足細長，脛節以下淡黃綠色。捕食性，捕食飛蝨、葉蟬等小昆蟲，出現於野桐葉背，習性機敏。臺灣特種，分布於低海拔山區與平地，局部地區普遍。

體長 L 3.4-3.7mm；W1.2mm

紅點平盲椿象

Zanchius tarasovi Kerzhner, 1987

小型，體形狹長，體色黃綠色，觸角淡黃色，基部褐色，小楯板中央有一個紅色的大斑，革質翅黃綠色，近內緣有 2 枚淡橙色斑，各腳細長，後腳發達，發現棲息羅氏鹽膚木上。

竹子攝

體長 L2.8-3mm；W0.6-0.7mm

黑肩綠盔盲椿象
Cyrtorhinus lividipennis Reuter, 1885

　　頭、前胸背板、觸角與小盾片黑色，小盾片兩側有黃色橢圓斑。前翅革片綠色，光亮，前翅膜片灰褐色。各足腿節綠色，脛節與跗節淺黃褐色。捕食性，捕食飛蝨、葉蟬等小昆蟲，可作為稻田生態防治生物。臺灣普遍分布於低海拔山區與平地。

體長 L 約 1.9mm；W 約 1.6mm

微小跳盲椿象
Halticus minutus Reuter, 1885

　　體橢圓形，黑色，光亮。觸角黃褐色，端部略黑褐色。複眼貼近前胸背板前緣。頭、前胸背板、小盾片與前翅均黑色。各足黃色，後足腿節粗大，黑色。植食性，寄主植物為旋花科，常見於盒果藤、甘藷等嫩莖處，大發生時數量眾多。

陸棲

體長 L3.3-3.4mm；W1.6-1.7mm

平亮盲椿象
Fingulus inflatus Stonedahl & Cassis, 1991

　　體紅褐色至黑褐色，頭同體色但稍淡。觸角黃褐色，第 1 節全部與第 2~3 節端部赭褐色。前胸背板與小盾片光亮，具細刻點。前翅革片光亮，具稍粗大之刻點，前翅膜片透明，端半淡黃白色，基半灰黃色，翅室頂緣有一透明斑。各腿節同體色，前中足脛節基部深色部分約為脛節長度 1 / 8，後足脛節基半深色。

341

體長 L3.3-3.4mm；W1.6-1.7mm

臺灣齒爪盲椿象
Deraeocoris sauteri Poppius, 1915

　　體黑色，光亮，頭橙褐色，平伸，複眼暗褐色。觸角褐色，第 2~3 節基半黃褐色。前胸背板黑色，光亮密布粗刻點，後緣細狹地黃白色。前翅革片黑色，光亮，爪片全部與革片前端刻點粗糙，前翅膜片灰褐色略透明。雄蟲前中足腿節黃褐色，端部褐色，後足腿節黃褐色，靠近端部處有一褐色環，脛節褐色有 2 枚淡色環。雌蟲各足腿節黑褐色，基半黃褐色，各足脛節亞端部有 1 枚黃褐色環。

體長 L4.1-4.3mm；W1.9-2mm

端齒爪盲椿象
Deraeocoris apicatus Kerzhner & Schuh, 1995

　　體光亮，紅褐色至黑褐色，頭頂中央有一 X 形褐色斑。觸角第 1 節黃褐色，近基部小環褐色，第 2 節黑褐色，中央寬環黃褐色，第 3~4 節黑褐色，第 3 節基部淡色。前胸背板密布細密刻點，兩側淺色，後緣有淡黃白色細邊；小盾片前半兩側與末端淡斑黃白色。前翅革片底色黃褐色，爪片兩端內緣及革片末緣黑褐色，楔片淡黃白，內側與後端深色斑黑褐色。各足黃褐色，腿節中央與近端部有 2 黑褐色環，脛節兩端與中央有 3 枚黑褐色環。

竹子攝

體長 L3-3.2mm；W0.9-1mm

紅緣突額盲椿象
Pseudoloxops lateralis (Poppius, 1915)

　　體被黃色短毛。頭黃色，複眼暗紅色。觸角第 1 節粗，紅色，其餘各節黃色，上有若干紅色小環。前胸背板黃色，兩側橙紅色；小盾片中央菱形斑橙紅色。前翅爪片外緣、革片兩側寬邊與楔片橙紅色，前翅膜片灰褐色，翅室下緣脈橙紅色。各足黃色。

陸棲

體長 L2.3-3.3mm；W0.8-1mm

東方毛眼盲椿象

Termatophylum orientale Poppius, 1915

　　體褐色至黑褐色，被平伏白色細毛，複眼大，縱寬，具短剛毛，頭、前胸背板、小盾片與前翅革片色澤均與體色同。觸角第 1 節同體色，第 2 節棍棒狀，基半黃褐色端半同體色，第 3~4 節黃褐色。各足黃褐色，腿節除端部外同體色。

體長 L3.3-3.4mm；W1.6-1.7mm

羅氏軍配盲椿象

Stethoconus rhoksane Linnavuori, 1995

　　雌蟲黃褐色，雄蟲體色黑褐色。頭部中縱線淡色，不明顯，自觸角基處有 Y 形斑，複眼內側縱斑黃白色。觸角除第 1 節與第 2 節端部黑色外其餘淡黃褐色。前胸背板中縱線淡色，無刻點，其餘具黑褐色刻點，小盾片中部隆起，兩側各有一枚小白斑。

陸棲

體長 L2.5-3mm；W0.7-0.9mm

泛束盲椿象

Pilophorus typicus (Distant, 1909)

　　體色黑，前胸背板中央強烈隆起。觸角第 1 節黃褐色，第 2~4 節黑色，第 2 節近端部成棍棒狀膨大，第 3 節基部白色。小盾片前緣兩側有 2 枚圓形白斑，末端白斑較小。前翅革片中部兩側各有一枚白斑，近膜片處有斷續狀小白斑橫列。足黑色，前足腿節黃褐色。

體長 L 約 2mm；W 約 0.7mm

宮本粗角盲椿象

Druthmarus miyamotoi Yasunaga,
2001

　　頭、前胸背板與小盾片黑褐色，密生白色斑點狀毛簇。觸角黑褐色，第1節短，第2節極長，棍棒狀膨大，第3與第4節基部白色。前翅革片黑褐色，前半白色斑點狀毛簇顯著，呈點列狀排列，後半光滑。足黑褐色，脛節端部與跗節白色。

體長 L 約 3mm；W 約 0.7mm

條紋粗角盲椿象

Druthmarus sp.

　　體1頭、前胸背板與小盾片黑色，密生白色斑點狀毛簇。觸角黑褐色，第1節短，基部束縮端部膨大，第2節極長，棍棒狀膨大，第3與第4節基部白色。前翅革片黑色，有五條連續條狀白色毛簇。足黑褐色，中足脛節端部與跗節淺黃褐色。

體長 L 約 2.5mm；W 約 0.7mm

臺灣蟻葉盲椿象

Hallodapus persimilis Poppius, 1915

　　體紅褐色，頭與前胸背板紅褐色。小盾片褐色。前翅革片密生直立黃色細毛，爪片前半紅褐色，後半褐色，中部有一三角形白色斑；革片前端、中央與後端黑褐色，其餘部分白色。前翅膜片基部大多為黑褐色，端部灰褐色。觸角與各足淺紅褐色。

陸棲

體長 L 約 2.6mm；W 約 0.7mm

橫帶蟻葉盲椿象
Hallodapus albofasciatus
(Motschulsky, 1863)

　　體黑褐色，頭、前胸背板與小盾片黑褐色。前翅革片黑褐色，密生直立黃色細毛，爪片與革片間有白色寬橫斑，革片近末緣有一方形白色斑。前翅膜片基部黑褐色。觸角與各足淺黃褐色。寄主植物為蔓生性豆科植物如賽葛豆與小型禾本科，具底棲性，多棲息於潮濕之低矮植被落葉堆。

體長 L4-4.2mm；W1.3-1.4mm

斜唇盲椿象
Plagiognathus sp.

　　體色多變化，從褐黃色至黑褐色。頭、前胸背板、小盾片與前翅革片顏色多有變異，共同特徵為觸角黑色，第 1~2 節較深，第 3~4 節略淡，前翅革片後端楔片黃褐色，中央有一黑褐圓斑。各足黃褐色，脛節具黑色小刺，刺的基部黑色，於脛節上形成排列整齊的黑色斑。

陸棲

體長 L2-2.2mm；W0.9-1mm

中華微刺盲椿象
Campylomma chinense Schuh, 1984

　　體淺綠褐色至淺黃褐色，被細短毛。頭橫寬，複眼大。觸角黃褐色，第 1 節端部與第 2 節基部黑褐色。前胸背板綠褐色，後半黃褐色；小盾片淺黃褐色；前翅革片略透明，淺黃褐色，楔片末端有一枚褐色暈斑。各足黃褐色，後足腿節寬大，端部有小黑斑，排列成環狀，後足脛節有小刺，刺基部非黑色，各小刺間有黑斑。

體長 L3.5-3.8mm；W0.4-0.6mm

木犀鹿角樹椿象
Alcerocoris fraxinusae Lin, 2004

　　體橢圓形，黑褐色至黑色，複眼大，幾乎占據整個頭部，具單眼，單眼緊鄰複眼內緣外側，短突狀。觸角第二節黑色膨大呈果莢形。前胸背板橫縊顯著，前翅灰白色，爪片基半黑褐色，革片中央與後端帶紋黑褐色，下緣有白色斜向條紋，前翅膜片黑色伸達腹端。各足褐色，腿節近基部白色。本屬有 2 種，都是特有種，另一種為臺灣鹿角樹椿象 *Alcerocoris formosanus*，翅膀較短不及腹端。

熊盛志攝

體長 L 2.5-3.2mm；W0.4-0.6mm

臺灣鹿角樹椿象
Alcerocoris formosanus Lin, 2004

　　身體橢長圓形，褐色，複眼幾占滿頭部，觸角第 2 節膨大呈果莢狀，前胸背板大，三角形，末端尖，革質翅灰白色，短，僅達腹部的 1／2 處，不達腹端，近端部左右各有 1 條白斑。

體長 L2.5-2.7mm；W0.7-0.9mm

周氏樹椿象
Myiomma choui Lin & Yang, 2004

　　體橢長圓形。複眼大，幾乎占據整個頭部，複眼後緣蓋住前胸背板前緣，具單眼，單眼緊鄰複眼內緣外側，短突狀。觸角第一節黃白色，其餘黑褐色。前胸背板黑褐色；中胸小盾片後側緣黃白色，小盾片心形，後半黃白色；前翅爪片黃白色，革片前側緣褐色，中央大橫斑與末端黑褐色，前翅膜片黃白色超過腹端。各足黑褐色。

體長 L3.3-4.5mm；W1.5-2.3mm

躍跳椿象
Saldula saltatoria (Linnaeus, 1758)

　　體黑褐色密布短細毛，略光亮。觸角4節黑色。複眼大而外突。前胸背板寬窄；小盾片寬於前胸背板前緣；前翅革片黑褐色，爪片末端有1枚橙褐色三角狀斑，外革片黑色，邊緣有斷開之淡黃色條斑，上有3枚淡黃色斑，內革片上有3枚淡黃色斑，末端有一斜向外彎的長形橙斑；前翅膜片淡褐色略透明，有4個小室，小室中央有黑色斑。

短翅型成蟲。

體長 L3.3-4.5mm；W1.5-2.3mm

鹽跳椿象
Salduncula sp.

程志中攝

　　體黑褐色略光亮。觸角4節褐色。頭寬於前胸背板前緣，複眼紅褐色，往後遮蓋前胸背板前角。前翅革片黑褐色，內革片與外革片邊緣褐色，爪片末端有1枚水滴狀黃斑，革片中央有4枚黃色長斑形成一寬橫帶，末端有1枚黃色斑。捕食性種類，棲息於潮間帶。

細腳椿象
Leptopus sp.

半水棲

兩棲

↑後足脛節細長，背部有 6 枚隱約黃斑。

形態特徵

　　頭部及複眼寬大。複眼暗褐紫色，具光澤。觸角細長，4 節，第一節最短。頭胸間具窄頸。前胸背板灰褐色具刻點；小盾片黑褐色。前翅革片土灰色有 3 枚淡黃色斑，位於後緣的黃斑最明顯，爪片縫淡黃色；前翅膜片灰褐色略透明，脈紋發達。各足淡黃褐色無斑，後足脛節細長。

生活習性

　　捕食性種類，棲息於岩壁。

分布

　　臺灣目前僅發現於新北市侯硐溪邊的石縫及觀霧的岩壁棲息，數量稀少。

↑外觀近似虎甲蟲但其前胸背板長圓筒狀，本種前胸背板後半寬廣，為刺吸式口器。

沖繩尺椿象

Hydrometra okinawana Drake, 1951

別名 ｜ 沖繩絲電椿象

半水棲

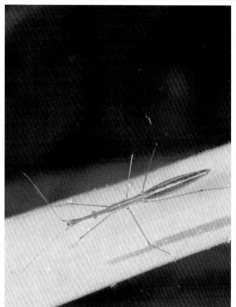

↑身體狹長如尺。
←頭部延深細長，造型十分特殊。

兩棲

形態特徵

　　成蟲有短翅與長翅二型。體色紅褐色至黑褐色，頭長，眼前部分與眼後部約 7：4。前胸背板兩側近平行，末端圓，中央有白色縱中線；小盾片中央有淡黃色縱中線，雄蟲腹部第 7 節外側前緣有棘刺狀突起，兩突起間的距離約為刺狀突起的 4 倍長。各足細長，腹側有淡色斑，腹下白色。尺椿屬在臺灣一共有 4 種，彼此間外形與習性極接近，從外部形態區分可從頭中葉與雄蟲腹部第七節棘刺的位置和長短判斷。

生活習性

　　捕食性種類，棲息於池塘、沼澤等靜水環境，行動遲緩，雖為捕食性種類，但大多取食掉落水面之小昆蟲。

分布

　　分布於日本、韓國、臺灣、中國、馬來西亞；臺灣主要分布於低海拔山區與平地，數量稀少不普遍。

↑棲息靜水域，以掉落水面的小昆蟲為食。

道氏寬肩椿象

Microvelia douglasi Scott, 1874

別名 | 道氏寬肩水黽

半水棲

↑長翅型成蟲，翅面具白色的縱斑。

道氏寬肩椿象是一種微小的水生昆蟲，體長不到2mm，這種小蟲如果沒有透過照片，一般人要認識牠並不容易。生活在陰暗的溝渠，成群在水面划行像似漂浮的塵沙，肉眼都快看不清楚。2006年3月筆者在土城山區一個積水的小池子，以為看到水黽的若蟲，後來才知道牠不是水黽，而是分類於寬肩椿科的椿象。該種椿象在菜園、池塘、溪邊等靜水環境數量頗多，以掉落水中的昆蟲為食，成蟲有翅或無翅，體背具白色斑紋很漂亮。

形態特徵

體呈褐色，全身密被短柔毛。觸角4節呈褐色。本種成蟲有無翅與長翅二型，長翅型成蟲前胸背板向後極度延伸，蓋住小盾片，合翅時體背有12枚長短不一的白色斑塊，無翅型成蟲與若蟲極近似，但成蟲體色較深且體背毛被顯著。

生活習性

捕食性種類，棲息於靜水環境，池塘、沼澤、溪流、農田、水窪甚至雨後積水都可能發現其蹤跡，本種中後足不特別發達，無法快速移動於水面，故鮮少捕食，而是以掉落水面之小昆蟲為食，具群集性，常成群聚居，以成蟲越冬，躲藏於潮濕的土壤或植物縫隙。

分布

廣泛分布，澳洲以及印度到日本之區域如臺灣、中國、日本與韓國等均可發現；臺灣主要分布於低海拔山區與平地，數量極多。

兩棲

↑無翅型（雌蟲）。
←若蟲（雄蟲）。

↑掉落池裡的跳蟲，最後會成為道氏寬肩椿象的食物。
←無翅型的成蟲交尾。

備註：本屬在臺灣一共有3種，另外兩種為荷氏寬肩椿象 *Microvelia horvathi* Lundblad, 1993與小寬肩椿象 *Microvelia diluta* Distant, 1909，外形與習性極接近，小寬肩椿象有翅型成蟲體背的白斑較少，合翅時可見約9枚，無翅型成蟲則體呈褐色不帶任何白色斑塊。荷氏寬肩椿象除前胸背板側角附近有黃褐斑外，與道氏寬肩椿象外觀幾乎一樣。

↑有翅型的雌蟲(下)與無翅型的雌蟲(上)，在池面追逐。

體長 L1.5-2.4mm；W0.9-1.1mm

礁寬肩椿象

Halovelia septentrionalis Esaki, 1926

　　體黑褐色至黑色，密被短毛，略有絲質光澤。體呈寬卵圓形，雌蟲略大於雄蟲。頭頂後緣褐色。前胸背板圓鼓，側接緣密生白色長毛。成蟲分為有翅與無翅二型，以無翅型較常見，成蟲若蟲均有群聚性。以掉落水面之小動物為食。

程志中攝

體長 L 約 3.3mm；W 約 1.3mm

江崎氏裂寬肩椿象

Rhagovelia esakii Lundblad, 1937

　　體呈黑褐色至黑色，體被防水之細密毛，複眼大。觸角黑色，第一節基部白色。前胸背板黑色，略帶不明顯橙褐色，前緣有白色橫斑。各足黑色，腿節基部白色，雌雄蟲後足腿節均不明顯膨大，腿節長度略短於前胸背板寬度，後腿節中部有一長刺。雌雄成蟲均有短翅與長翅二型。喜歡流水環境，為捕食性種類，通常棲息在清澈的小型溪流，行動極敏捷快速。

無翅型成蟲。

2 齡若蟲，體背黃褐色。

大黽椿象

Aquarius elongatus (Uhler, 1897)

別名｜大水黽、長翅大黽椿象

半水棲

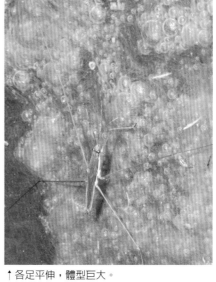

↑各足平伸，體型巨大。

←大型，前胸背板前葉有一條橙黃色短縱帶。

兩棲

形態特徵

　　體褐色至黑褐色，密被短細毛。頭基部側緣有橙黃色短縱斑，複眼大。前胸背板前葉中央有一橙色縱紋，兩側有橙黃色邊，後葉內側緣有橙黃色邊，背面觀不可見。體側黃白色至銀白色，腹部銀白色，第7節頂角有與身體平行之長刺。本種成蟲有長翅型與短翅型。

生活習性

　　捕食性種類，中後足細長發達，前足短用來以捕捉獵物，再以刺吸式口器吸食體液，成蟲、若蟲具群聚性，多浮游於水面，足具油質毛叢能敏銳察覺水面輕微的振動，以此感應捕捉掉落水面的小昆蟲，有翅型成蟲在枯水期能展翅遷移，短翅型成蟲則無飛行能力。雌蟲產卵於水中植物或枯枝腐葉上，卵孵化後若蟲即能浮向水面活動。一年發生一代。

分布

　　分布於日本、臺灣、中國；臺灣普遍分布於中、低海拔山區與平地水域。

相似種比較

圓臀大黽椿象

前胸背板前葉中央無橙黃色縱斑

353

褐斜斑黽椿象

Gerris gracilicornis (Horváth, 1879)

別名｜細角黽椿象

半水棲

↑體呈紅褐色，側接緣有白色小斑點排列。

褐斜斑黽椿是中、低海拔常見的水生椿象，棲息溝渠、池塘等靜水域，體背褐色，身體狹長，但容易與大黽椿象混淆，可從體型和斑點區分。本種在 13mm 以下，側接緣具白色斑點；大黽椿象 20mm 以上，側接緣有黃褐色的縱紋。拍攝水黽是一項技術上的挑戰，水面上有不少黽椿象，但牠們敏感好動，加上光線不佳，打燈易反差大，效果皆不佳。2012 年 1 月在一個菜園裡發現水桶上有一隻褐斜斑黽椿象，那天太陽並不強烈，均勻的光線加上水桶有綠藻當背景，用側燈補光，拍出來的畫面很自然。水黽在水面上划行的光影，還有各足觸及水面的波紋，畫質細膩，這是筆者拍過許多水黽中最喜愛的照片。

形態特徵

體紅褐色，密布短細絨毛，各足紅褐色。前胸背板毛絨狀，後緣圓弧。側接緣各節間有明顯白色小斑，成蟲分為長翅型與短翅型，以長翅型最常見，前翅膜片有細碎白色小點斑。

生活習性

捕食性種類，本種喜棲息於緩流或靜止水域，分布廣泛。

分布

分布廣泛，從俄羅斯遠東區到日本、韓國、臺灣、中國直至不丹與緬甸；臺灣普遍分布於中、低海拔山區與平地水域。

兩棲

↑水桶上有綠藻當背景，拍出的畫面很自然。

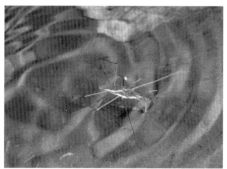

↑在水面交尾的成蟲。

→水黽的足具數千根排列的細小剛毛，能在水中製造出螺旋狀的旋渦，借助旋渦的推動力，以每小時 345 公里的速度向前推進。

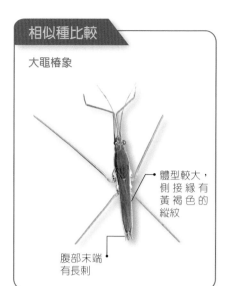
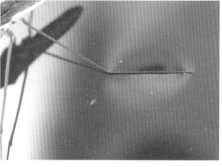

兩棲

↑褐斜斑黽椿象具刺吸式口器，取食水中漂浮的昆蟲。

暗條澤背黽椿象
Limnogonus fossarum (Fabricius, 1775)

半水棲

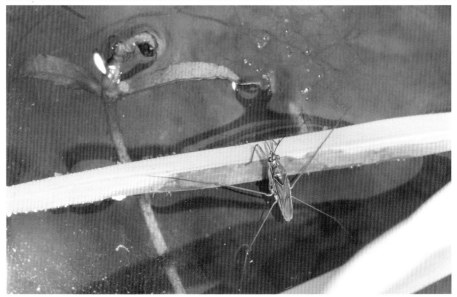

↑前胸背板光亮，邊緣有明顯的黃邊。

兩棲

形態特徵

　　體黑褐色，長橢圓形，各足褐色。前胸背板光亮，呈倒五角形，邊緣有光滑黃色細邊，前葉兩邊隆起，中央有 2 條黃色短縱斑，後葉中央有 1 條黃色縱中線。成蟲分為長翅型與短翅型，以長翅型最常見。

生活習性

　　捕食性種類，本種喜棲息於清淨緩流水域，分布雖廣泛但受限於水質，所以並不普遍。

分布

　　分布於日本、臺灣、中國、印尼、馬來西亞、印度、巴布亞紐幾內亞與澳洲；臺灣分布於中、低海拔山區與平地清淨水域。

↑終齡若蟲。

→前胸背板前葉與後葉共有 3 條黃色縱線。

東方黽椿象
Amemboa sp.

半水棲

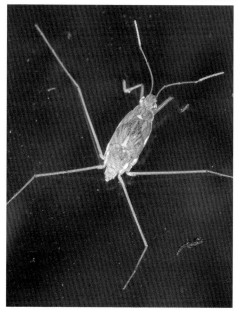

↑有翅型成蟲，前胸背板前部有三枚褐色斑，翅末緣方形。

←無翅型成蟲，體背各條斑彼此分離。

兩棲

形態特徵

　　體黑褐色，橢圓形，密被短細毛，各足黃褐色。成蟲分為有翅型與無翅型，以無翅型最常見，有翅型數量稀少。無翅型成蟲身體背面有 9 枚各自分離的黃褐色光滑長條斑。有翅型成蟲體型稍大，體背僅前胸背板前部有 3 條隱約橙褐色斑，前翅末緣呈方形超過腹部末端。

生活習性

　　捕食性種類，常群聚，捕食或取食水表之小型昆蟲。一年可發生多代。

分布

　　本屬在 TaiBNET 登錄有江崎氏東方黽椿象 *Amemboa esakii* Polhemus & Andersen, 1984 與臺灣東方黽椿象 *Amemboa fumi* Esaki, 1925 二種，均為臺灣特有種，本種可能為其中之一。為臺灣分布最廣泛的黽椿科成員，各海拔山區水域均可發現其蹤跡。

↑若蟲，體色較淡，各斑不明顯。

357

臺灣闊黽椿象 特有種

Metrocoris esakii Chen & Nieser, 1993

別名｜闊黽椿象

半水棲

兩棲

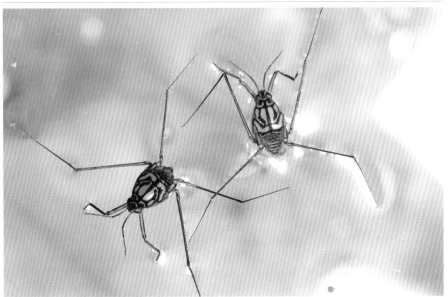

↑以足上細毛油脂所形成的表面張力，快速在水面上划行。

形態特徵

　　體淡黃褐色，背面光滑，上有對稱圖騰狀黑斑。各足密布短細絨毛，前足腿節兩側有黑色條斑，各足脛節黑褐色。成蟲分為有翅型與無翅型，以無翅型最常見。

生活習性

　　本種歸類於海黽亞科，但並不生活於海邊。捕食性種類，喜棲息於乾淨水域，尤其喜愛湍流溪澗等環境，為水質指標性昆蟲，口器刺吸式，捕捉掉落水面之昆蟲，也捕捉水域內之魚蝦與他種小水黽。

↑長翅型成蟲，體背有三道黑色縱紋。

分布

　　分布於中、低海拔乾淨溪流，分布狀況受限於水質，局部地區普遍。

↑無翅型，體背斑紋對稱，狀如圖騰。

體長 L12-20mm；W2-2.5mm

圓臀大黽椿象

Aquarius paludum (Fabricius, 1794)

　　體褐色至黑褐色，密被短細毛，頭部於複眼前方有橙黃色短縱斑。前胸背板中央有一黑褐色縱紋，後葉內側緣有橙黃色邊，背面觀不可見。體側黃白色至銀白色，腹部銀白色，第 7 節頂角有與身體平行之長刺。成蟲有長翅型與短翅型。捕食性種類，中後足細長發達，前足短用來捕捉獵物，再以刺吸式口器吸食體液，成蟲、若蟲具群聚性，多浮游於水面，足具油質毛叢，能敏銳察覺水面輕微的振動，以此感應捕捉掉落水面的小昆蟲，有翅型成蟲在枯水期能展翅遷移，短翅型成蟲則無飛行能力。雌蟲產卵於水中植物或枯枝腐葉上，卵孵化後若蟲即能浮向水面活動，一年可發生多代。

若蟲，腹部背面有白色條斑。

兩棲

體長 L 約 4mm；W 約 2.8mm

松村氏海黽椿象

Halobates matsumurai Esaki, 1924

　　體黑褐色，密布白色細柔毛，外觀呈霜白狀。各足黑褐色，前足腿節粗，前中足腿節與脛節內側均密生白色細毛。雄蟲頭部後緣有 2 條橙褐色橫紋，雌蟲此橫紋較不明顯或消失。本種歸類於海黽亞科，為生活於海邊的椿象，喜棲息於植被垂懸之岩岸，除了靠腿上細毛浮游於海面，尚可在海面垂直彈跳數公分。取食海面之小生物或岸邊小型節肢動物。

程志中攝

359

背條水椿象

Mesovelia vittigera Horváth, 1895

別名 ｜ 單突水椿象

草叢

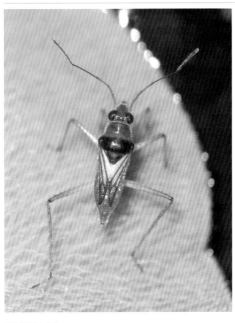

↑無翅型成蟲，前胸背板至小盾片有淡褐色中線。
←短翅型成蟲，雄蟲，前胸背板前葉與腹部綠色，缺膜片，沈錦豐攝。

形態特徵

　　體呈淡墨綠色至黑褐色。觸角 4 節，有單眼。前胸背板色澤較深，常為綠褐色至黑褐色，背板中央有一條淡色縱中線，側角黑褐色，短鈍，隆起。成蟲有長翅、短翅與無翅三型，有翅型成蟲 (長翅與短翅) 前翅革片灰白色，兩側有明顯黑褐色翅脈，革片黑色，下方有 2 枚淡色斑，前翅膜片灰白色，前側緣黑褐色，中央有一黑褐色條斑。短翅型成蟲缺膜片。無翅型成蟲腹背綠褐色，每一腹節有紅褐色橫紋，第 6 腹節後半黑褐色。

生活習性

　　棲息於靜水環境，常見於池塘、積水與溪岸等藻類或水生植被豐富處。捕食性種類，可行走於水面，移動速度快，以捕食掉落水面之小型昆蟲維生，具群集性，平常多停棲於水面草葉邊緣，遇有落水昆蟲再迅速滑近捕食。本種外觀近似寬肩黽椿象，但可由身體常帶墨綠色與體型瘦長加以區分。

分布

　　廣泛分布，歐洲、亞洲、非洲到澳洲都可發現；臺灣普遍分布於中、低海拔山區與平地。

日本水椿象
Mesovelia horvathi Lundblad, 1933

  草叢

↑ 無翅型成蟲，前胸背板有 2 條黑褐色縱帶。

形態特徵

　　體呈綠褐色。觸角 4 節，有單眼，各足淡黃褐色，各腿節端部有一黑褐色環。前胸背板綠褐色，中央有 2 條黑褐色縱帶。成蟲目前僅觀察到無翅型的個體，腹部背面 1~3 節與第 6 節黑褐色。*Mesovelia japonica* Miyamoto, 1964 為同物異名。

生活習性

　　棲息於水質不甚乾淨的靜水環境，野外觀察多次發現於陳年日久的死水表面，為捕食性種類，可行走於水面，移動速度快，以捕食掉落水面之小型昆蟲維生，具群集性。本種外觀近似寬肩黽椿象，但可由身體常帶墨綠色與體型瘦長加以區分。

分布

　　分布於日本、臺灣、中國、馬來西亞、印尼、泰國、越南、印度、斯里蘭卡與澳洲；臺灣分布於中、低海拔山區與平地，局部地區普遍。

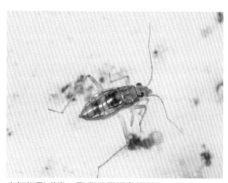

↑ 無翅型成蟲，腹背具黑褐色斑紋。

兩棲

蝽椿象
Ochterus marginatus (Latreille, 1804)

兩棲

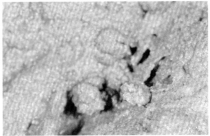

↑若蟲背負沙土偽裝。

↑露出複眼和足才能辨識牠的存在。
←體色灰綠，複眼大而突出。

形態特徵

　　體褐色，寬橢圓形，頭前半部黑色，後半部褐色，單眼 2 枚紅褐色，複眼大，具柄，卵形，向上突出高於頭頂，具七彩光斑。前胸背板褐色密布灰白色圓形粗刻點與黃褐色斑紋；小盾片褐色，前緣兩側與中央有灰白斑。前翅革片灰綠色，密布灰白色圓粗刻點，側緣 3 枚斑較大，內緣有 3~4 枚灰白斑略小。各足黃褐色無斑，脛節具毛刺。

生活習性

　　棲息於砂質潮濕灘地，常見於溪流河灘與池沼邊緣，成蟲多獨自行動，善爬行，可短距離低飛，若蟲則沉穩不輕易移動，常有 2~3 隻群聚的習慣，偶爾會游泳，以腹部儲存氣泡供游泳時呼吸之用，若氣泡耗盡則將腹部朝上以補充空氣。若蟲尚有背負沙土偽裝的習性，先以頭盾前緣小齒挖掘泥沙至頭頂，再以後足推置於背上，在此良好偽裝下甚難發現其存在。蛻殼時若蟲亦有挖沙穴隱藏的習性。捕食性種類，主要以雙翅目幼蟲與其他小昆蟲為食。

分布

　　分布廣泛，日本、臺灣、中國、寮國、泰國、緬甸、越南、菲律賓、馬來西亞、爪哇、印度、北婆羅洲等諸多地區皆有分布，故不論在大小與色澤上皆有地理上的歧異。臺灣本島普遍分布於中、低海拔山區，唯因體色近似棲地，保護色佳故不易發現。

印度大田鱉

Lethocerus indicus (Lepeletier & Serville, 1825)

別名｜印田鱉椿象

水棲

↑ 前胸背板中央有 2 條黃白色縱紋，程志中攝。

← 終齡若蟲，頭部黃白色，體型較狄氏大田鱉大，程志中攝。

水棲

形態特徵

體灰黑褐色，長橢圓形。頭部黃白色，複眼褐色，喙粗短。前胸背板梯形，兩側淺黃白色，中央有 2 條黃白色縱紋；小盾片黑褐色，兩側各有一條黃白色縱紋；前翅革片黑褐色，革片外緣黃白色。前足腿節發達呈鐮刀狀。腹部末端呼吸管短，可以伸出水面呼吸。

生活習性

捕食性種類，為水質指標生物，棲息於水質潔淨之溝渠、池沼、水田、溪流等靜水或緩水域，以各種小動物如蝌蚪、小魚、孑孓、青蛙等為食，具發達的捕捉足，以刺吸式口器刺進獵物體內注入消化液成液態後吸食。生態習性與狄氏大田鱉近似，雌蟲產卵於水域上方的植物枝幹上，卵緊密排列成卵塊狀，雄蟲則負起護卵責任直至卵塊孵化，在護卵期間雄蟲需要不時返回水面沾濕身體，再帶回卵塊處濕潤卵塊，可說是非常有責任感的父親典範，具飛行能力，略趨光。

分布

分布於日本、韓國、臺灣、中國、菲律賓、緬甸、印度、馬來西亞、印尼、爪哇與蘇門答臘；臺灣早期普遍分布於低海拔水域，由於人為開發破壞棲地、農藥使用與水源污染，族群數量驟減而幾近絕跡，目前與狄氏大田鱉都屬於稀少罕見的種類，本種目前全島均有觀察紀錄，但僅零星分布於少數乾淨水域。

狄氏大田鱉
Kirkaldyia deyrolli (Vuillefroy, 1864)

別名｜日本大田鱉、桂花負椿象

水棲

水棲

↑前胸背板前緣有 2 枚小黃斑，中央有 2 枚圓形印紋，何健鎔攝。

形態特徵

　　體灰黑褐色，長橢圓形。頭小，複眼黑褐色，喙粗短。前胸背板梯形，前緣中央有 2 枚黃白色小圓斑，中央有 2 枚圓形印紋。前足腿節發達呈鐮刀狀。腹部末端呼吸管短，可以伸出水面呼吸。

生活習性

　　捕食性種類，為水質指標生物，棲息於水質潔淨之溝渠、池沼、水田、溪流等靜水或緩水域，具發達的捕捉足，停棲於棲息水域內之植物上，採用守株待兔之方式捕食路過之各種小動物如蝌蚪、小魚、青蛙，以刺吸式口器刺進獵物體內注入消化液成液態後吸食，在日本尚有捕食小烏龜與水蛇之紀錄，習性與印度大田鱉近似。

分布

　　分布於分布於日本、韓國、臺灣、中國與東南亞 (菲律賓、緬甸、印度、馬來西亞、印尼)；臺灣早期普遍分布於低海拔水域，由於棲地破壞、農藥使用與水源污染，目前與印度大田鱉都屬於稀少罕見的種類，僅零星分布於北部與南部少數乾淨水域。

備註：本種原學名為 *Lethocerus deyrolli*，隸屬於田鱉屬，由於分類上的變動，現已轉至 *Kirkaldyia* 屬，為便於區分，本書將此屬稱為大田鱉屬。

負子蟲
Diplonychus esakii Miyamoto & Lee, 1966
別名｜江崎氏負椿象

  水棲

↑成蟲，夜晚趨光飛到燈下。

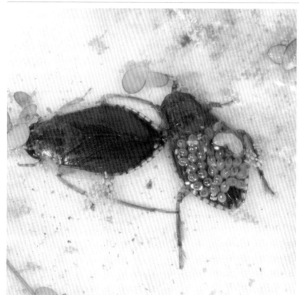

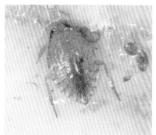

↑雌蟲產卵於雄蟲體背，雄蟲具護卵行為。

↑若蟲。

形態特徵

體褐色至深褐色，寬橢圓形，複眼鈍三角形，無單眼。前胸背板兩側淡色部分寬闊，扁平狀，略透明，中央有深色不規則斑。前翅革片大多同體色，革片外域顏色較淡，葉片狀側扁，前半中央有不規則深色斑，後半有與側緣垂直之深色橫帶。側接緣側扁，各節間有深色紋。各足黃褐色至褐色，前足特化成捕捉足，腿節略側扁，兩側有深色斜帶3條，脛節兩端與中央有3枚深色環，中後足脛節與跗節具游泳毛。

生活習性

水棲，捕食性種類，捕食蜻蜓、豆娘、蚊、蠅等昆蟲之幼蟲與稚蟲，也捕食小型螺貝、魚苗或吸食螺卵，

雄蟲有護卵行為，且主導雌蟲的產卵，雄蟲體背上的卵塊為每次交尾後由雌蟲產下，有時分批產出，故不一定由同一隻雌蟲所生產，雌蟲以透明黏膠狀物質塗覆於雄蟲體背，再將卵塊產於其上，雄蟲護卵時需視狀況不時潛游、上岸或搖晃身體，以維持卵塊在適宜的溫度、濕度條件並確保充足之氧氣交換，因此需耗費相當大的體力，若氣溫過低不適宜孵育時會以後足撥下卵塊取食。

卵孵化時雄蟲也扮演了協助的角色，會以上下搖晃身體的方式幫助若蟲脫殼而出，可以算是昆蟲界的模範父親。臺灣地區一年可發生3~4代，活躍期為3~10月，以成蟲形態越冬，蟄伏於水田或濕地土隙與植被孔隙，可耐饑達2個月，直至翌年3月才活動。

水棲

365

大紅娘華
Laccotrephes pfeiferiae (Ferrari, 1888)

別名｜大蠍椿象、水蠍子

水棲

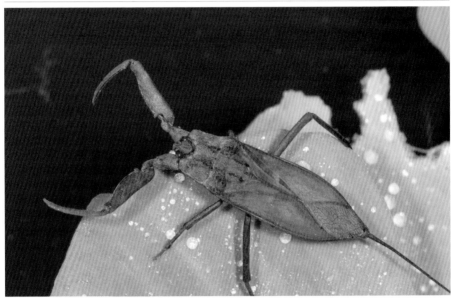

↑白天發現停棲水芙蓉的葉面，體型碩大。

大紅娘華，臺灣已知 4 種，一般會以大小區分。這種椿象筆者只在烏來和土城山區見過，有一次白天發現牠停棲水芙蓉葉面，體型碩大，另一次在同一個環境夜觀，溝渠裡有很多成蟲和若蟲，從側面拍到呼吸管浮出水面和捕捉小魚的特寫。大紅娘華除了體型較大外，也可以從前足腿節內側的齒突區分，鑑定其實是很科學的，但對一般人來說呈現自然的感覺，有時比科學的鑑定更有趣。

形態特徵

體褐色，前足發達呈鐮刀狀，腿節近基部處有一突起，雌蟲呈短錐狀，雄蟲呈彎刺狀，末端鈍圓。腹部末端尾絲特化成呼吸管，可以伸出水面呼吸。呼吸管常有斷裂情況，故不同個體的長度不一，正常狀態約與身體等長。

生活習性

捕食性種類，為水質指標生物，棲息於溝渠、池沼、 水田、淺溪等靜水或緩流水域，白天躲藏水底，伸出呼吸管維持呼吸，並以後腿撥動底泥掩蓋身軀蟄伏，夜晚會浮上水面活動，以各種小動物如蝌蚪、小魚、孑孓、青蛙等為食，同時也取食掉落水面的多種昆蟲，具發達的捕捉足，以刺吸式口器刺進獵物體內注入消化液成液態後吸食，遇到騷擾有假死習性，會將前足縮攏，中後足則往後直伸，偽裝成落葉狀靜止不動或隨水漂流。具趨光性，有短距離飛行能力，但通常只在棲地環境不適宜時才飛離另覓棲所。

水棲

分布

普遍分布於亞洲熱帶地區，臺灣主要分布於 1000 公尺以下山區與平地，以往曾普遍分布於農田、溝渠與池沼，現因環境破壞與受限於棲地水質，其分布狀況不均。

←以前足捕捉到一條小魚。

↑前足腿節內側具刺突。

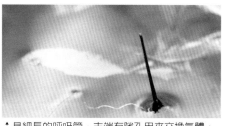

↑具細長的呼吸管，末端有隙孔用來交換氣體。
←終齡若蟲，沉到水底時，腹端的呼吸管伸出水面。

↑頭部很小，眼大，口器短，分三節。

→成蟲，夜觀時浮出水面。

備註：本種曾被認為與壯紅娘華 *Laccotrephes robustus* Stål, 1871 為同物異名，現已確定為不同種，壯紅娘華為菲律賓特有種，臺灣體長超過 40mm 的種類為大紅娘華。

水棲

體長 L42-45mm；W3.1-4.8mm

中華水螳螂

Ranatra chinensis Mayr, 1865

　　棲息於河流、湖泊、水塘、水田與溝渠等水域底層，喜躲藏於水草叢間，以守株待兔的方式獵捕經過之水蠆、子孑與小魚等生物。習性與短尾水螳螂類似，但本種體型較細瘦，呼吸管約與腹部等長。分布於低海拔乾淨水域。

何健鎔攝

體長 L42.4-47.8mm；W4.2-4.8mm

短尾水螳螂

Cercotmetus brevipes Montandon, 1909

　　體黑褐色至黃褐色。頭小，複眼大，喙粗短。前胸背板圓筒狀，後端漸寬。腹部圓筒狀，越近末端漸窄，末端有一短呼吸管。前足發達呈鐮刀狀。水棲，棲息於河流、湖泊、水塘、水田與溝渠等水域底層，喜躲藏於水草叢間，以守株待兔的方式獵捕經過之水蠆、子孑與小魚等生物。分布於低海拔乾淨水域。

水棲

何健鎔攝

橫紋划椿象
Sigara distorta (Distant, 1911)

別名 ｜ 波紋划椿象

水棲

↑體背密生黑色的橫紋，後足為游泳足，形如船槳善於潛水滑行。

水棲

形態特徵

　　體長橢圓形。前胸背板淡褐色具黑色橫帶；小盾片為前胸背板完全覆蓋而不可見；前翅布滿黑色的密紋，前翅革片極長，為前翅膜片長度 2 倍以上。各足淡褐色，前足短而粗壯，脛節極短，適於抓取獵物，中足細長帶剛毛，適於抓取攀附物在水中固定身體，後足為游泳足，跗節特化成長扁狀，密生黑色長毛，形如船槳，善於潛水滑行，並能儲存氣泡再以體側的氣孔進行呼吸。

生活習性

　　雜食性種類，常見於池塘或積水等藻類密生靜水域，通常以匙狀短喙刮取藻類或以前足挖取泥中腐植質為食，也捕食搖蚊幼蟲、子孑、水生線蟲、水蚤與魚苗。當環境不適於生存

時會飛離另覓棲所。俗稱水蟲、松藻蟲。

↑二齡若蟲。

↑剛羽化的成蟲，體背斑紋不顯。

369

體長 L2.2-3.0mm；W0.7-1 mm

四紋小划椿象

Micronecta quadristrigata Breddin, 1905

體褐綠色，長橢圓形，頭部與前胸背板同寬，複眼褐色。小盾片褐色；前翅革片上半有 4 枚黑褐色斜帶，下半有 4 條較明顯的黑褐色縱帶。雜食性種類，常見於池塘、溪流或積水等藻類密生靜水域，喜歡成群營生，前足最長外張，善於潛泳，活動快速。通常以匙狀短喙刮取藻類或以前足挖取泥中腐植質為食，也捕食搖蚊幼蟲、孑孓、水生線蟲、水蚤與魚苗。當環境不適於生存時會飛離另覓棲所。本種趨光性強烈。分布於日本、臺灣、中國、伊朗、印度、馬來西亞、印尼、菲律賓、斯里蘭卡與澳洲；臺灣普遍分布於低海拔山區與平地。

何健鎔攝

↑體型嬌小，雄蟲可發出響亮聲音，吸引雌蟲。

體長 L 3.6-4.2mm；W1.3-1.5mm

黃紋小划椿象

Micronecta sp.

體背淡黃褐色，前胸背板端部黑褐色，小楯板基部有一枚 V 字型黑斑，前翅革質翅有 3 條黑色粗獷的斑紋，第 3 枚左右不對稱，前翅內緣邊線黑色。主要分布於低海拔山區，棲息無污染的溪邊，善於划行，喜歡群聚。

熊盛志攝

水棲

體長 L9.5-10mm；W 約 3.7 mm

中華粗仰椿象
Enithares sinica (Stål, 1854)

　　體長卵形，背面隆起如船底，頭部黃白色，複眼紫褐色，無單眼。前胸背板黃褐色，後緣略深呈褐色；小盾片灰白色，前緣與中央黑色。各足黃綠色，前中足爪黑色，後足密布緣毛，雄蟲後足腿節近端部有一大棘刺。腹下淺黃褐色，中央有縱脊，脊兩側凹陷形成氣室。捕食性種類，棲息於池塘、溪流或沼澤等靜水域，游

↑ 成蟲腹部較寬，體長約 10mm，本圖為若蟲，以泳仰式滑行。

動時腹面朝上，休息時則靜止仰躺於水底積泥之上，喜歡成群營生，捕食搖蚊幼蟲、孑孓、水生線蟲、水蚤、魚苗與掉落水面之其他昆蟲。有翅具遷徙性，當食物缺乏時會移往他處營生。分布於臺灣與中國；臺灣分布於低海拔山區，局部地區普遍。

體長 L 約 7mm；W 約 2mm

普小仰椿象
Anisops ogasawarensis Matsumura, 1915

　　體淡黃色，長卵形，背面顯著隆起像是船的底部，游泳時腹部朝上，故名為仰椿象。頭寬窄於體寬，複眼極大占了頭部 2／3 以上。前胸背板除側緣黃褐色外大多為黑褐色；小盾片淡橙褐色，末端淡褐色。前翅透明，前翅革片前部兩端黑褐色。腹下黑色，兩側密生長毛，可貯存空氣供水中呼吸用，中央有一淡黃色縱脊，第 4~6 腹節兩側各有一小白斑。前足和中足為捕捉足，後足則為游泳足具有緣毛，脛節扁平如槳狀。捕食性種類，常見於池塘、溪流或沼澤等靜水域，游動時腹面朝上，休息時則靜止仰躺於底泥上，喜歡成群營生，捕食搖蚊幼蟲、孑孓、水生線蟲、水蚤與魚苗，食物若缺乏時同種間會自相殘殺。成蟲多為有翅型，當棲地環境不適宜時則會飛往他處另覓棲地。分布於日本、臺灣與中國；臺灣普遍分布於低海拔山區與平地。

↑ 身體瘦長，後足如船槳，腹部朝上划行。

水棲

1. 蔡經甫、楊曼妙。2005。植食性蝽象與捕食性蝽象之鑑定要領 p.81-111。植物重要防疫檢疫害蟲診斷鑑定研習會專刊 (五)。
2. 樂大春、蔡經甫、楊曼妙。2009。臺灣蝽象誌：星蝽總科。國立中興大學。
3. 蔡經甫、樂大春、葉耕帆、楊曼妙。2011。臺灣蝽象誌：盾背蝽科。國立中興大學。
4. 林政行。1999。臺灣盲蝽科昆蟲。中華特刊第十一號：15-37。
5. 林政行。2000。臺灣產曼盲蝽屬昆蟲 (半翅目：盲蝽科)。中華昆蟲。20：1-7。
6. 林政行。2001。臺灣產曼盲蝽屬之一新種 (半翅目：盲蝽科)。臺灣昆蟲 21：377-381。
7. 林政行。2000。臺灣產真頸盲蝽屬 (半翅目：盲蝽科)。中華昆蟲 20：119-123。
8. 任樹芝、林政行。2003。臺灣產異蝽科之修訂及新種及新記錄之描述 (半翅目：異翅亞目：異蝽科)。臺灣昆蟲。23：129-143。
9. 任樹芝、林政行。2003。Revision of the Urostylidae of Taiwan, with Descriptions of Three New Species and One New Record (Hemiptera-Heteroptera: Urostylidae)。臺灣昆蟲，23：129-143。
10. 任樹芝。1992。中國半翅目昆蟲卵圖志。北京 科學出版社。
11. 鄭樂怡、林政行。2002。Sabactiopus gen. nov. with a Redescription of Sabactus institutus Distant, 1910 (Hemiptera: Miridae: Mirinae)。Formosan Entomologist. 22：75-81。
12. 蕭采瑜。1977。中國蝽昆蟲鑑定手冊 (半翅目異翅亞目) 第一冊。北京 科學出版社。
13. 蕭采瑜。1977。中國蝽昆蟲鑑定手冊 (半翅目異翅亞目) 第二冊。北京 科學出版社。
14. 章士美等。1995。中國經濟昆蟲志第三冊 半翅目 (一)。北京 科學出版社。
15. 楊惟義。1962。中國經濟昆蟲志第二冊 半翅目蝽科。北京 科學出版社。
16. 鄭樂怡、董建珍。1995。棘緣蝽屬中國種類的修訂 (半翅目：緣蝽科)。動物學研究 1995 年第 03 期。
17. 胡奇、鄭樂怡。2001。中國大陸摩盲蝽亞族種類記述 (半翅目：盲蝽科：單室盲蝽亞科)。動物分類學報,2001,26(4)：414-430。
18. 胡奇、鄭樂怡。2000。中國蕨盲蝽屬分類修訂 (半翅目：盲蝽科)。動物分類學報,2000,25(3)：241-267。
19. 趙萍、彩萬志。2010。貴州絨獵蝽亞科的分類 (半翅目：異翅亞目：獵蝽科)。西南大學學報 (自然科學版)2010年第 04 期 p.12-15。
20. 劉強、鄭樂怡、能乃扎布。1994。中國姬緣蝽科 (半翅目) 昆蟲分類問題及區系研究。乾旱區資源與環境。第 8 卷第 3 期，p.102-115。
21. 陳振耀。1989。匙同蝽屬一新種 (半翅目：同蝽科)，中山大學學報，1989，28(3)：80-8l。
22. 鄭長英、張愛霞。同蝽科分類及系統發育研究進展，萊陽農學院學報，2000，第 2 期。
23. 陳萍萍、Nels Moller Andersen。1993。中國黽蝽科昆蟲名錄 (半翅目)。中華昆蟲。13：69-76。
24. Andersen, N.M.，Yang, C.M. & Zettel, H.。2002。Guide to the aquatic Heteroptera of Singapore and Peninsula Malaysia II. Veliidae。Raffles Bulletin of Zoology, 50 (1)：231-249。
25. Cai, W. & Tomokuni, M.。2003。Camptibia obscura, gen. et sp. nov. (Heteroptera: Reduviidae： Harpactorinae) from China。European Journal of Entomology, 100(1)：181~185。
26. Cai, W., Cai, X. & Wang, Y.。2004。 Notes on the genus Sphedanolestes Stål (Heteroptera：Reduviidae: Harpactorinae) from China, with the description of three new species。Raffles Bulletin of Zoology, 52, 379-388。
27. Cheng-Shing Lin。2005。The Genus Zanchius Distant (Hemiptera: Miridae) of Taiwan。臺灣昆蟲。25：185-194。
28. Cheng, L.，Yang, C.M. & Polhemus, J.T. 。2001。Guide to aquatic Heteroptera of Singapore and Peninsular Malaysia. Introduction and key to families。Raffles Bulletin of Zoology, 49 (1)：121-127。
29. Cheng, L.，Yang, C.M. & Andersen, N.M.。2001。Guide to the aquatic Heteroptera of Singapore and Peninsular Malaysia I. Gerridae and Hermatobatidae。Raffles Bulletin of Zoology, 49 (1)：129-148。
30. D. A. Gapon and F. V. Konstantinov。2006。On the Structure of the Aedeagus of Shield Bugs (Heteroptera,Pentatomidae)：III. Subfamily Asopinae。Entomological Review (2006) 86：806-819。
31. Dallas, W. S. 。1852。List of the specimens of hemipterous insects in the collection of the British Museum II：p.447。
32. David A. Rider，ZHENG Le yi。2002。Checklist and Nomenclatural Notes on the Chinese Pentatomidae(Heteroptera) I Asopinae。Entomotaxonomia 24(2)：107-115。
33. Distant, W. L.。1901。The Annals and Magazine of Natural History 7th series vol：7 p.9。

34.Cobben, R. H. ° 1985 ° Additions to the eurasian saldid fauna, with a description of fourteen new species (Heteroptera : Saldidae) ° Tijdschrift voor Entomologie °

35.Dávid RÉDEI and Jing-Fu TSAI ° 2010 ° A survey of the saicine assassin bugs of Taiwan(Hemiptera : Heteroptera : Reduviidae) ° Acta Entomologica Musei Nationalis Pragae 50(1) : 15-32 °

36.D. J. Greathead ° 1969 ° On the taxonomy of Antestiopsis spp. (Hem., Pentatomidae) of Madagascar, with notes on their biology Bulletin of Entomological Research / Volume 59/Issue 02, pp 307-315 °

37.FAN Zhonghua , XING Xing , SUN Xi, LIU Guoqing ° 2012 ° New records of Pentatomidae (Hemiptera : Heteroptera) from China ° Entomotaxonomia (2012) 34(2) : 181-191 °

38.Ishikawa, T. ° 2005 ° The thread-legged assassin bug genus Gardena (Heteroptera : Reduviidae) from Japan ° Tijdschrift voor Entomologie 148 : 209-224 °

39.Ishikawa,T. , W. Cai, & M. Tomokuni ° 2007 ° Sphedanolestes albipilosus (Hemiptera : Heteroptera : Reduviidae), a new harpactorine species from the Ryukyus and Taiwan ° Zootaxa, (1388) : 45-50 °

40.Ishikawa,T. ° 2008 ° The emesine assassin bug genus Empicoris (Heteroptera : Reduviidae) from Japan ° TIJDSCHRIFT VOOR ENTOMOLOGIE , 2008, Vol.151,p.11-50 °

41.Kocorek, A. and J. A. Lis. ° 2000 ° A cladistic revision of the Megymeninae of the world (Hemiptera : Heteroptera : Dinidoridae) ° Polskie Pismo Entomologiczne 69 : 7-30 °

42.Lehr, P. A., ed. ° 1988 ° Keys to the insects of the Far East of the USSR, Vol. 2. Homoptera and Heteroptera ° Nauka Publishing House, 1988 °

43.Lehr, P. A., ed. ° 1989 ° Keys to the insects of the Far East of the USSR, Vol. 3. Coleoptera I ° Nauka Publishing House, 1989 °

44.Lis, J. A. ° 1999 ° Burrower bugs of the Old World - a catalogue (Hemiptera : Heteroptera : Cydnidae) ° Polskie Pismo Entomologiczne 68(1) : 29-39 °

45.Miyamoto, S. and T. Yasunaga. ° 1989 ° Two New Species of the Miridae (Heteroptera) from Japan and Taiwan ° Japanese journal of entomology 57(2) : 257-263

46.Nieser, N , Zettel, H & Chen, P.P ° 2009 ° Notes on Laccotrephes STAL, 1866 with the description of a new species of the L. griseus group (Insecta: Heteroptera: Nepidae) ° Ann. Naturhist. Mus. Wien, B 110,11-20 °

47.Nieser, N ° 2002 ° Guide to aquatic Heteroptera of Singapore and Peninsula Malaysia. IV. Corixoidea ° Raffles Bulletin of Zoology, 50 (1) : 263-274 °

48.Nieser, N ° 2004 ° Guide to Aquatic Heteroptera of Singapore and Peninsular Malaysia III. Pleidae and Notonectidae ° Raffles Bulletin of Zoology, 52 (1) : 79-96 °

49.Polhemus, J. T. & S.L.Keffer ° 1999 ° Notes on the genus Laccotrephes Stål (Heteroptera : Nepidae) from the Malay Archipelago,with the description of two new species ° Journal of the New York Entomological Society : 107 : 1-13 °

50.Polhemus, John T. and Polhemus, Dan A ° 1989 ° Zoogeography, Ecology, and Systematics of the Genus Rhagovelia Mayr (Heteroptera : Veliidae) in Borneo, Celebes, and the Moluccas ° Insect Mundi 2 : 161-230 °

51.Rédei, D.; Tsai, J.-F , 2011 , The assassin bug subfamilies Centrocnemidinae and Holoptilinae in Taiwan (Hemiptera : Heteroptera : Reduviidae) ° Acta Entomologica Musei Nationalis Pragae , 51(2) : 411-442 °

52.Rolston, L.H. , Rider, D.A. , Murray, M.J. , Aalbu, R.L. ° 1996 ° Catalog of the Dinidoridae of the world ° Papua New Guinea journal of agriculture, forestry and fisheries, 39(1) : 22-101 °

53.Shearer, P. W. & V. P. Jones ° 1996 ° Suitability of macadamia nut as a host plant of Nezara viridula (Hemiptera : Pentatomidae). Journal of Economic Entomology 89 : 996-1003 °

54.Siwi, Sri Suharni & P. H. van Doesburg ° 1984 ° Leptocorisa Latreille in Indonesia (Heteroptera, Coreidae, Alydinae) ° Journal, Zoologische Mededelingen. Volume,58. Issue, 7. Pages, 117-129 °

55.Wanzhi Cai , Lu Sun , and Masaaki Tomokuni ° 2001 ° A review of the species of the reduviid genus Tiarodes (Heteroptera: Reduviidae : Reduviinae) from China ° European Journal of Entomology 98 : 533-542 °

56.Yang, C.M. & H. Zettel ° 2005 ° Guide to the aquatic Heteroptera of Singapore and Peninsular Malaysia V. Hydrometridae ° Raffles Bulletin of Zoology, 53 (1) : 79-97 °

57.Yang, C.M & D.H. Murphy ° 2011 ° Guide to the aquatic Heteroptera of Singapore and Peninsular Malaysia VI. Mesoveliidae with description of a new Nereivelia species from Singapore ° Raffles Bulletin of Zoology, 59 (1) : 53-60 °

58.Zettel, H. , Papacek. M. & D. Kovak ° 2011 ° Guide to the aquatic Heteroptera of Singapore and Peninsular Malaysia VII. Helotrephidae ° Raffles Bulletin of Zoology, 59 (2) : 171-179 °

中文索引

學名
索引

國家圖書館出版品預行編目（CIP）資料

椿象圖鑑 ＝ Stinkbug encyclopedia ／林義祥（嘎嘎）、鄭勝仲（悠閒）著 . -- 二版 . -- 臺中市：晨星出版有限公司 , 2022.1
　　面；　公分 . －－（台灣自然圖鑑；29）
ISBN 978-626-320-006-7(平裝)

1. 半翅目 2. 動物圖鑑 3. 臺灣

387.764025　　　　　　　　　　110016912

詳填晨星線上回函
50 元購書優惠券立即送
（限晨星網路書店使用）

台灣自然圖鑑 029

椿象圖鑑

作　者	鄭勝仲、林義祥
主　編	徐惠雅
執行主編	許裕苗
校　對	鄭勝仲、林義祥、吳玟伶
美術編輯	許裕偉

創辦人	陳銘民
發行所	晨星出版有限公司
	臺中市 407 西屯區工業三十路 1 號
	TEL：04-23595820　FAX：04-23550581
	http://www.morningstar.com.tw
	行政院新聞局局版臺業字第 2500 號
法律顧問	陳思成律師
初版	西元 2013 年 09 月 10 日
二版	西元 2022 年 01 月 06 日

讀者專線	TEL：（02）23672044 /（04）23595819#230
	FAX：（02）23635741 /（04）23595493
	E-mail：service@morningstar.com.tw
網路書店	http://www.morningstar.com.tw
郵政劃撥	15060393（知己圖書股份有限公司）
印刷	上好印刷股份有限公司

定價 790 元
ISBN 978-626-320-006-7
Published by Morning Star Publishing Inc.
Printed in Taiwan